高等职业教育公共课程“十四五”规划教材

信息技术基础实训指导

沈　虹◎主　编

刘　熙　庞少圻◎副主编

中国铁道出版社有限公司
CHINA RAILWAY PUBLISHING HOUSE CO., LTD.

内 容 简 介

本书是《信息技术基础与实用教程》（崔玉波主编，中国铁道出版社有限公司出版）一书的配套教材，旨在加强计算机实际应用能力的培养。本书通过示例的练习和讲解，使读者轻松掌握办公软件的常用功能和使用方法。

本书分两部分：第一部分为实训指导，主要内容包括计算机基础知识、中文 Windows 7 操作系统、文字处理软件 Word 2010、电子表格处理软件 Excel 2010、演示文稿制作软件 PowerPoint 2010、数据库管理软件 Access 2010；第二部分为习题集，通过习题的方式加深学生对上述内容所含知识点的理解，并附有习题参考答案。

本书适合作为高等职业院校“计算机基础”课程的实训教材，也可作为社会各界人士掌握计算机基本技能的实训用书。

图书在版编目（CIP）数据

信息技术基础实训指导/沈虹主编. —北京：中国铁道出版社有限公司，2021.9
高等职业教育公共课程“十四五”规划教材
ISBN 978-7-113-28311-7

Ⅰ.①信… Ⅱ.①沈… Ⅲ.①电子计算机-高等职业教育-教材 Ⅳ.①TP3

中国版本图书馆 CIP 数据核字(2021)第 167131 号

书　　名：信息技术基础实训指导
作　　者：沈　虹

策　　划：祁　云　　　**编辑部电话：**（010）63549458
责任编辑：祁　云
封面设计：付　巍
封面制作：刘　颖
责任校对：苗　丹
责任印制：樊启鹏

出版发行：中国铁道出版社有限公司（100054，北京市西城区右安门西街 8 号）
网　　址：http://www.tdpress.com/51eds/
印　　刷：三河市宏盛印务有限公司
版　　次：2021 年 9 月第 1 版　2021 年 9 月第 1 次印刷
开　　本：787 mm×1 092 mm 1/16　**印张：**15.75　**字数：**412 千
书　　号：ISBN 978-7-113-28311-7
定　　价：42.00 元

前言

随着信息技术的发展，计算机作为一种工具已广泛应用于各行各业，掌握计算机信息技术基础知识、熟练操作计算机已成为当代大学生职业生涯中必备的基本素质之一。高等职业技术教育以培养高等技术应用型人才为根本任务，以适应社会需要为目标，以培养技术应用能力为主旨来设计学生应具备的知识和能力。其教学目的是实现学生毕业即能上岗的根本目标，在教学内容上应以技术的应用和熟练掌握为主，基础理论知识以必需、够用为度。

为体现上述教学目的，笔者根据多年从事“计算机基础”课程教学经验，按职业技术教育的针对性、应用性和实践性的要求，对目前办公自动化中最常用的 Office 软件进行了系统的分析，将其主要知识点归纳总结成若干个操作实例，供学生上机练习使用。这些实例的版面、格式等都是人们日常工作岗位中最常遇见的。书中对每个实例都进行了详细的讲解，具有简单、实用、可操作性强的特点，可以消除初学者在上机操作时无所适从的感觉。

本书分两部分：第一部分为实训指导，主要内容包括计算机基础知识、中文 Windows 7 操作系统、文字处理软件 Word 2010、电子表格处理软件 Excel 2010、演示文稿制作软件 PowerPoint 2010、数据库管理软件 Access 2010，针对计算机应用中基本技能的特点，用若干个相关联的上机实训指导进行组织，以强化学生的动手操作能力；第二部分为习题集，通过习题自测的方式加深学生对上述内容所含知识点的记忆。为方便学生自测，习题附有参考答案。

本书由沈虹（哈尔滨铁道职业技术学院）任主编，由刘熙（哈尔滨铁道职业技术学院）、庞少圻（哈尔滨铁道职业技术学院）任副主编，其中第一部分第 1 章、第 3 章由沈虹编写，第一部分第 2 章、第 4 章、第 5 章由刘熙编写，第一部分第 6 章与第二部分由庞少圻编写。

由于编者水平有限，加之时间仓促，书中难免存在疏漏和不足之处，恳请读者批评指正。

编　者

2021 年 6 月

目 录

第一部分 实 训 指 导

第二部分 习 题 集

第一部分

实 训 指 导

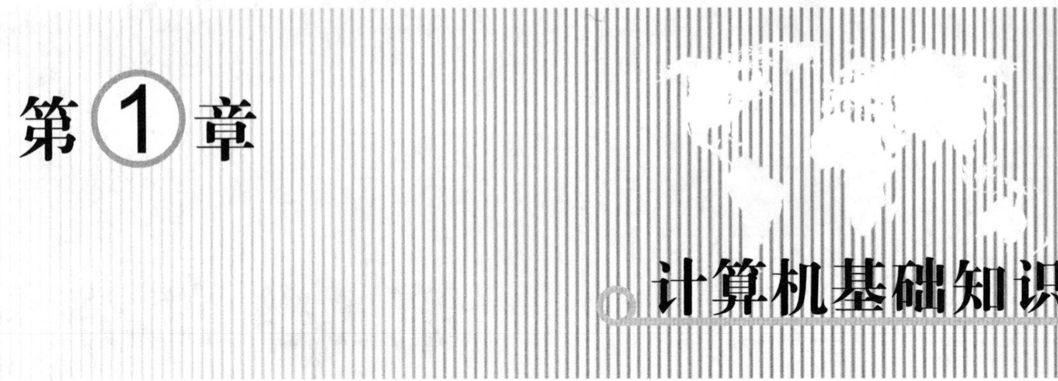

实训　组装计算机

实训目的

① 掌握计算机的组装。
② 掌握计算机硬件的安装方法。
③ 掌握各配件接口类型及跳线的方法。

实训内容

① 正确安装 CPU 及风扇。
② 主板的安装。
③ 内存条和显卡的安装。
④ 光驱及各种电源设备的安装。

实训要求

① 熟悉计算机硬件的安装方法。
② 熟悉配件接口类型及跳线的设置方法。

操作步骤

把主板装入机箱之前，应先把 CPU 及内存条装上，因为这两种配件在机箱外安装较为方便。

1. 安装 CPU 和 CPU 风扇

① 用适当的力向下微压固定 CPU 的压杆，同时用力往外推压杆，使其脱离固定卡扣，拉起 CPU 插座边的拉杆，使其呈 90°，如图 1.1.1 所示，再将固定 CPU 的扣盖打开。

② 将 CPU 安装到主板上，安装时注意 CPU 与主板底座上的针脚相对应，如图 1.1.2 所示。

图 1.1.1 拉起拉杆

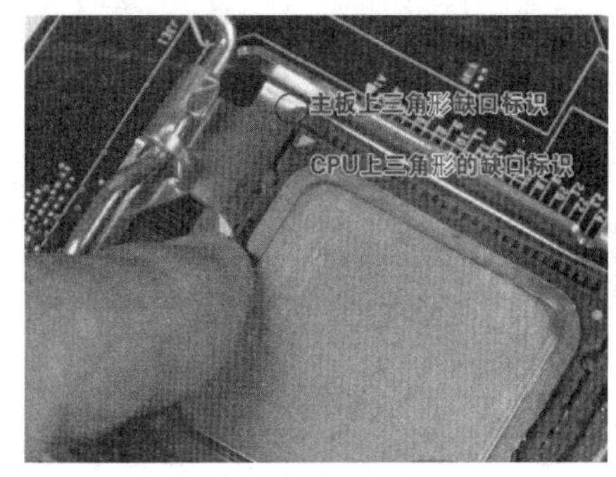

图 1.1.2 插入 CPU

③ 将 CPU 安放到位以后，盖好扣盖，并反方向微用力扣下 CPU 的压杆。至此 CPU 便被稳稳地安装到主板上，安装过程结束。

④ 在 CPU 的核心上涂上一层薄薄的散热硅胶，不需要太多，使 CPU 和散热器接触良好，保证 CPU 能稳定地工作。

⑤ 将 CPU 风扇平稳地放在 CPU 的核心上，并将散热器的四角对准主板相应的位置，然后用力压下四角卡扣即可，如图 1.1.3 所示。

⑥ 将 CPU 风扇电源线插入主板相应的接口（主板上的标识字符为 CPU_FAN），如图 1.1.4 所示。

图 1.1.3 安装 CPU 风扇

图 1.1.4 插入 CPU 风扇电源线

2. 安装内存条

在安装内存条时，一定要将其金手指与主板上的内存插槽口的位置相对应才能安装，否则有可能会损坏内存条。

① 将内存条插槽两端的卡扣打开（往外侧扳动），使内存条能够插入，如图 1.1.5 所示。

② 拿起内存条，然后将内存条引脚的缺口对准内存插槽内的凸起，用两拇指按住内存两端轻微向下压，听到“咔”的声响后，即说明内存条安装到位，如图 1.1.6 所示。

图 1.1.5 打开卡扣

图 1.1.6 安装内存条

③ 安装第二根内存条时，操作同上，但要注意第二根内存条要安装在与第一根内存条相同颜色的内存插槽上，以便打开双通道功能，提高系统性能，如图 1.1.7 所示。

3. 安装主板

① 将主板卡钉底座安放到机箱主板托架的对应位置，并将其拧紧，如图 1.1.8 所示。安装前最好比对一下，以免将主板卡钉底座装错位置。

图 1.1.7 双内存条安装完毕

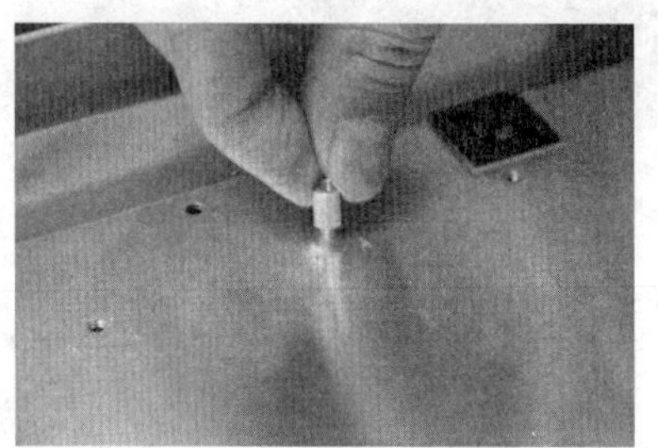

图 1.1.8 安装主板卡钉底座

② 依次检查各卡钉位置是否正确，确定正确后，双手平托住主板，将主板放入机箱，如图 1.1.9 所示。

③ 确定机箱安放到位，可以通过机箱背部的主板挡板来确定，如图 1.1.10 所示。

图 1.1.9 放入主板

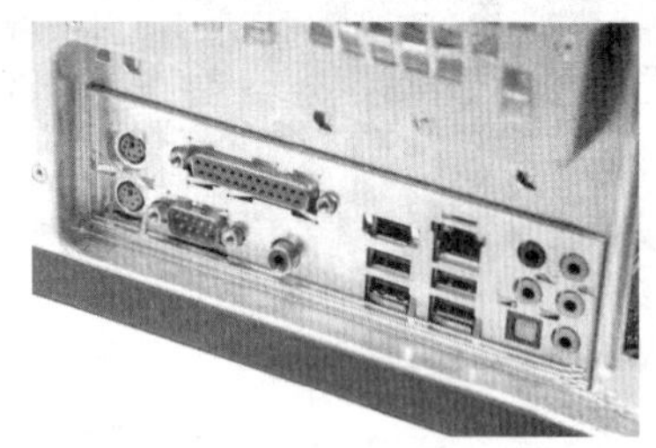

图 1.1.10 确定主板安装到位

④ 将主板固定到机箱内，尽量采用对角固定的方式安装螺钉。在装螺钉时，注意每颗螺钉不要一次性拧紧，等全部螺钉安装到位后，再将每颗螺钉拧紧，这样做的好处是随时可以对主板的位置进行调整，如图 1.1.11 所示。

⑤ 至此，主板安装完毕，如图 1.1.12 所示。

图 1.1.11 固定主板

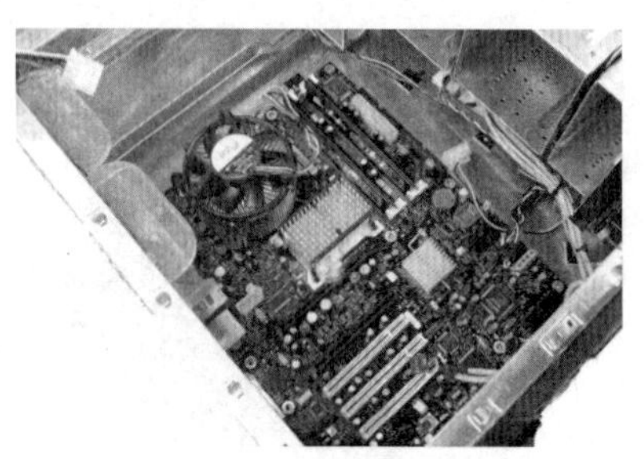

图 1.1.12 主板安装完毕

4．安装硬盘、光驱

在安装好 CPU、内存条和主板之后，需要将硬盘固定在机箱的 3.5 英寸（1 英寸=2.54 cm）硬盘托架上。对于普通的机箱，只需要将硬盘放入机箱的硬盘托架上，拧紧螺钉使其固定即可；对于可拆卸的 3.5 英寸硬盘托架，则可将硬盘托架从机箱上卸下后，再在硬盘托架上安装硬盘。

① 取出 3.5 英寸硬盘托架，如图 1.1.13 所示。

② 将硬盘安装到硬盘托架上，并拧紧螺钉，如图 1.1.14 所示。

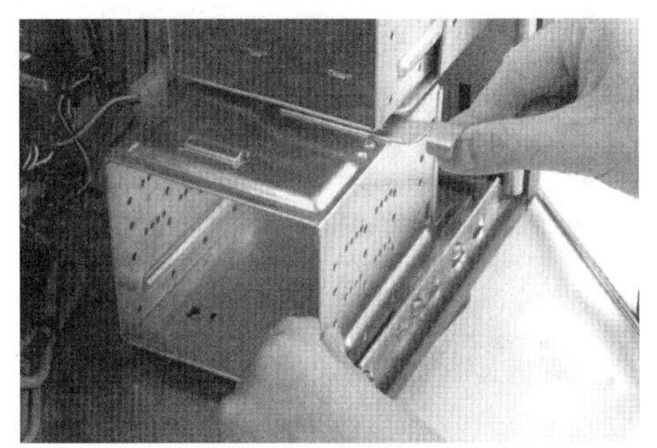

图 1.1.13 取出 3.5 英寸硬盘托架

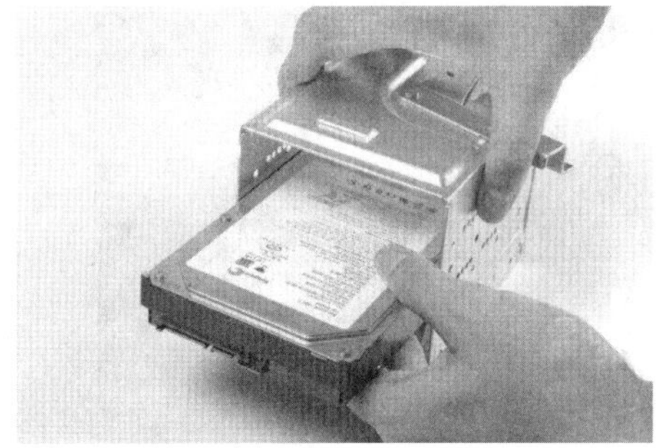

图 1.1.14 将硬盘安装到硬盘托架上

③ 将硬盘托架重新装入机箱，并将固定扳手拉回原位固定好硬盘托架，如图 1.1.15 所示。

④ 安装光驱的滑槽，如图 1.1.16 所示。

图 1.1.15 将硬盘托架固定在机箱上

图 1.1.16 安装光驱的滑槽

⑤ 拆除机箱正面的光驱挡板，从外将光驱推入机箱托架中，如图 1.1.17 所示。

⑥ 当光驱面板和机箱前面板平齐时，拧好螺钉，光驱安装完毕，如图 1.1.18 所示。

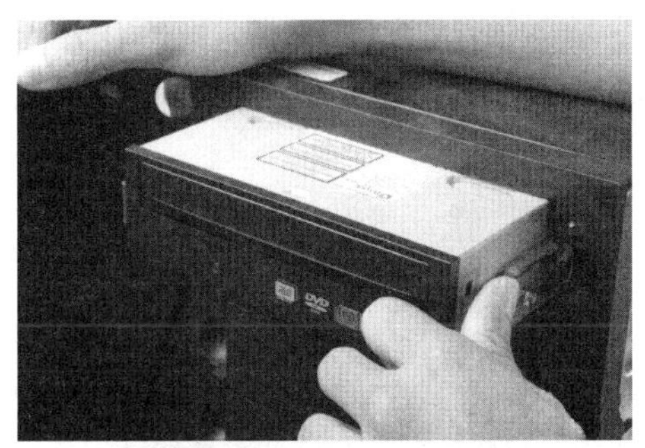

图 1.1.17 安装光驱到机箱

图 1.1.18 光驱安装完毕

5. 安装显卡

计算机中有许多适配卡，如显卡、声卡、网卡、Modem卡、电视卡等，它们都是通过主板上的插槽与主板相连接的。这些适配卡的安装过程基本相同，下面以显卡安装为例进行讲解。

① 找到主板显卡插槽，如图1.1.19所示。

② 用手轻握显卡两端，垂直对准主板上的显卡插槽，并将其接口与机箱后置挡板上的接口位对齐，然后向下轻压，将显卡安装到显卡插槽中，如图1.1.20所示。

图1.1.19 PCI-E显卡插槽

图1.1.20 安装显卡

声卡、网卡等计算机板卡的安装方法与显卡的安装方法基本相同，区别只是安装的插槽不同。目前的声卡、网卡大多为PCI插槽（主板上颜色为白色的插槽）。

6. 安装电源及各种连接

① 电源安装比较简单，只要将电源对准机箱的相应位置，安装到位后，拧紧螺钉即可，如图1.1.21所示。

② 安装硬盘的数据线和电源线，如图1.1.22所示。注意右边红色的为数据线，黑黄红交叉的是电源线，安装时将其按入即可。接口全部采用防呆式设计，反方向无法插入。

图1.1.21 安装机箱电源

图1.1.22 安装硬盘的数据线和电源线

③ 安装光驱的数据线和电源线，如图1.1.23所示，并将IDE数据线的另一端接在主板的IDE接口上，如图1.1.24所示。

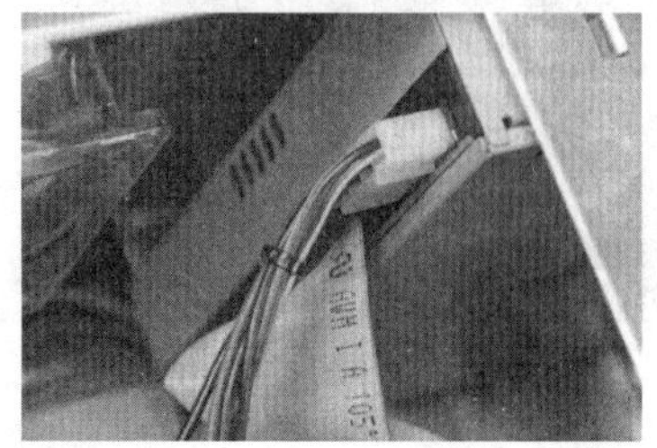

图1.1.23 安装光驱的数据线和电源线

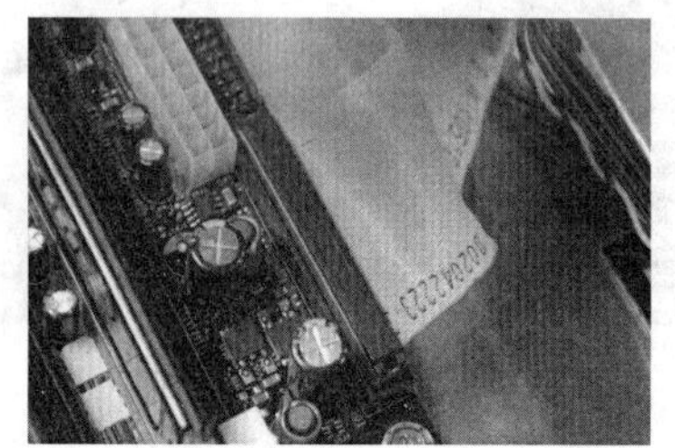

图1.1.24 安装主板上的IDE数据线

④ 连接主板电源供电接口，如图 1.1.25 所示。

⑤ 连接 CPU 电源供电接口，如图 1.1.26 所示。

图 1.1.25　连接主板电源供电接口

图 1.1.26　连接 CPU 电源供电接口

⑥ 连接主板上的 SATA 硬盘、USB 及机箱开关、重启及硬盘工作指示灯接口。最后将机箱内的各种线缆进行简单整理，以便提供良好的散热空间，至此，计算机主机安装完毕。

第2章 中文Windows 7操作系统

实训1　Windows 7的基本应用

实训目的

① 熟悉Windows 7的启动过程。
② 认识鼠标按键的组成与功能。
③ 掌握回收站的设置与应用。
④ 认识窗口的组成，掌握窗口的操作方法。
⑤ 掌握桌面属性的设置及操作方法。
⑥ 掌握文件夹的新建、删除、移动、复制、重命名及搜索。
⑦ 掌握文件夹属性的设置。

实训内容

① 将桌面上的图标分别按名称、类型、大小、日期排列，并对3个以上的图标进行重命名。

② 任意移动桌面上的图标，删除桌面上的多个图标。

③ 设置删除文件时不将文件移入回收站而是直接删除；设置删除文件时不弹出“确认”对话框；设置回收站的最大空间；将回收站内的文件清空、还原。

④ 建立图2.1.1所示的目录树，对该目录中的文件夹进行复制、移动、重命名操作。

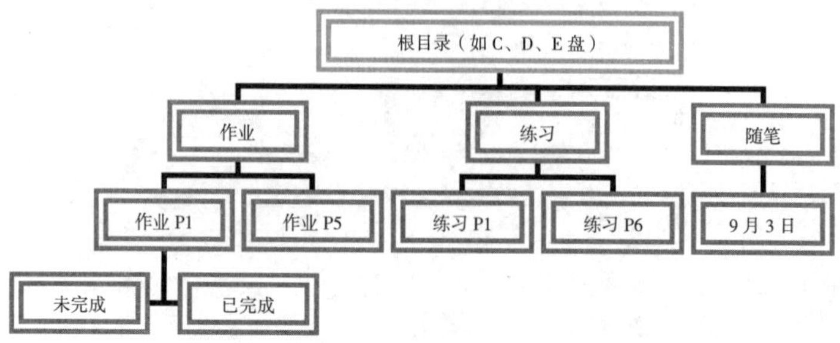

图2.1.1　目录树

⑤ 搜索名为“作业 P5”的文件夹，并查看该文件夹的属性。

⑥ 设置“桌面”的属性。

实训要求

熟练使用鼠标，桌面图标、背景的设置，以及文件夹的操作。

操作步骤

1. 启动 Windows 7 操作系统

打开计算机电源，计算机自检无误后进入 Windows 7 操作系统，最后出现图 2.1.2 所示的 Windows 7 桌面（桌面形式多种多样）。

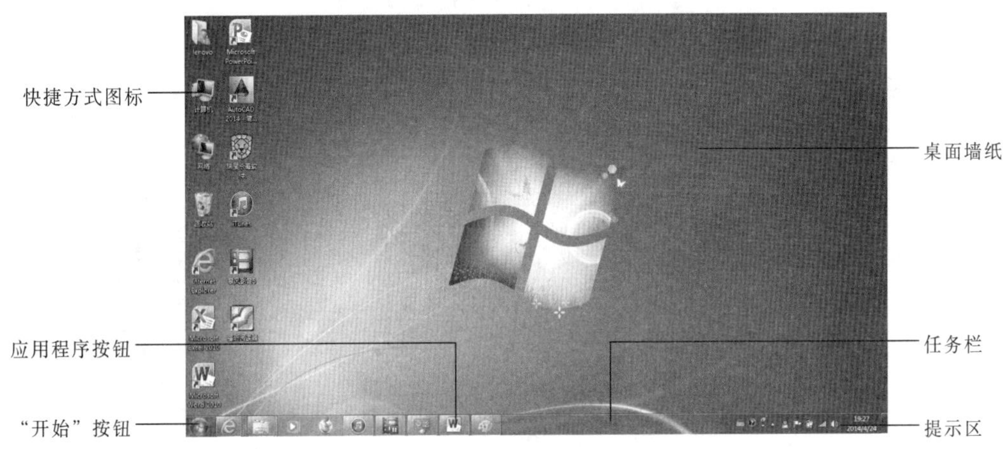

图 2.1.2 Windows 7 桌面

2. 鼠标按键

鼠标是 Windows 7 操作系统的重要输入设备。

（1）单击

将鼠标指针指向桌面上某个图标，如“计算机”，按鼠标左键，可以看见“计算机”图标将反白显示。

（2）双击

将鼠标指针指向桌面上的“计算机”图标，连续快速按两下鼠标左键，将打开“计算机”窗口。单击“计算机”窗口右上角的“关闭”按钮 X，该窗口将被关闭。

（3）拖动

将鼠标指针指向桌面上的“回收站”图标，按住鼠标左键任意移动至某个位置，释放鼠标左键，则“回收站”图标移动到新的位置（如果“自动排列”图标处于选中状态，则图标的新位置会与指定位置不同）。

（4）右击

将鼠标指针放在屏幕的不同部位，然后右击，将弹出不同的快捷菜单。

3. 桌面图标的操作

（1）图标的排列

在桌面空白处右击，弹出图 2.1.3 所示的快捷菜单，选择“排序方式”命令，分别选择“名称”“大小”“项目类型”“修改日期”等命令。

（2）图标的移动

移动图标之前，需要先取消选择“自动排列图标”命令。将鼠标指针移动到需要移动的图标上，按住左键不放并拖动鼠标，在桌面的空白位置释放左键，即完成了图标的移动。

“自动排列图标”命令是否被选中，决定桌面上的图标能不能移动到任意位置，“显示桌面图标”命令选中与否，决定了桌面上的图标是否被显示（见图 2.1.4）。

图 2.1.3 “排序方式”命令

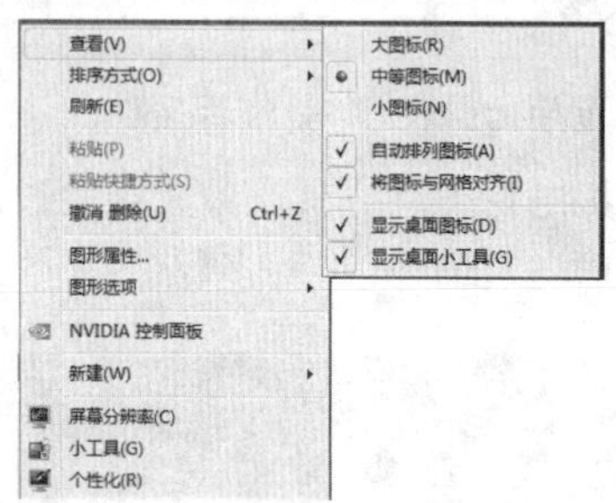

图 2.1.4 “自动排列图标”命令

（3）重命名图标

右击桌面上的“计算机”图标，弹出图 2.1.5 所示的快捷菜单，选择“重命名”命令，“计算机”图标下方的文字将反白显示，并用线框框起，此时，直接输入新名称“我的计算机”，在其他任意空白处单击即可。

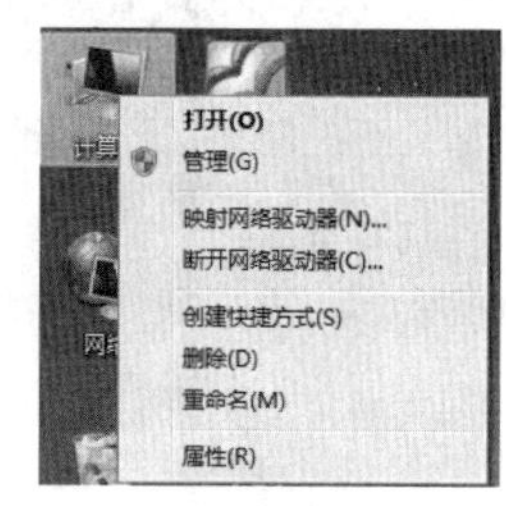

图 2.1.5 “计算机”快捷菜单

（4）选择图标

选择第一个图标之后，按住【Ctrl】键的同时选择其他图标，可以同时选中多个不连续的图标，释放【Ctrl】键后，单击则取消多个图标的选中状态；当选择第一个图标之后，按住【Shift】键的同时选择其他图标，可以同时选中多个连续的图标，如图 2.1.6 所示。

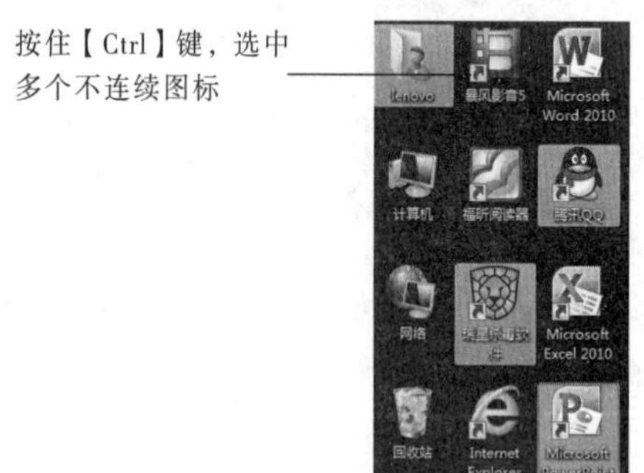

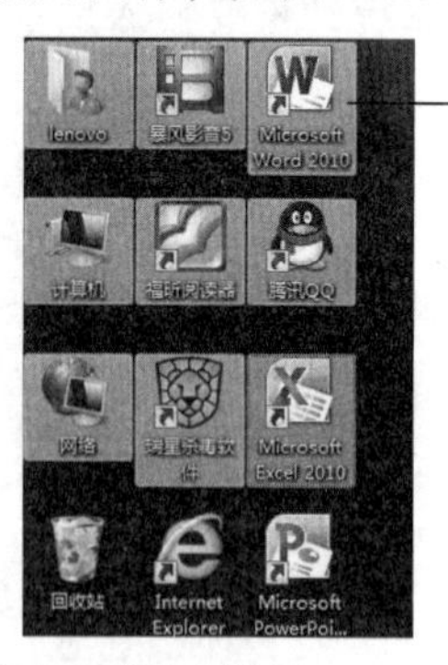

按住【Shift】键，选中多个连续图标

图 2.1.6 同时选中多个图标

4．回收站

删除文件可以分为直接删除和存放到回收站。存放到回收站的文件如果要删除，可以在回收站内删除。

（1）回收站的属性设置

右击“回收站”图标，在弹出的快捷菜单中（见图 2.1.7）选择“属性”命令，弹出图 2.1.8 所示的“回收站 属性”对话框。

通过设置"回收站 属性"对话框中的"自定义大小"值，可以设置回收站的最大空间。选中"不将文件移到回收站中。移除文件后立即将其删除。"单选按钮，在删除文件时，文件不存放到回收站，而是直接删除，但是为了避免误操作而删除需要的文件，最好不选中该单选按钮。取消选中"显示删除确认对话框"复选框，则在删除文件时，不再询问"确实要把此文件放入回收站吗"，而是直接将文件放入回收站。

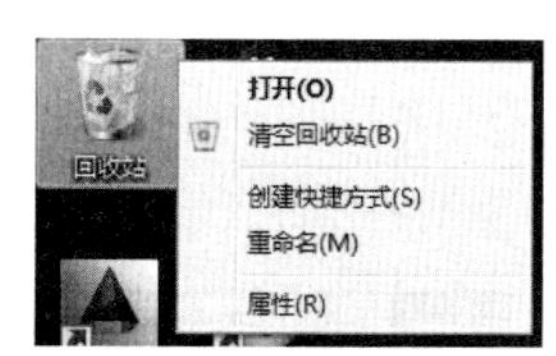

图 2.1.7 "回收站"快捷菜单

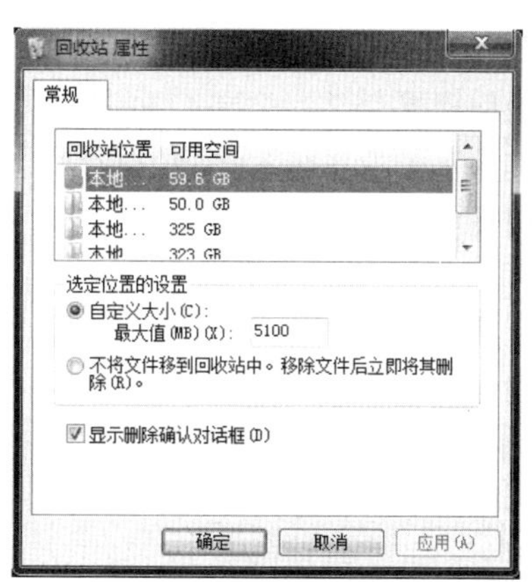

图 2.1.8 "回收站 属性"对话框

(2) 回收站的使用

拖动要删除的图标到"回收站"图标上后，释放鼠标，则该图标从桌面上删除，同时存放到回收站中。双击"回收站"图标，打开"回收站"窗口，可以看见其中有刚刚从桌面上删除的图标。如果确认要删除回收站的内容，则可以右击"回收站"图标，在弹出的快捷菜单中选择"清空回收站"命令即可。如果希望把"回收站"内的图标恢复，则在要恢复的图标上右击，在弹出的快捷菜单中选择"还原"命令即可。

5. 窗口操作

打开"计算机"窗口，进行窗口的最大化、还原、最小化、缩放等操作。

(1) 打开窗口

在桌面上双击"计算机"图标，打开"计算机"窗口，如图 2.1.9 所示。

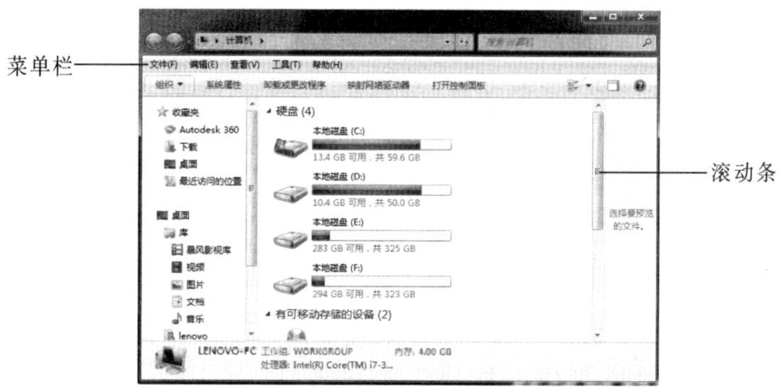

图 2.1.9 "计算机"窗口

(2) 窗口的最大化、最小化和还原

在窗口标题栏的右侧依次排列有"最小化"、"最大化"("还原")、"关闭"按钮。单击"最大化"按钮，可以使窗口充满整个屏幕，同时"最大化"按钮变成"还原"按钮；单击“还原”按钮可以使窗口恢复为原来的大小，同时“还原”按钮变成“最大化”按钮；单击“最小化”按钮，则窗口只在任务栏上显示为任务按钮。在任务栏上，只有当前窗口是高亮显示的。

（3）窗口的移动

当窗口处于非最大化状态时，将鼠标指针指向窗口标题栏，按住鼠标左键将窗口拖动到所需位置释放鼠标。

（4）窗口的缩放

当窗口处于非最大化状态时，将鼠标指针指向窗口边框或角上，鼠标指针变为双向箭头时，按住鼠标左键拖动，则窗口大小随之调整，至所需大小时释放鼠标即可。

（5）窗口的关闭

单击“计算机”窗口右上角的“关闭”按钮，关闭“计算机”窗口。

（6）滚动窗口内容

单击滚动条两端的▲、▼按钮滚动窗口内容。

（7）菜单操作

选择菜单栏中的菜单项将弹出下拉菜单，图 2.1.10 所示为选择“查看”菜单弹出的下拉菜单。

图 2.1.10 下一级子菜单的弹出

选择下拉菜单中后面带有“…”的菜单项，将会弹出一个对话框。如选择图 2.1.10 下拉菜单中的“选择详细信息”菜单项，将弹出一个对话框。

选择下拉菜单中后面带有“▶”的菜单项，将会弹出下一级子菜单。如选择图 2.1.10 下拉菜单中的“工具栏”菜单项，则弹出下一级子菜单，如图 2.1.10 所示。

菜单项前带有“√”符号表示该项正在起作用，此类菜单项称为复选项，如图 2.1.10 所示的“锁定工具栏”菜单项。

菜单项前带有“●”符号表示该项正在起作用，此类菜单项称为单选项，如图 2.1.10 所示的“平铺”菜单项。

6. 调整任务栏的位置、宽度以及任务栏的自动隐藏

将鼠标指针指向任务栏，按下鼠标左键，拖动鼠标到屏幕的上部、左侧、右侧，观察拖动后任务栏的位置变化。

将鼠标指针放到任务栏的边缘，当鼠标指针变成双向箭头时拖动鼠标，观察任务栏宽度的改变。

右击任务栏空白处，在弹出的快捷菜单中选择“属性”命令，弹出“任务栏和「开始」菜单属性”对话框，在“任务栏外观”选项组中选中“自动隐藏任务栏”复选框，单击“确定”按钮，当鼠标指针指向桌面下边缘时，任务栏将自动显示。

7. 桌面“背景”和“屏幕保护程序”的设置

在 Windows 7 中，桌面背景将不再是单一的图片，用户可以以幻灯片方式显示图片。一些 Windows 主题包括幻灯片，也可以使用个人图片集创建自己的幻灯片。

右击桌面空白处，在弹出的快捷菜单中选择“个性化”命令，打开“个性化”窗口，如图 2.1.11 所示。

在“个性化”窗口中单击“桌面背景”按钮，打开“桌面背景”窗口，选择一个背景图片，单击“保存修改”按钮设置完成。

单击“个性化”窗口中的“屏幕保护程序”按钮，如图 2.1.11 所示，弹出“屏幕保护程序设置”对话框，如图 2.1.12 所示。在“屏幕保护程序”下拉列表框中选择一个程序，在“等待”微调框中设定启动“屏幕保护程序”所需要的时间，选中“在恢复时显示登录屏幕”复选框，则在退出“屏幕保护程序”时，必须输入用户的登录密码，设置完成后单击“确定”按钮。对计算机不做任何操作，经过所设定的时间后，屏幕保护程序将自动启动。

图 2.1.11　“个性化”窗口

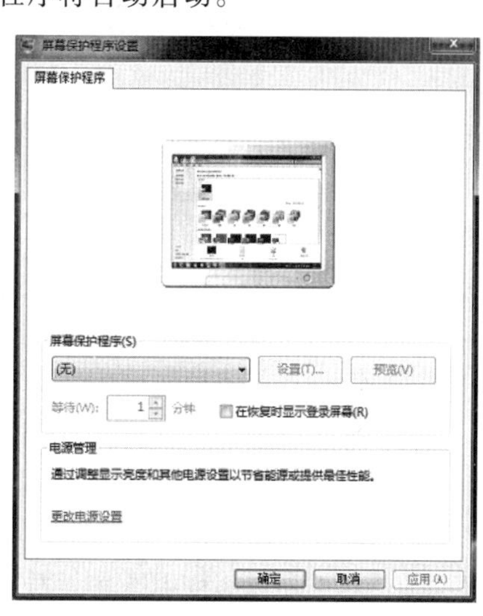

图 2.1.12　“屏幕保护程序设置”对话框

8. 文件夹的操作

（1）建立图 2.1.1 所示的目录树

双击桌面上的“计算机”图标，打开“计算机”窗口，双击 D 盘，打开 D 盘，右击 D 盘窗口中的空白位置，在弹出的快捷菜单中选择“新建”→“文件夹”命令，在窗口中出现一个名为“新建文件夹”的文件夹，输入“作业”后，按【Enter】键或在其他空白处单击即可。以同样的方法建立图 2.1.1 所示的其他文件夹。

（2）重命名文件夹

右击“作业”文件夹，在弹出的快捷菜单中选择“重命名”命令，则“作业”文件夹的名称反白显示，输入新名称“计算机作业”，按【Enter】键或在其他位置单击即可。

（3）删除文件夹

右击“D:\练习”文件夹中的“练习 P1”文件夹，在弹出的快捷菜单中选择“删除”命令，弹出图 2.1.13 所示的“删除文件夹”对话框，单击“是”按钮则确认删除文件夹，单击“否”按钮则取消删除操作。

图 2.1.13　“删除文件夹”对话框

（4）从回收站中恢复被删除的文件夹

双击桌面上的“回收站”图标，打开“回收站”窗口，在“回收站”窗口中可以看到名为“练习 P1”的文件夹，右击该文件夹，在弹出的快捷菜单中选择“还原”命令，可以看到“回收站”中的“练习 P1”文件夹消失，打开“D:\练习”文件夹可以看到其中的“练习 P1”文件夹已经恢复。

（5）复制文件夹

下面的操作会将“D:\随笔”和“D:\练习”文件夹及其所有内容复制到C盘“李红”文件夹下。

打开C盘，建立新文件夹“李红”，如图2.1.14所示，在地址栏下拉列表框中选择D盘，同时选择“D:\随笔”和“D:\练习”文件夹，在选中的文件夹上右击，在弹出的快捷菜单中选择“复制”命令，将选中的文件夹先复制到剪贴板上。

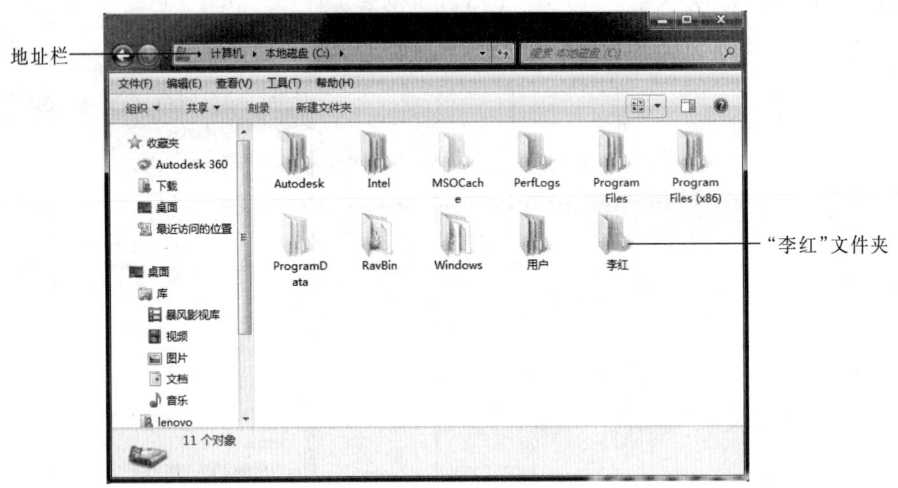

图 2.1.14 新建文件夹

在地址栏下拉列表框中选择C盘，在“李红”文件夹上右击，在弹出的快捷菜单中选择“粘贴”命令。

双击打开“李红”文件夹，在其中可以看到“随笔”和“练习”文件夹，打开“随笔”或“练习”文件夹，可以看到其中的文件夹全部被复制过来。

（6）移动文件夹

下面的操作会将“D:\练习\练习P1”文件夹移动到“D:\随笔”文件夹下。

打开“D:\练习”文件夹，在其中的“练习P1”文件夹上右击，在弹出的快捷菜单中选择“剪切”命令，将“练习P1”文件夹移动到剪贴板上，在地址栏下拉列表框中选择D盘返回D根目录，右击“随笔”文件夹，在弹出的快捷菜单中选择“粘贴”命令。

打开“D:\随笔”文件夹，可以看到“练习P1”文件夹被移到了这里。

（7）设置文件夹的属性

右击“C:\李红”文件夹，在弹出的快捷菜单中选择“属性”命令，弹出图2.1.15所示的“李红 属性”对话框，在该对话框中，可以看到该文件夹的类型、位置、大小等信息，可以修改其属性为“只读”或“隐藏”。

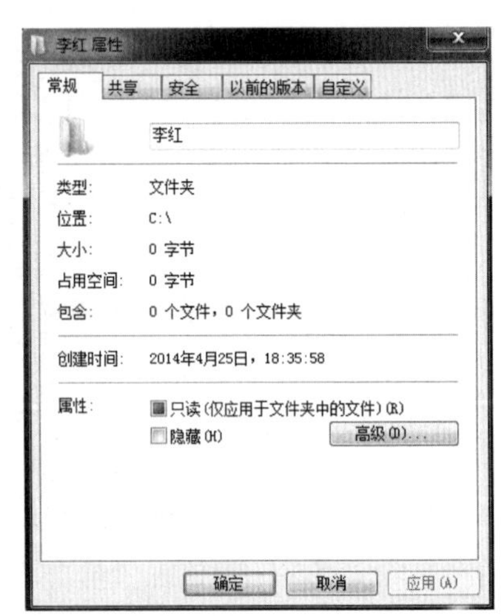

图 2.1.15 “李红 属性”对话框

9．关机

在 Windows 系统中切忌直接关闭电源，而是要遵循一定的步骤：

① 关闭所有用户打开的应用程序。

② 单击“开始”按钮，在弹出的“开始”菜单中单击“关机”按钮，计算机自动关闭电源。

实训 2　Windows 7 的基本操作

实训目的

① 掌握资源管理器的启动方法，并能利用其浏览文件。

② 掌握控制面板的启动方法，并能利用其进行系统设置。

③ 掌握系统日期/时间的设置方法。

④ 掌握计算器的应用。

⑤ 了解画图的应用。

⑥ 掌握记事本的基本操作。

⑦ 掌握压缩软件 WinRAR 的基本使用。

实训内容

① 启动资源管理器以及利用资源管理器浏览文件。

② 建立本章实训 1 中图 2.1.1 所示的目录树，使用搜索命令查找“练习 P1”文件夹。

③ 启动控制面板，设置系统日期和时间为 2021 年 7 月 2 日 15：22 分。

④ 启动计算器并计算 263×4−63÷12+5×4÷3×17+126÷11 的值。

⑤ 在“画图”程序中绘制简单的图形。

⑥ 在记事本中输入图 2.2.1 所示的内容及格式。

> 要注意留心报纸杂志边角处的广告——这也许会在你的生活中起到意想不到的作用。
>
> 参加一次任何形式的竞选活动,并为此而积极筹划——这会使你学到一些在日常生活中学不到的东西。
>
> 向自己发起挑战，为拿到 5 个以上的资格证书而奋斗。
>
> 与父母一起去旅行——这是培养重视家庭及人间亲情的开始。
>
> 每年读尽量多的书。
>
> 在与外国人对话时，要始终保持你的自信。
>
> 每天反省自己有什么失礼之处。
>
> 对自己下的决心要经常加以检讨。
>
> 做不幸者的朋友。
>
> 体验一次精疲力竭的感觉——你的潜力要靠自己去发掘。
>
> 会一会使你感到畏惧的人——见到不平凡的人会使你发现另一个自我。

图 2.2.1　记事本中的内容

⑦ 压缩“D:\作业\作业 P1”文件夹并放入 D 盘根目录。

⑧ 将放在 D 盘根目录的压缩文件解压。

实训要求

① 掌握资源管理器窗口的操作。
② 熟练掌握控制面板的使用方法。

操作步骤

1. 打开资源管理器并浏览文件

右击“开始”按钮，在弹出的快捷菜单中选择“打开 Windows 资源管理器”命令，单击该窗口左侧窗格中的“ ▷ ”按钮，展开“ ▷ ”后面相应的文件夹，在右侧窗格中可以浏览该文件夹的内容，如图 2.2.2 所示。单击“更改您的视图”下拉按钮，选择“超大图标”“大图标”“中等图标”“小图标”“列表”“详细资料”“平铺”“内容”来改变文件列表的显示方式，并仔细观察其区别。

拖动文件夹窗口与文件列表窗口之间的分隔线，可以调整文件夹窗口的大小。

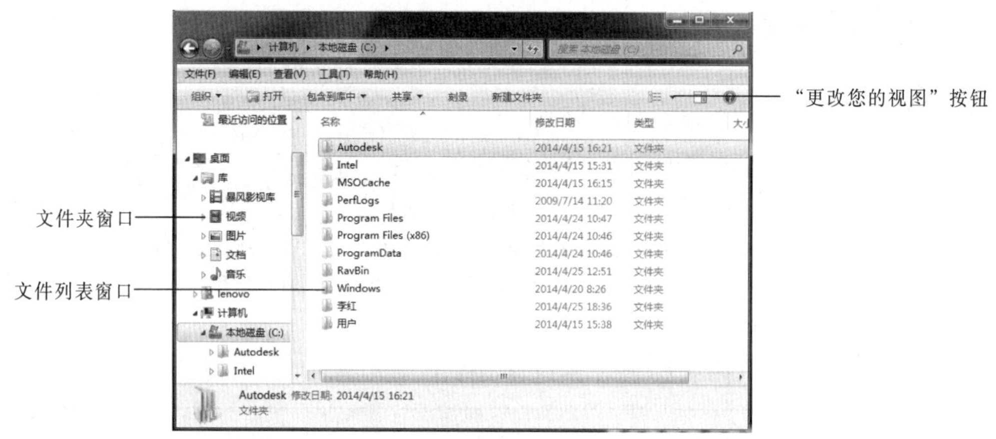

图 2.2.2 资源管理器窗口

2. 搜索“练习 P1”文件夹

单击“开始”按钮，在“搜索程序和文件”中或在任何一个窗口右上方的搜索框内搜索。在搜索框中，输入文本“练习 P1”，搜索完毕后，在右侧窗格中将显示搜索到的文件夹及其位置等信息。

3. 控制面板的应用

（1）鼠标的设置

单击“开始”按钮，选择“控制面板”命令，打开“控制面板”窗口，如图 2.2.3 所示。

单击“鼠标”按钮，弹出图 2.2.4 所示的“鼠标 属性”对话框，在该对话框中设置“左手习惯”或“右手习惯”。调节滑块设置双击速度为快，在测试区域双击鼠标进行测试；调节滑块设置双击速度为慢，在测试区域双击鼠标进行测试。

选择“指针”选项卡，在“方案”下拉列表框中分别选择不同的方案，如图 2.2.5 所示，可以看见“自定义”列表框中的指针做相应的变化。若接受鼠标设置，则单击“确定”按钮；

若保持原设置，则单击“取消”按钮。

图 2.2.3　“控制面板”窗口

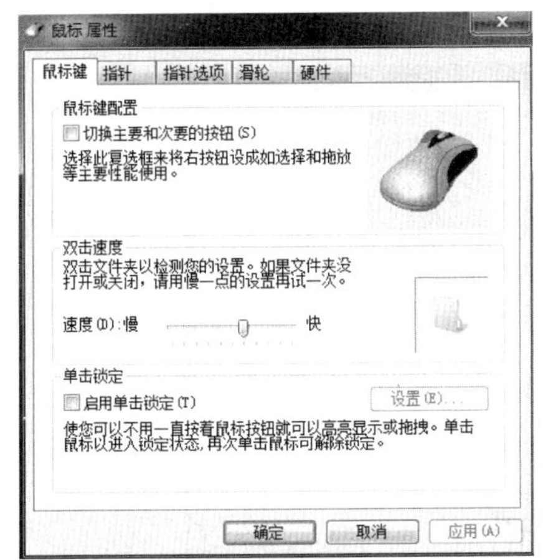

图 2.2.4　“鼠标 属性”对话框

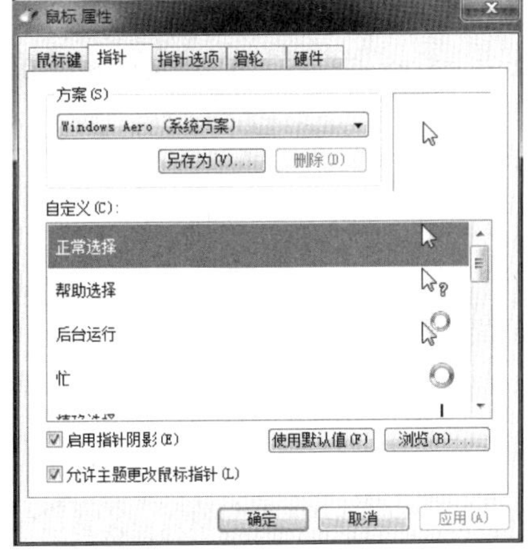

图 2.2.5　“指针”选项卡

（2）日期/时间的设置

在“控制面板”窗口中单击“日期和时间”图标或单击桌面右下角提示栏中的时钟，弹出如图 2.2.6 所示的“日期和时间”对话框，单击“更改日期和时间”按钮，弹出“日期和时间设置”对话框，设置日期和时间，单击“确定”按钮。

4. 计算器的使用

单击“开始”按钮，选择“所有程序”→“附件”→“计算器”命令，打开图 2.2.7 所示的“计算器”窗口，通过键盘上的数字与运算符号，或单击“计算器”中的数字与运算符号，输入“263×4÷12×4÷3×17=”，则计算器将计算出结果 1987.111。

5. 启用“画图”程序

单击“开始”按钮，选择“所有程序”→“附件”→“画图”命令，打开图 2.2.8 所示的“画图”窗口，在其中可以通过“工具箱”及“颜料盒”绘制各种图形。

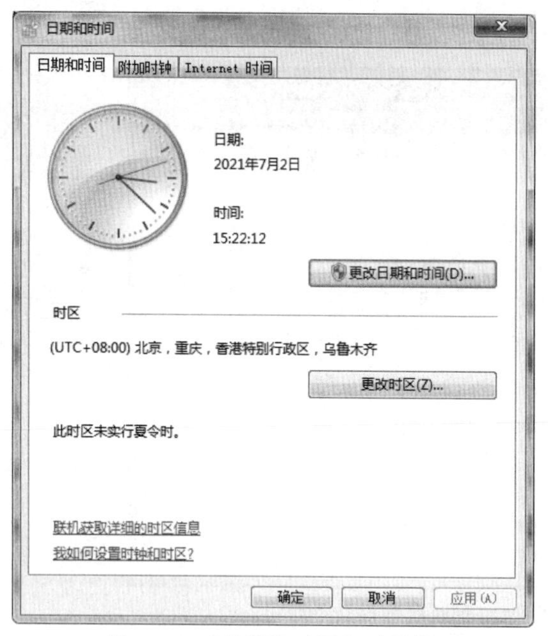

图 2.2.6 “日期和时间”对话框

图 2.2.7 “计算器”窗口

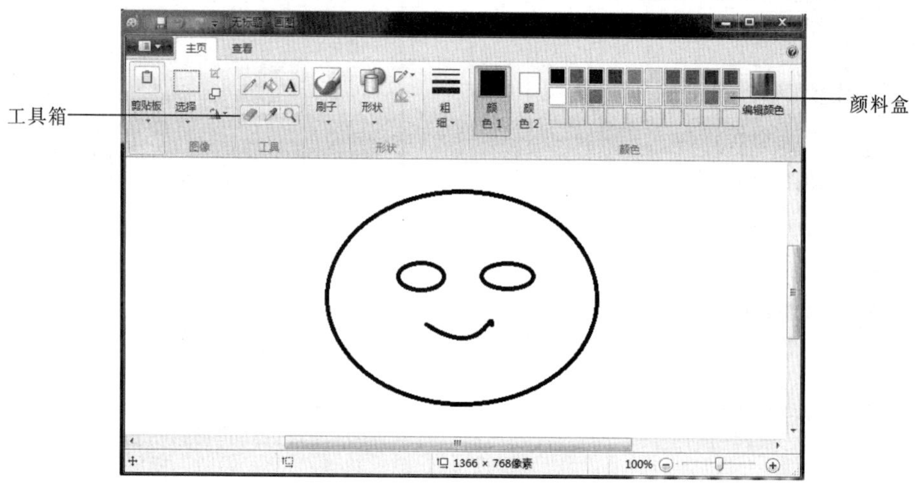

图 2.2.8 “画图”窗口

图形绘制完毕后，单击左上角的“保存”按钮，或单击“画图”按钮，在弹出的下拉菜单中选择“保存”命令，弹出图 2.2.9 所示的“保存为”对话框，保存路径选择“D:\练习”，在“文件名”文本框中输入“笑脸”，单击“保存”按钮，则所绘制的图形即可保存到“D:\练习”文件夹中。

单击“画图”按钮，在弹出的下拉菜单中选择“设置为桌面背景”→“平铺”命令，关闭“画图”窗口后，可以看到桌面背景变成所绘制的图形“笑脸”。

6. 记事本的使用

单击“开始”按钮，选择“所有程序”→“附件”→“记事本”命令，打开图 2.2.10 所示的“记事本”窗口。

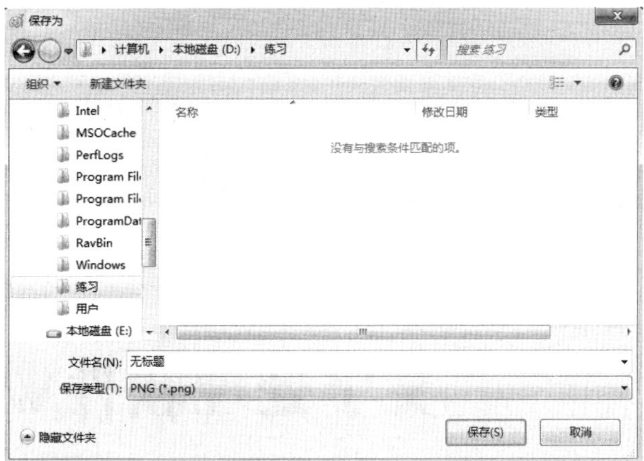

图 2.2.9 “保存为”对话框

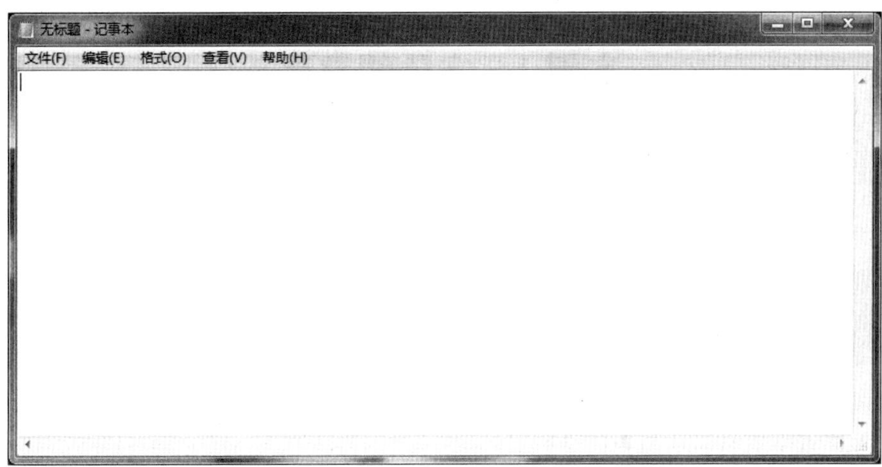

图 2.2.10 “记事本”窗口

第3章 文字处理软件Word 2010

实训1　字体的设置

实训目的

① 掌握 Word 2010 的启动与退出。

② 掌握文件的创建、打开、保存与关闭的方法。

③ 能在 Word 2010 中熟练输入文字。

④ 掌握文档的基本编辑技术：选定与删除文本。

⑤ 掌握不同的字体、字号及文本对齐方式的设置方法。

⑥ 掌握文本中空格显示与否的设置。

实训内容

请在 Word 2010（以下简称 Word）中新建一个文件，文件内容及格式如图 3.1.1 所示。

前　　言

高等职业技术教育是以培养高等技术应用性人才为根本任务、以适应社会需要为目标、以培养技术应用能力为主旨来设计学生的知识、能力、素质结构和培养方案。其教学目的应充分体现学生毕业即能上岗的根本目标，在教学内容上应以技术的应用和熟练掌握为主，基础理论知识以必需、够用为度。

为体现上述教学目的，我们根据多年从事《计算机公共基础》课程教学的经验，借鉴了部分自学成才的从事计算机技术应用的非计算机专业毕业生成功的学习方法，按照职业技术教育的针对性、应用性和实践性的要求，对目前办公自动化中最常用的 Office 2010 软件进行了系统的分析，将其主要知识点归纳总结成 30 个操作实例，供学生上机练习使用。

这些实例的版面、格式等都是工作岗位中常见的。书中对每个实例的操作目的、操作步骤都进行了详细的讲解，具有简单、实用、可操作性强的特点，可以消除初学者对上机操作的无所适从的感觉。

学生只要按着书中的实例逐步练习，即可轻松掌握 Word、Excel、PowerPoint 等软件的常用功能和使用方法，并可利用上述软件解决办公中的常见问题，为将来走向工作岗位打下坚实的基础。

编者

2020 年 6 月 8 日

图 3.1.1　实训内容

实训要求

① 标题：小三号字、加粗、字体为黑体，状态为居中，标题的两个字“前”与“言”之间输入6个空格。

② 第一段：与标题之间空一行，小四号字、常规、字体为幼圆，状态为首行空两格，其余左对齐。

③ 第二段：四号字、常规、字体为隶书，状态为首行空两格，其余左对齐。

④ 第三段：小三号字、常规、字体为华文细黑，状态为首行空两格。

⑤ 第四段：四号字、常规、字体为方正姚体，状态为首行空两格，其余左对齐。

⑥ 最后两行：与上一段之间空一行，五号字，字体为宋体，右对齐。

操作步骤

1. 启动 Word 程序

试采用以下4种不同的方式启动 Word 程序：

① 单击“开始”按钮，选择“所有程序”→“Microsoft Office”→“Microsoft Word 2010”命令，可启动 Word 程序。

② 找到 Microsoft Office 的安装目录，双击“Microsoft Office”图标，可启动 Word 程序。

③ 单击“开始”按钮，指向“最近使用的项目”菜单，单击某个最近打开过的 Word 文件，可启动 Word 程序并打开该文件，如图3.1.2所示。

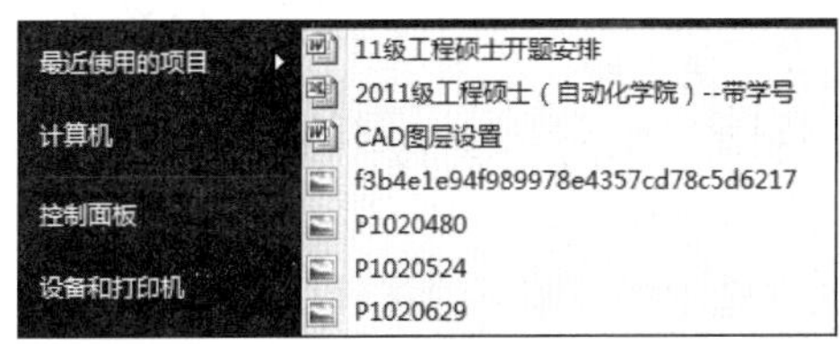

图3.1.2　通过“最近使用的项目”启动 Word 程序

④ 如果桌面上放置了 Word 快捷方式图标，双击此快捷方式图标也可启动 Word 程序。如果在桌面上没有该快捷方式图标，设置方法如下：

单击“开始”按钮，指向“所有程序”子菜单，右击“Microsoft Word 2010”命令，在弹出的快捷菜单中选择“发送到”→“桌面快捷方式”命令，在桌面上就生成了快捷方式图标。

2. 新建 Word 文档

用上述方法①、②、④启动 Word 程序后，当前为空白文档状态，标题栏显示为“文档1-Microsoft Word”，表示当前文档默认名为“文档1”，此时不必新建文档，直接输入内容即可。

用上述方法③启动 Word 程序后，打开的是一个已知的 Word 文件，此时若想新建文件，可进行以下两种操作：

① 在应用程序中，选择“文件”选项卡中的“新建”命令，然后单击“可用模板”列表框中的“空白文档”选项，最后单击“创建”按钮。

② 单击快速访问工具栏中的“自定义快速访问工具栏”按钮，在下拉列表框中选择“新建”命令，然后单击快速访问工具栏中的“新建空白文档”按钮。

3．输入文本

首先将输入法切换到中文输入法状态：可直接单击任务栏中的输入法标志，从弹出的菜单中选取；也可用按【Ctrl+Space】组合键在中文、纯英文输入法之间切换；按【Ctrl+Shift】组合键在中文输入法之间切换。

输入文本过程中，每输完一个段落，都需要按【Enter】键另起一个段落。在实验内容中可以看出，标题行与第一段之间空一行，在输入完标题行“前言”后，连按两次【Enter】键后，再输入第一段内容。

因为每一段的首行均缩进两个字符，在输入第一段内容时首先按 4 次【Space】键再开始输入正文，当输入完第一段内容后按【Enter】键另起一段时，下一段首行自动与前段对齐。

当输入完第四段内容后，因最后两行和第四段间隔一行，所以连按两下【Enter】键即可。

4．基本编辑技术

（1）文本的选定

① 选定任意文本：将鼠标指针移动到需要选定的文本左侧，按下鼠标左键，拖动到需选定文本的最后一个字为止，然后释放鼠标。单击任意处放弃文本的选定。

② 选定词组：将鼠标指针指向要选中词组的中间，双击该词组，无论该词组是两个字还是三个字都可以将其选中。单击任意处放弃文本的选定。

③ 选定一行文本（选定第一行）：将鼠标指针移动到第一行左侧的空白区域，当指针变成指向右侧的白色箭头形状时，单击即可选中该行文本。单击任意处放弃文本的选定。

④ 选定一个句子：按住【Ctrl】键，然后在该句的任何地方单击。单击任意处放弃文本的选定。

⑤ 选定一个段落（例如选定第二段）。

方法 1：将鼠标指针移动到第二段的左侧空白区域，当指针变成指向右侧的白色箭头形状时，双击即可选定该段文本。

方法 2：将鼠标指针指向要选中的段落，当指针变成光标形状时，连续 3 次单击，也可选定该段。单击任意处放弃文本的选定。

⑥ 选定一页文本：在选定整页文本时，将光标定位在当页文本的页首处单击，然后向下滚动页面至该页的末尾处，按住【Shift】键的同时单击，即可选定该页文本。单击任意处放弃文本的选定。

⑦ 选定整篇文档：将鼠标指针移动到文档正文左侧的空白区域，当指针变成指向右侧的白色箭头形状时，连续 3 次单击即可选中整篇文本，也可按【Ctrl+A】组合键。单击任意处放弃文本的选定。

（2）第一次保存文件

① 可以在任何时候进行保存文本的操作，第一次保存文本时，选择“文件”选项卡中的“保存”命令，弹出“另存为”对话框，如图 3.1.3 所示。

② 在“文件名”文本框中输入文件名，如“实验一”。

③ 在“保存位置”下拉列表框中选择文档的保存位置（如“我的文档”文件夹）。

④ 如果有必要将文件保存为其他格式（如“纯文本”），可以在“保存类型”下拉列表框中进行选择，这里保持默认格式“Word 文档”。

⑤ 单击“保存”按钮完成操作。

图 3.1.3　“另存为”对话框

（3）保存修改好的已有文档（文件名不变）

单击快速访问工具栏中的“保存”按钮或选择“文件”选项卡中的“保存”命令，或按【Ctrl+S】组合键均可达到保存目的。

（4）将文档换名保存

① 选择“文件”选项卡中的“另存为”命令，弹出“另存为”对话框。

② 在“另存为”对话框中输入新文件名（如“实验二”）后，单击“保存”按钮，则“实验一”被关闭，“实验二”文件窗口成为当前窗口。

（5）文本的删除

① 选定要删除的文本。

② 按【Delete】键或【Backspace】键。

提　示

按【Delete】键可以删除插入点右侧的字符，按【Backspace】键可删除插入点左侧的字符。

（6）退出 Word 程序

退出 Word 程序的方法很多，主要有以下几种：

① 双击 Word 窗口左上角的控制菜单图标。

② 选择“文件”选项卡中的“退出”命令。

③ 单击窗口右上角的“关闭”按钮。

④ 按【Alt+F4】组合键。

在退出 Word 之前，文档如果未存盘或是存盘后又做了修改，系统会弹出对话框提示是否保存对文档的修改，如图 3.1.4 所示。

图 3.1.4　程序退出时的提示

（7）空格的显示设置

选择“文件”选项卡中的“选项”命令，弹出“Word 选项”对话框，选择“显示”选项卡，如图 3.1.5 所示。选中“空格”复选框，单击“确定”按钮后，即可将空格显示出来。

图 3.1.5 “Word 选项”对话框

当在英文、半角、全角状态下输入空格时，其空格大小并不相同。

当输入法在半角🌙或英文状态下，按一次【Space】键，相当于占相同字号的半个汉字、一个英文小写字母的位置。按两下【Space】键，相当于占相同字号的一个汉字，即两个英文小写字母的位置。

当输入法在全角●状态下，按一次【Space】键，就相当于占相同字号的一个汉字，即两个英文小写字母的位置。

当输入法为中文状态时（如五笔输入法），如图 3.1.6 所示，单击半角图标🌙，即可将其切换到全角状态●；单击全角图标，即可将其切换到半角状态。

图 3.1.6 全半角切换

5. 编辑文本

（1）选中标题“前言”

单击“开始”选项卡“字体”组中的“字体”下拉按钮，在弹出的下拉列表框中选“黑体”，在“字号”下拉列表框中选择“小三”，如图 3.1.7 所示；或单击“开始”选项卡“字体”组右下角的“对话框启动器”按钮，弹出“字体”对话框，分别选择“中文字体”“字号”下拉列表框中的“黑体”“小三”，如图 3.1.8 所示；选定文本后，在所选区域右上角就会看到一个透明的工具栏，将鼠标指向该工具栏，然后在“字体”下拉列表框中选择“黑体”，在“字号”下拉列表框中选择“小三”。

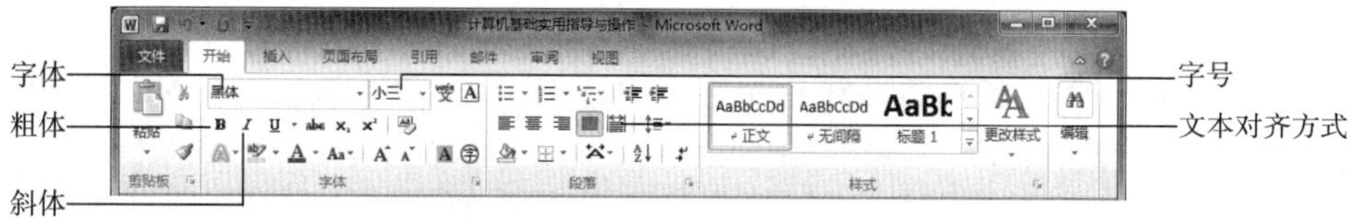

图 3.1.7 “开始”选项卡

单击“字体”组中的“加粗”按钮及“段落”组中的“居中”按钮，如图 3.1.7 所示；或打开“字体”对话框，选择“字形”列表框中的“加粗”，如图 3.1.8 所示。

图 3.1.8　“字体”对话框

在“前言”两个字之间单击，使光标停留在“前言”两个字之间，在英文或半角状态下，按 6 次【Space】键，或在全角状态下，按 3 次【Space】键。

（2）选中第一段内容

单击“开始”选项卡“字体”组中的“字体”下拉按钮，在弹出的下拉列表框中选择“幼圆”，在“字号”下拉列表框中选择“小四”；或单击“开始”选项卡“字体”组右下角的“对话框启动器”按钮，弹出“字体”对话框，分别选择“中文字体”“字形”“字号”下拉列表框中的“幼圆”“常规”“小四”。

（3）选中第二段内容

单击“开始”选项卡“字体”组中的“字体”下拉按钮，在弹出的下拉列表框中选择“隶书”，在“字号”下拉列表框中选择“四号”；或单击“开始”选项卡“字体”组右下角的“对话框启动器”按钮，弹出“字体”对话框，分别选择“中文字体”“字形”“字号”下拉列表框中的“隶书”“常规”“四号”。

（4）选中第三段内容

单击“开始”选项卡“字体”组中的“字体”下拉按钮，在弹出的下拉列表框中选择“华文细黑”，在“字号”下拉列表框中选择“小三”；或单击“开始”选项卡“字体”组右下角的“对话框启动器”按钮，弹出“字体”对话框，分别选择“中文字体”“字形”“字号”下拉列表框中的“华文细黑”“常规”“小三”。

（5）选中第四段内容

单击“开始”选项卡“字体”组中的“字体”下拉按钮，在弹出的下拉列表框中选择“方正姚体”，在“字号”下拉列表框中选择“四号”；或单击“开始”选项卡“字体”组右下角的“对话框启动器”按钮，弹出“字体”对话框，分别选择“中文字体”“字形”“字号”下拉列表框中的“方正姚体”“常规”“四号”。

（6）选中最后两行内容

单击“开始”选项卡“字体”组中的“字体”下拉按钮，在弹出的下拉列表框中选择“宋体”，在“字号”下拉列表框中选择“五号”；或单击“开始”选项卡“字体”组右下角的“对话框启动器”按钮，弹出“字体”对话框，分别选择“中文字体”“字形”“字号”下拉列表框中的“宋体”“常规”“五号”。单击“开始”选项卡“段落”组中的“右对齐”按钮。

6．综合文本编辑

按要求编辑图 3.1.9 所示的文档。标题设置为小三号黑体、居中，全篇正文为小四号宋体、每段首行空两格。

房 屋 买 卖 合 同

出 卖 人：YYY 身份证号：23**************** 联系电话：1369999××××

买 受 人：XXXX 身份证号：23**************** 联系电话：8988××××

根据《中华人民共和国合同法》及其他有关法律、法规之规定，买受人和出卖人在平等、自愿、协商一致的基础上就买卖房屋达成如下协议：

第一条 买受人所购房屋的基本情况：

买受人购买的房屋（以下简称该房屋），坐落于黑龙江省哈尔滨市××区 1 号 1 栋 1 单元 1 层 1 门。房证号：南字 0000×××，该房屋的用途为住宅，属混合结构，层高为 2 层，房屋总层数为 6 层。该房屋建筑面积共 119.87 平方米，其中，套内建筑面积 104.92 平方米，公有分摊面积 14.95 平方米。建成年份为 2002 年。

第二条 价款与付款方式及期限

出卖人与买受人约定按套（单元）计算该房屋价款，本套房屋成交价为人民币￥700000 元整，大写金额柒拾万元整。另产权过户所需的各项费用全部由买受人承担。

付款方式为分期付款。买受人于 2010 年 5 月 11 日将首付房款叁拾万元整（人民币）交至出卖人 YYY 处，同时出卖人将该房屋房产证、土地证交给买受人。买受人于 2010 年 5 月 24 日再次交付房款叁拾捌万元整（人民币）交至出卖人 YYY 处，余款贰万元整（人民币）于房屋交接前付清。

第三条 交付期限

出卖人应当在 2010 年 5 月 25 日前，将房屋交付符合本合同约定的房屋买受人使用。出卖人在买受人办理产权变更交易时保证销售的房屋没有产权纠纷和债权债务纠纷。因出卖人原因，造成该房屋不能办理产权登记或发生债权债务纠纷的，由出卖人承担全部责任。

第四条 本合同在履行过程中发生的争议，由双方当事人协商解决；协商不成的，依法向人民法院起诉。

第五条 本合同内，空格部分填写的文字与印刷文字具有同等效力。

第六条 本合同一式 份，具有同等法律效力，买卖双方及中间证明人各执壹份。

第七条 本合同自双方签订之日起生效，房屋转让结束后，本合同自动终止。

第八条 中间证明人不承担任何责任，仅对双方买卖交易的事实做个证明。

出卖人（签章）： 买受人（签章）：

中间证明人：

年 月 日

图 3.1.9 练习文档

实训 2 文字的基本设置

实训目的

① 根据需要可以更改功能区并自定义快速访问工具栏。

② 掌握文档的基本编辑技术：移动和复制、查找和替换文本。

③ 掌握对文本设置不同颜色及下画线的方法。

④ 掌握段落标记的设置。

实训内容

在 Word 文档中建立图 3.2.1 所示格式和内容的文件。

主页制作简单学

善用“网页组件”

前几期我们介绍了网页制作的一些基本知识。本期我们学习通过 FrontPage(以下简称 FP)在网页中插入组件。

在观看电视节目时，经常看到在屏幕的下面有一行滚动的字，那就是字幕。在网页中也可以插入类似的效果文字。打开先前创建的 “index.htm”，现在我们要在此页面的底端插入一个字幕，显示“欢迎访问我的网站”。

首先，将光标放到该页面的底端，再单击“插入”菜单中的“Web 组件”命令，并选择“动态效果”，再选择“字幕”。

在打开的对话框中的“文本”框中输入“欢迎访问我的网站”，在“方向”区中指定文本的滚动方向——左，字幕将会按照从右到左滚动。在速度区中设置一下文字移动的速度，可用其默认设置。在“表现方式”区中选择文本的滚动方式，例如“交替”。系统默认自动调整字幕组件的高度和宽度，我们可以设置其各项值，在此我们先按系统默认值来操作。在“重复”区中我们可以设置字幕的循环次数，一般选择“连续”，这些字幕就会“马不停蹄”地“跑”。当然还可以设置字幕的“背景色”，根据喜好选择一种颜色，最后单击“确定”按钮即可。再切换到浏览视图，就可以看到页面底部一个来回滚动的文字条了，这是不是很有趣？

图 3.2.1　实训内容

实训要求

① 标题：小三号字、加粗、字体为华文细黑，状态为居中。

② 标题行下的注释行：五号字、常规、字体为华文细黑，颜色为红色。

③ 第一段：小四号字、常规、字体为方正姚体，文字颜色为深蓝色，状态为首行空两格，其余左对齐。

④ 第二段：四号字、常规、字体为华文彩云，状态为首行空两格，其余左对齐；其中文本“在网页……效果文字”下加单下画线，下画线颜色为绿色，在该段段尾输入“软回车”。

⑤ 第三段：小四号字、常规、字体为华文中宋，文字颜色为绿色，状态为首行空两格，其余左对齐。

⑥ 第四段：小四号字、常规、字体为楷体 _ GB 2312，文字颜色为深红色，状态为首行空两格，其余左对齐；其中文本“在此我们……来操作。”下加双下画线，下画线颜色为默认。

操作步骤

1. 启动 Word 程序

方法同实训一。

2. 新建 Word 文档

方法同实训一。

3. 输入文本

首先将输入法切换到中文输入法状态，根据实验内容输入文本，在输入文本过程中，不必对文本的字号、字体及下画线等格式进行设置，全部文本输入完毕后，再设置即可。

在输入文本过程中，也可以边设置格式边输入，但是这种设置方法的缺点是：在输入文本过程中，每当文本的字体、字号或字的颜色发生变化时，均需设置或取消一次，这将大大影响输入速度。

4. 基本编辑技术

（1）自定义功能区

自定义功能区是 Office 2010 新增的功能，它可以让用户在功能区中自定义新的选项卡，并且能将现有功能区中的按钮或命令的位置进行调整，例如创建一个名为“文本设置”的选项卡，并将“开始”选项卡下的“字体”和“段落”组以及“插入”选项卡下“文本”组中的按钮移至该选项卡中。具体方法如下：

① 打开“Word 选项”对话框。启动 Word 程序，选择“文件”选项卡中的“选项”命令。

② 新建选项卡。弹出“Word 选项”对话框，选择“自定义功能区”选项卡，然后在“自定义功能区”列表中单击“新建选项卡”按钮。

③ 重命名选项卡。在列表框中选择“新建选项卡（自定义）”选项卡，然后单击“重命名”按钮，弹出“重命名”对话框，在“显示名称”文本框中输入名称“文本设置”，单击“确定”按钮。

④ 移至“新建”选项卡。在“主选项卡”列表框中选择“字体”选项，然后单击“下移”按钮，将选择的“字体”组移至“文本设置”选项卡中。

⑤ 显示自定义选项卡信息。设置完成后，单击“确定”按钮返回文档中，可以看到在功能区中添加了“文本设置”选项卡，并显示了相关的组按钮。

（2）自定义快速访问工具栏

将常用按钮添加到快速访问工具栏的方法有如下 3 种：一是使用快速访问工具栏右侧的下拉按钮，从展开的下拉列表框中选择要添加的常用按钮；二是在功能区中右击要添加的命令按钮，在弹出的快捷菜单中选择“添加到快速访问工具栏”命令即可；三是通过“Word 选项”对话框中的“自定义快速访问工具栏”选项来添加。

本实训以第三种方法（通过“Word 选项”对话框添加）为例，详细介绍自定义快速访问工具栏的操作。

① 打开“Word 选项”对话框。启动 Word 程序，选择“文件”选项卡中的“选项”命令。

② 选择命令位置。弹出“Word 选项”对话框，选择“快速访问工具栏”选项卡，然后在“从下列位置选择命令”下拉列表框中选择“不在功能区中的命令”选项，如图 3.2.2 所示。

③ 添加命令。在其下的列表框中选择“绘制表格”选项，单击“添加”按钮，如图 3.2.3 所示，单击“确定”按钮。

④ 查看添加到快速访问工具栏中的命令效果。此时在快速访问工具栏中新增了“绘制表格”按钮。

（3）文本的复制

常用操作方法如下：

① 选中目标文本后，右击选中的区域，在弹出的快捷菜单中选择“复制”命令。

② 选中目标文本后，按住【Ctrl】键不放，使用鼠标拖动选中的区域，至文本要复制的目标位置后，释放鼠标。

③ 选中目标文本后，按【Ctrl+C】组合键。

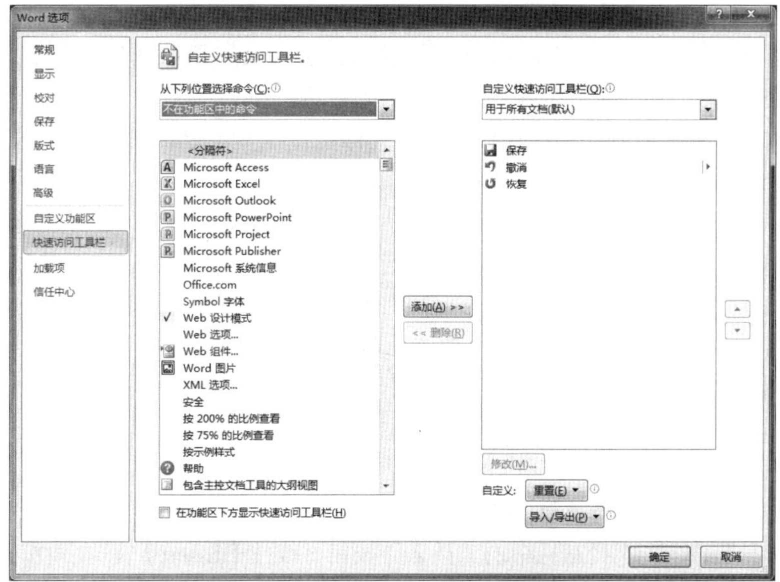

图 3.2.2　“快速访问工具栏”选项卡

图 3.2.3　添加命令

（4）文本的剪切

常用操作方法如下：

① 选中目标文本后，右击选中的区域，在弹出的快捷菜单中选择“剪切”命令。

② 选中目标文本后，使用鼠标拖动选中的区域，至文本要移动到的目标位置后，释放鼠标，可快速完成文本的剪切操作。

③ 选中目标文本后，按【Ctrl+X】组合键。

（5）文本的粘贴

全部粘贴是将复制或剪切的文本及格式全部粘贴到目标位置。常用操作方法如下：

① 对文本执行复制或剪切操作后，右击文本要粘贴的位置，在弹出的快捷菜单中选择“保留源格式粘贴”命令，完成粘贴操作。

② 对文本执行了复制或剪切的操作后，将光标定位在文本要粘贴到的位置，然后单击“开始”选项卡“剪贴板”组中的“粘贴”按钮，完成粘贴操作。

③ 对文本执行了复制或剪切的操作后，将光标定位在文本要粘贴到的位置，按【Ctrl+V】组合键，完成粘贴操作。

选择性粘贴中进行有选择的文本、格式的粘贴。选中要复制的文本，右击选中的区域，在弹出的快捷菜单中选择“复制”命令，将光标定位在相应的位置，单击“开始”选项卡“剪贴板”组中的“粘贴”下拉按钮，在弹出的下拉列表框中选择“选择性粘贴”命令，弹出“选择性粘贴”对话框，选择“形式”列表框中的“无格式的 unicode”选项，单击“确定”按钮，将复制的文本只粘贴文本，不粘贴格式。

（6）使用“改写”模式

将光标放在实验内容中的第二段“电视节目”这 4 个字之前，下面的操作是将“电视节目”4 个字改成“电视通知”。操作步骤如下：

① 单击 Word 窗口底部状态栏中的“插入”按钮（或按【Insert】键），则按钮变为“改写”按钮。

② 输入“电视通知”4 个字，则“电视节目”4 个字将由“电视通知”所替换。

③ 再次单击状态栏中的“改写”按钮（或再次按【Insert】键），取消“改写”状态。

（7）查找和替换

将实验内容中的文本“网页”替换为文本“幻灯片”。操作步骤如下：

① 单击“开始”选项卡“编辑”组中的“替换”按钮（或按【Ctrl+H】组合键），弹出图 3.2.4 所示的“查找和替换”对话框，显示“替换”选项卡。

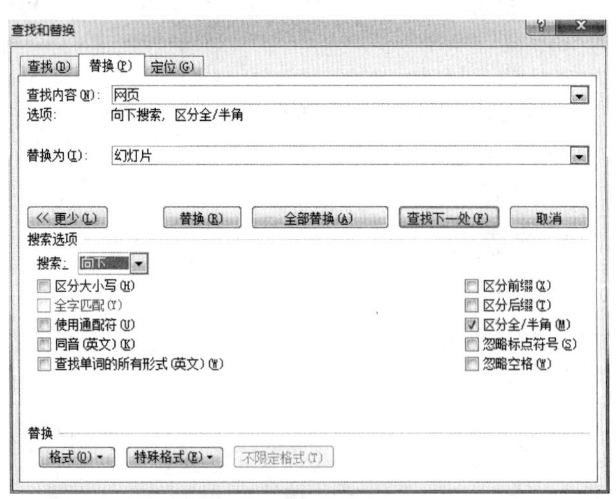

图 3.2.4 “查找和替换”对话框的“替换”选项卡

② 在“查找内容”文本框中输入文本“网页”，在“替换为”文本框中输入文本“幻灯片”，单击“更多”按钮展开对话框（展开后“更多”按钮变成“更少”按钮）。

③ 在“搜索”下拉列表框中选择“全部”（还有“向上”和“向下”选项）选项。

④ 要逐个查找，可单击“查找下一处”按钮，找到需替换的文本后，单击“替换”按钮。这里要进行“全部替换”，故单击“全部替换”按钮，系统会提示查找并替换的结果。

（8）显示段落标记

当把网上的文档复制到 Word 中进行编排时，经常会看到行与行、段与段之间存在很大的间隔，而且特别不整齐、不规范，此时就需要将多余的空行删除。若要删除空行需要先将段落标记显示出来。

选择“文件”选项卡中的“选项”命令，弹出“Word 选项”对话框，选择“显示”选项卡，如图 3.2.5 所示。选中“段落标记”复选框，单击“确定”按钮，即可将段落标记显示出来。

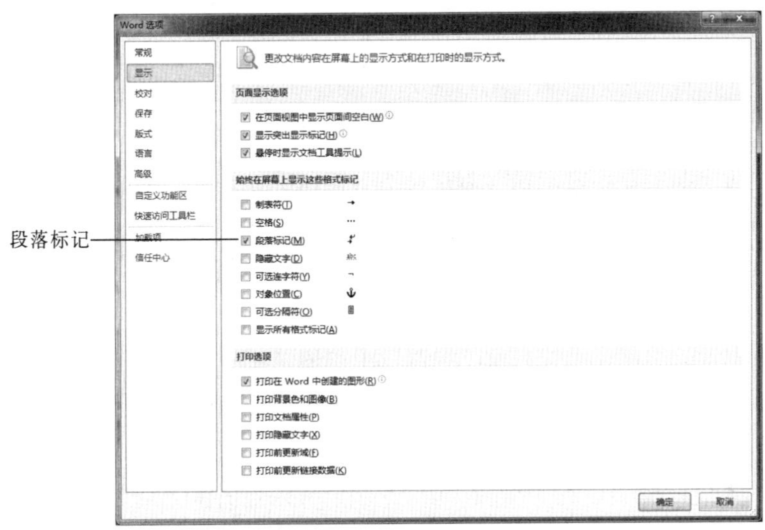

图 3.2.5　选择“段落标记”复选框

段落标记包括“软回车”和“硬回车”。“软回车”又称“手动换行符”，通过按【Shift+Enter】组合键实现换行，其特点是结束当前行并将文本继续显示在下一行。“硬回车”又称“段落标记”，通过按【Enter】键实现换行，每按一次【Enter】键将出现一个段落标记，如图 3.2.6 所示。

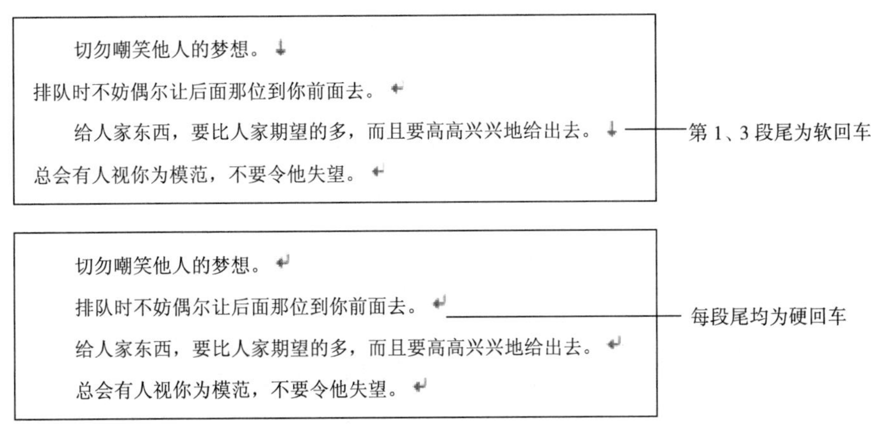

图 3.2.6　“软回车”与“硬回车”标记

若要将文档中的多个“软回车”全部快速删除，可运用“查找和替换”功能来完成。在查找“软回车”时，不能复制标记“软回车”进行查找，因为此时粘贴到“查找内容”文本框中的内容是空的。

如图 3.2.7 所示，将光标放置在“查找内容”文本框中，然后单击“更多”按钮，在弹出的选项中单击“特殊格式”按钮，在弹出的列表中选择“手动换行符”，在查找内容框中出现“^l”，在“替换为”文本框中不要输入任何内容，然后单击“全部替换”按钮，即可将文档中所有的“软回车”全部快速删除。

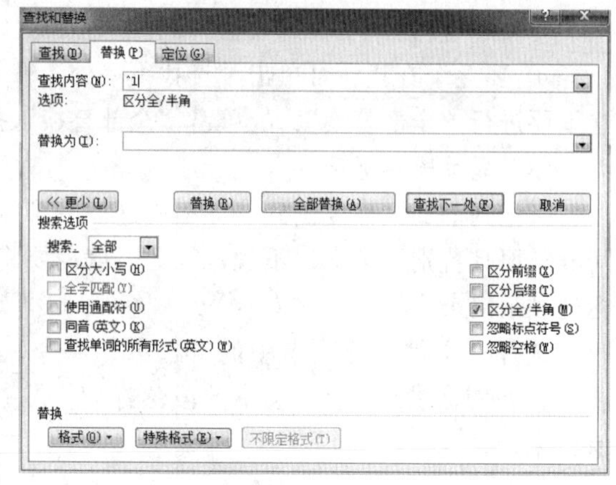

图 3.2.7 删除“软回车”的设置

5. 编辑文本

（1）选中标题行

单击“开始”选项卡“字体”组中的“字体”下拉按钮，在弹出的下拉列表框中选择“华文细黑”，在“字号”下拉列表框中选择“小三”；或单击“开始”选项卡“字体”组右下角的“对话框启动器”按钮，弹出“字体”对话框，分别选择“中文字体”“字形”“字号”下拉列表框中的“华文细黑”“常规”“小三”。

单击“字体”组中上的“加粗”按钮及“段落”组中的“居中”按钮；或在“字体”对话框中选择“字形”下拉列表框中的“加粗”。

（2）选中注释行内容（即标题行与第一段之间的行）

单击“开始”选项卡“字体”组中的“字体”下拉按钮，在弹出的下拉列表框中选择“华文细黑”，在“字号”下拉列表框中选择“五号”；或单击“开始”选项卡“字体”组右下角的“对话框启动器”按钮，弹出“字体”对话框，分别选择“中文字体”“字形”“字号”下拉列表框中的“华文细黑”“常规”“五号”。

单击“字体颜色”下拉按钮，在弹出的颜色列表框中选择“红色”（见图 3.2.8）；或单击“开始”选项卡“字体”组右下角的“对话框启动器”按钮，弹出“字体”对话框，选择“字体颜色”下拉列表框中的“红色”（见图 3.2.9）。

（3）选中第一段内容

单击“开始”选项卡“字体”组中的“字体”下拉按钮，在弹出的下拉列表框中选择“方正姚体”，在“字号”下拉列表框中选择“小四”；或单击“开始”选项卡“字体”组右下角的“对话框启动器”按钮，弹出“字体”对话框，分别选择“中文字体”“字形”“字号”下拉列表框中的“方正姚体”“常规”“小四”。

单击“字体颜色”下拉按钮，在弹出的颜色列表框中选择“深蓝色”；或单击“开始”选项卡“字体”组右下角的“对话框启动器”按钮，弹出“字体”对话框，选择“字体颜色”下拉列表框中的“深蓝色”。

（4）选中第二段内容

单击“开始”选项卡“字体”组中的“字体”下拉按钮，在弹出的下拉列表框中选择“华文彩云”，在“字号”下拉列表框中选择“四号”；或单击“开始”选项卡“字体”组右下角的

“对话框启动器”按钮，弹出“字体”对话框，分别选择“中文字体”“字形”“字号”下拉列表框中的“华文彩云”“常规”“四号”。

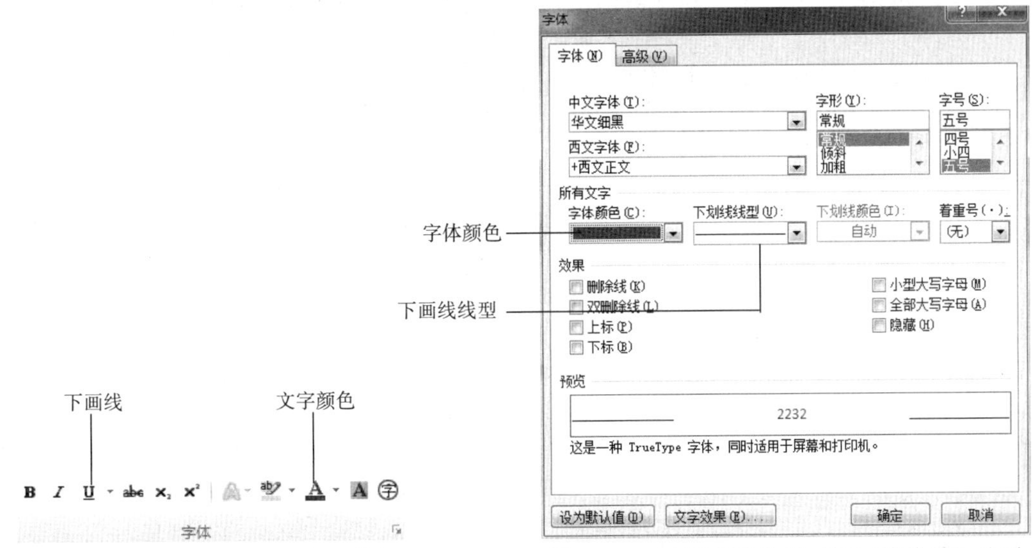

图 3.2.8 “下画线”及“颜色”按钮　　　　图 3.2.9 “字体颜色”及“下画线线型”选项

选择该段落中文本“在网页中也可以插入类似的效果文字”，单击“下画线”下拉按钮，在弹出的列表框中选择所需要的线型（见图 3.2.8），在“下画线颜色”下拉列表框中选择“绿色”；或单击“开始”选项卡“字体”组右下角的“对话框启动器”按钮，弹出“字体”对话框，选择“下画线”下拉列表框中的相关线型，然后选择“下画线颜色”下拉列表框中的“绿色”（见图 3.2.9）。

将光标移动到该段段尾后，按【Shift+Enter】组合键在该段段尾处将输入“软回车”标记。

（5）选中第三段内容

单击“开始”选项卡“字体”组中的“字体”下拉按钮，在弹出的下拉列表框中选择“华文中宋”，在“字号”下拉列表框中选择“小四”；或单击“开始”选项卡“字体”组右下角的“对话框启动器”按钮，弹出“字体”对话框，分别选择“中文字体”“字形”“字号”下拉列表框中的“华文中宋”“常规”“小四”。

单击“字体颜色”下拉按钮，在弹出的颜色列表框中选择“绿色”；或单击“开始”选项卡“字体”组右下角的“对话框启动器”按钮，弹出“字体”对话框，选择“字体颜色”下拉列表框中的“绿色”。

（6）选中第四段内容

单击“开始”选项卡“字体”组中的“字体”下拉按钮，在弹出的下拉列表框中选择“楷体_GB 2312”，在“字号”下拉列表框中选择“小四”；或单击“开始”选项卡“字体”组右下角的“对话框启动器”按钮，弹出“字体”对话框，分别选择“中文字体”“字形”“字号”下拉列表框中的“楷体_GB 2312”“常规”“小四”。

选择该段落中的文本“在此我们先按系统默认值来操作”，单击“下画线”下拉按钮，在弹出的列表框中选择所需要的线型。此时“下画线”按钮呈被按下状态；或单击“开始”选项卡“字体”组右下角的“对话框启动器”按钮，弹出“字体”对话框，选择“下画线”下拉列表框中的相关线型。

注 意

若要撤销对文本双下画线的设置，单击两次“字体”组中的“下画线”按钮 U ▾；或单击“开始”选项卡“字体”组右下角的“对话框启动器”按钮，弹出“字体”对话框，在“下画线线型”下拉列表框中选择“无”。

6．练习图 3.2.10 所示的文档

大中专毕业生就业观念现状

青海新闻网讯

近日，为更好地为大中专毕业生提供有效的就业指导和服务，西宁市人才开发交流中心对近三年西宁地区的 7 所高校和西宁人才市场的应届毕业生进行了抽样调查，共发放问卷 810 份，收回 489 份。

调查显示，面对岗位选择，大多数大学生认为毕业后的理想去处是收入较稳定的事业单位、国营企业和公务员职位，这三个选项的比例分别占到 39%、28%和 21%。而由于对民营和私营企业的待遇、规范度和稳定性等方面的担心，因此选择这两项的大学生均仅占 12%。大学生这种矛盾的心态正是当前毕业生的个人期待与社会就业环境不符产生的。一方面毕业生自己和家人都倾向于选择有稳定收入的工作；另一方面，这些热门单位的岗位缺口很小，竞争又十分激烈。

在调查中我们发现，对于自己第一份工作的薪酬，45%的大学生将其定位在 2000～3500 元，而选择 1500～2000 元的大学生也占到了 43%，选择 3500～5000 元的大学生占 10%，定位在 5000 元以上的仅有 2%。据《21 世纪人才报》调查，现高校毕业生月薪 2000～5000 元居多，而我们所做的调查也显示出相同的结果，说明当前省城毕业生对薪酬期望值定位还是符合实际的。调查同时显示，面对就业难的社会现状，64%的毕业生选择先就业再择业，而选择先择业再就业和茫然失措的毕业生只占到 12%和 5%。同时，值得注意的是，选择先就业再择业的人数呈逐年递增趋势，2009 年比 2007 年上升了 4 个百分点。这说明随着政府和高校对大学生就业指导工作的开展，大学生的择业观念已在逐渐转变。

在严峻的就业形势下，作为一名大学生，如何能够让自己尽快适应新形势，积极就业呢？

树立自主就业观念——这已成为就业的大趋势，国家已经完全取消了包分配的就业政策。因此，大中专毕业生应早做准备，不断储备自主择业的本领。只有具备较高的素质、较全面的知识、较丰富的经验和过硬的专业技能，才能在激烈的市场竞争中找到属于自己的岗位。

树立多渠道就业观念——大中专毕业生要解决就业问题，必须从多渠道入手。要树立无论在什么地方、从事何种职业，只要自己的知识和才智能得以施展，成为自食其力的劳动者就光荣的观念。

树立多层次就业观念——随着我国经济体制改革的不断深化，以及知识经济的到来，科技进步周期的不断缩短和传统产业结构的调整，必将引发劳动者工作岗位的流动与职业的变换。由于科技和经济的发展引起产业格局的不断变化，各岗位对劳动者的素质、知识水平和劳动技能也将发生变化，当劳动者原有的素质、知识水平和劳动技能不适应岗位需求时，就将被淘汰。因此，大中专毕业生必须树立终身学习和多次就业的新观念。

树立创业谋职观念——随着经济体制改革和产业结构的调整，非国有经济在整个国民经济中的占有率越来越大。非国有经济企业不但已成为吸纳大中专毕业生的一条重要渠道，而且也为他们的创业提供了广阔的空间。因此，大中专毕业生要立创业之志，走创业之路，建创业之功，树创业谋职的新观念。

图 3.2.10 练习文档

实训 3 特殊符号的插入

① 学会在 Word 中使用“帮助”功能。

② 熟练掌握中、英文之间的切换及大、小写英文字母间的切换方法。
③ 掌握在文档中输入特殊符号的方法。
④ 掌握上、下角标的设置方法。
⑤ 掌握“批注”的插入及显示方法。
⑥ 掌握显示“网格线”的设置方法。

实训内容

在 Word 文档中建立下列格式和内容的文件，如图 3.3.1 所示。

电脑报•综合报道

<u>卓越表现 精明选择</u>

戴尔 ^{TM}DIMENSION^{TM} 4600

英特尔$^{@}$奔腾$^{@}$4 处理器 2.4GHz

17 英寸纯平彩色显示器(16.0 " v.i.s.)

60GB^{1}Ultra ATA(7200 r/min)硬盘

256MB333MHz 双通道 DDR SDRM 内存

16 倍速最大 DVD-ROM/3.5 英寸软盘软盘驱动器

64MB DDR nVidia$^{@}$ GeForce4^{TM} MX w/TV 显卡/5.1 声道集成声卡

Altec Lansing$^{@}$ ADA215 立体声音箱

集成网卡/鼠标及戴尔 ^{TM}Quietkey$^{@}$键盘

预装 Microsoft$^{@}$ Windows$^{@}$ XP (家庭版)

Norton Anti-Virus 2003

1 年内有限保修$^{\#}$

另加 RMB98 元,即可升级至 80GB^{1} 硬盘

另加 RMB408 元,即可加装 CD-RW

另加 RMB1199 元,即可升级至 15 英寸液晶显示器

另加 RMB349 元,即可升级至 512MB333MHz DDR SDRAM 内存

图 3.3.1　实训内容

实训要求

① 在此篇文档中要完成字号、字体、字的颜色及下画线的设置。
② 完成对上、下角标的设置。
③ 在文档中插入特殊符号。
④ 在文档标题插入批注。

操作步骤

1. 使用“帮助”功能

① 单击“帮助”按钮（或按功能键【F1】），打开图 3.3.2 所示的窗口，在该窗口的 “搜

索”文本框中输入需要帮助的内容即可，按【Enter】键即会弹出相关提示。

② 在图 3.3.2“搜索”文本框中输入需要帮助的问题（如“保存”）后，按【Enter】键确认，显示与“保存”有关的搜索结果，如图 3.3.3 所示。

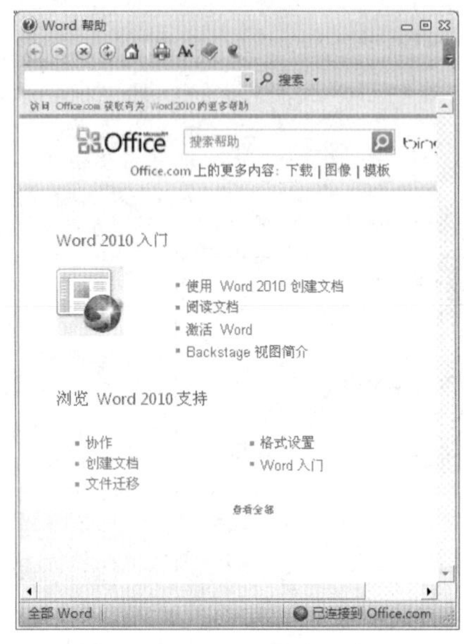

图 3.3.2 “Word 帮助”窗口

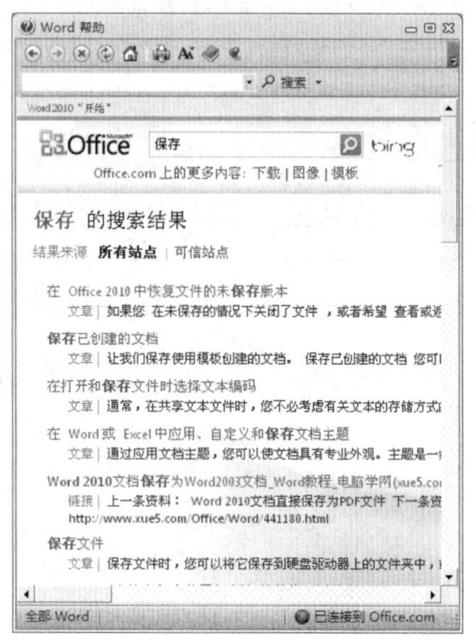

图 3.3.3 与“保存”有关的搜索结果

2. 输入文本

从实验内容中可以看出，此文档是中文与西文、大写与小写字母交替存在的文档，所以在输入文本过程中，输入法经常会在中、英文之间切换，按【Ctrl+Space】组合键切换即可，单击任务栏中的输入法标志进行切换会影响输入速度。

在输入大写字母时，不管输入法处于中文状态还是英文状态，均可以通过按【Caps Lock】键，使“大写字母状态灯”处于变亮状态，即可输入大写字母。

3. 编辑文本

（1）符号和特殊字符的输入

一部分特殊字符可以通过键盘输入。如符号“@、#、$、%、^、&”均在编辑区中的数字键上，可通过数字键与【Shift】键同时按下的方法输入，输入法处在中文状态和英文状态时，通过上述组合键输入的部分特殊字符有所不同。还可以通过“符号”对话框输入特殊字符，如实验内容中的标题行内容“电脑报•综合报道”中的圆点。单击“插入”选项卡“符号”组中的“符号”按钮，在弹出的下拉列表框中单击“其他符号”按钮，弹出“符号”对话框，其中有“符号”和“特殊字符”两个选项卡，从中可以选择需要的符号和特殊字符（见图 3.3.4），单击“插入”按钮则完成特殊符号的输入。重复多次可以连续插入多个特殊符号。单击“关闭”按钮，关闭“符号”对话框。

（2）上、下角标的设置

选中要设置成上标的文字或字符（如文本“英特尔@奔腾@”中的符号“@”），单击“开始”选项卡“字体”组中的“上标”按钮（见图 3.3.5），文本变为“英特尔$^{@}$奔腾$^{@}$”完成上标设置；或单击“开始”选项卡“字体”组右下角的“对话框启动器”按钮，弹出“字体”对话框（见图 3.3.6），选中“上标”复选框，单击“确定”按钮完成设置。

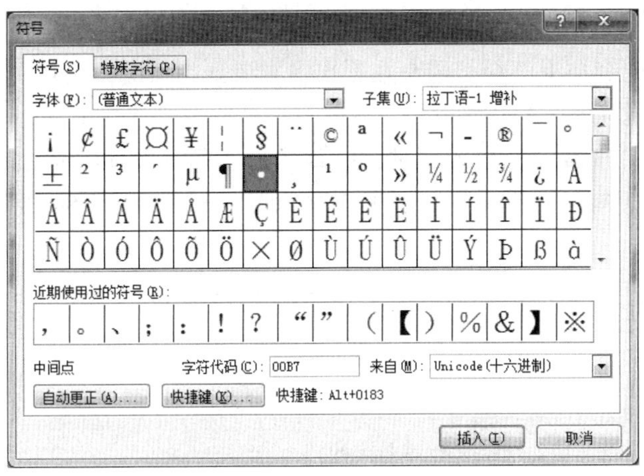

图 3.3.4　“符号”对话框

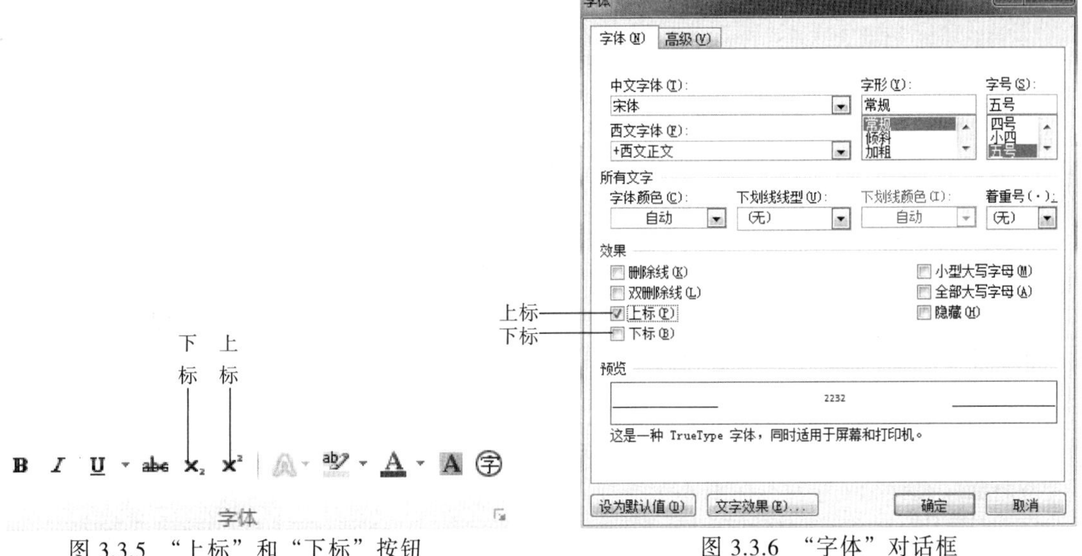

图 3.3.5　“上标”和“下标”按钮

图 3.3.6　“字体”对话框

4. 显示网格线

选择“视图”选项卡“显示”组中的“网格线”复选框，文档显示效果如图 3.3.7 所示，在文字的下方自动出现横格线，此时在文档中输入文本时，与在横格本上写字相似。取消选择“网格线”复选框，网格线便消失。

英特尔®奔腾®4 处理器 2.4GHz

17 英寸纯平彩色显示器(16.0" v.i.s.)

60GB[1]Ultra ATA(7200r/min)硬盘

256MB333MHz 双通道 DDR SDRM 内存

16 倍速最大 DVD-ROM/3.5 英寸软盘软盘驱动器

64MB DDR nVidia® GeForce4™ MX w/TV 显卡/5.1 声道集成声卡

Altec Lansing® ADA215 立体声音箱

集成网卡/鼠标及戴尔 ™Quietkey®键盘

预装 Microsoft® Windows® XP (家庭版)

Norton Anti-Virus 2003

图 3.3.7　显示网格线的效果

5. “批注”的插入

给文章中的某些内容加上注释是用户在写作中常遇到的情况，仅在文本上方显示，并不打印出来。此注释称为批注。

选中标题，单击“审阅”选项卡“批注”组中的“新建批注”按钮，此时会为标题添加红色底纹，同时出现“批注”编辑区，在其中输入文本“练习特殊符号的插入”，如图 3.3.8 所示。

游戏电脑主机

配置介绍	配件名称	型号	推荐品牌
这套配置由英特尔 i7-8700k 处理器、英伟达 GTX1060 6GD5 显卡、水冷散热器组成，i7-8700k 主频 3.7GHz 睿频 4.7GHz，是这代最强酷睿 i7，GTX1060 显卡能对大多数游戏高特效运行。	处理器	英特尔酷睿 i7-8700k	英特尔
	显卡	GTX1060 独显 6G DDR5 显存	微星/技嘉
	内存	8G DDR4 2400	金士顿/威刚
	散热器	水冷	酷冷至尊/九州风神
	主板	Z370 主板	微星/华硕
	硬盘	240GB 固态硬盘（关于固态硬盘）	三星/西部数据
	电源	500W 额定电源	航嘉/长城

jiaoyan
现在流行一种生活方式叫“轻奢”，6000元的电脑主机可以说是“轻高端”，属于入门级高端配置了。

图 3.3.8 添加批注

右击添加批注的文本，在弹出的快捷菜单中选择“编辑批注”命令，可以编辑批注；在弹出的快捷菜单中选择“删除批注”命令，可以删除批注。

注 意

边输入边设置上、下角标时，可能出现后续文字仍是角标状态的现象，此时再次单击角标按钮（使按钮处于非按下状态）即可。

实训 4 文字的位置和间距设置

实训目的

① 掌握多窗口操作。
② 掌握字符提升、下降及着重号的设置方法。
③ 掌握字符间距加宽和紧缩及动态效果的设置方法。
④ 掌握首字下沉的设置方法。
⑤ 掌握制表符的设置与应用。

实训内容

在 Word 文档中建立图 3.4.1 所示格式和内容的文件。

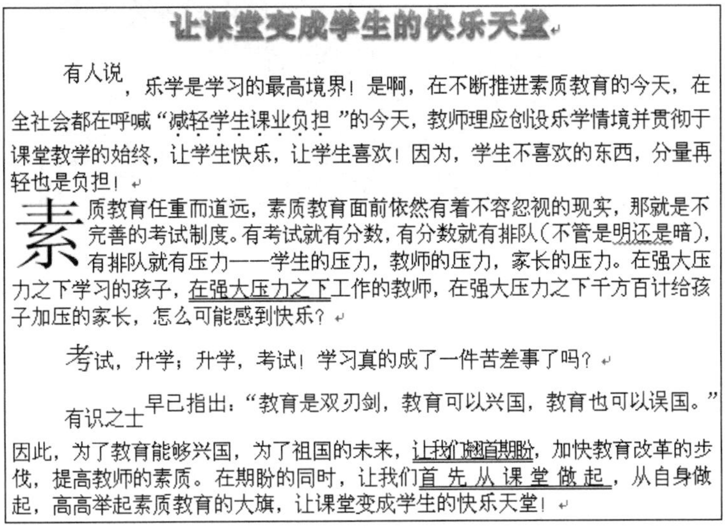

让课堂变成学生的快乐天堂

有人说，乐学是学习的最高境界！是啊，在不断推进素质教育的今天，在全社会都在呼喊“减轻学生课业负担”的今天，教师理应创设乐学情境并贯彻于课堂教学的始终，让学生快乐，让学生喜欢！因为，学生不喜欢的东西，分量再轻也是负担！

素质教育任重而道远，素质教育面前依然有着不容忽视的现实，那就是不完善的考试制度。有考试就有分数，有分数就有排队（不管是明还是暗），有排队就有压力——学生的压力，教师的压力，家长的压力。在强大压力之下学习的孩子，在强大压力之下工作的教师，在强大压力之下千方百计给孩子加压的家长，怎么可能感到快乐？

考试，升学；升学，考试！学习真的成了一件苦差事了吗？

有识之士早已指出：“教育是双刃剑，教育可以兴国，教育也可以误国。”因此，为了教育能够兴国，为了祖国的未来，让我们翘首期盼，加快教育改革的步伐，提高教师的素质。在期盼的同时，让我们首 先 从 课 堂 做 起，从自身做起，高高举起素质教育的大旗，让课堂变成学生的快乐天堂！

图 3.4.1　实训内容

实训要求

① 标题：设置文字效果，填充-橙色，强调文字颜色 6，渐变轮廓-强调文字颜色 6。

② 第一段：“有人说”字符位置提升，“减轻学生课业负担”加着重号。

③ 第二段：首字下沉，下沉行数为 3 行。“在强大压力之下”加双下画线。

④ 第三段：首字字号变大，将字号设置为小二号。

⑤ 第四段：“有识之士”字符位置下降。“让我们翘首期盼”字符间距紧缩，“首先从课堂做起”字符间距变大，并加双下画线。

操作步骤

1. 输入文本

输入图 3.4.1 所示的文字。

2. 编辑文本

（1）编辑标题

选中标题行“让课堂变成学生的快乐天堂”。设置“字体”“字号”“字形”：宋体，小二号，加粗。单击“开始”选项卡“字体”组中的“文字效果”按钮（见图 3.4.2），在弹出的下拉列表框中选择第 3 行第 2 个选项，进行轮廓填充设计。

（2）编辑第一段内容

选中正文，设置“字体”“字号”“字形”：宋体，小四号，常规。

选中第一段内容中的“有人说”，单击“开始”选项卡“字体”组右下角的“对话框启动器”按钮，弹出“字体”对话框，选择“高级”选项卡，如图 3.4.3 所示，在“位置”下拉列表框中选择“提升”，在“磅值”文本框中输入“8”，单击“确定”按钮。

选中“减轻学生课业负担”文本，单击“开始”选项卡“字体”组右下角的“对话框启动器”按钮，弹出“字体”对话框，选择“着重号”下拉列表框中的“·”，单击“确定”按钮。

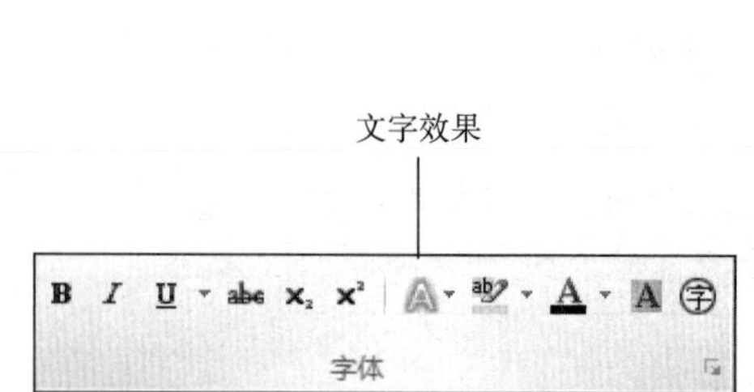

图 3.4.2 “文字效果”按钮

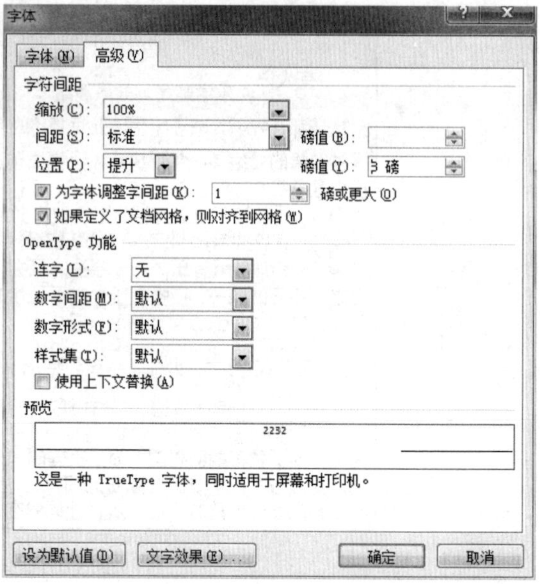

图 3.4.3 “高级”选项卡

（3）编辑第二段内容

将插入点放置在第二段中的任意位置，单击“插入”选项卡“文本”组中的“首字下沉”按钮，在弹出的下拉列表框中单击“首字下沉选项”按钮，弹出“首字下沉”对话框，如图 3.4.4 所示，“位置”选择“下沉”，“下沉行数”设置为“3”，单击“确定”按钮完成设置。

图 3.4.4 “首字下沉”对话框

选中“在强大压力之下”文本：设置双下画线。

（4）设置第三段

选中第三段的第一个字，设置字号为小二号。

（5）编辑第四段内容

选中文本“有识之士”，单击“开始”选项卡“字体”组右下角的“对话框启动器”按钮，弹出“字体”对话框，选择“高级”选项卡，在“位置”下拉列表框中选择“下降”，在“磅值”文本框中输入“8”，单击“确定”按钮。

选中文本“让我们翘首期盼”：设置双下画线；单击“开始”选项卡“字体”组右下角的“对话框启动器”按钮，弹出“字体”对话框，选择“高级”选项卡，在“间距”下拉列表框中选择“紧缩”，在“磅值”文本框中输入“1”，单击“确定”按钮。

选中文本“首先从课堂做起”：设置双下画线；单击“开始”选项卡“字体”组右下角的“对话框启动器”按钮，弹出“字体”对话框，选择“高级”选项卡，在“间距”下拉列表框中选择“加宽”，在“磅值”文本框中输入“2”，单击“确定”按钮。

注 意

首字下沉和字符下降的区别；字符提升和字号变大的区别。

3．多窗口操作

可以有多种方式在多个窗口查看同一个文档或不同的文档内容，按图 3.4.5 所示调整窗口。

（1）查看同一文档内容

① 单击“视图”选项卡“窗口”组中的“拆分”按钮，则文档的编辑窗口显示一条可随鼠标移动的粗横线，单击即可将编辑窗口一分为二，如图 3.4.5 所示。

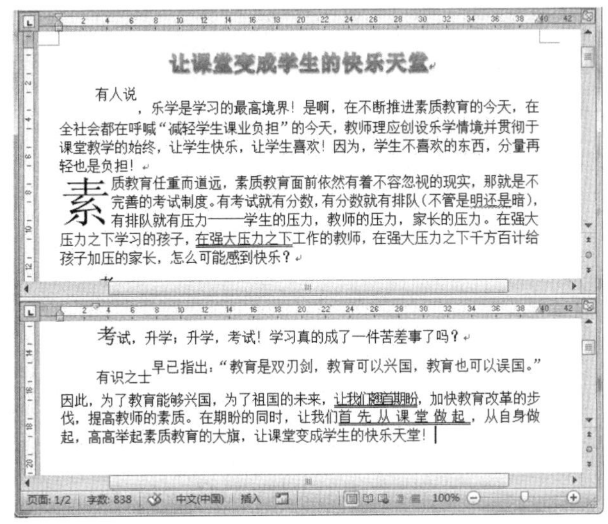

图 3.4.5　拆分窗口

② 在窗口上下部分各有自己的滚动条，拖动一部分滚动条，另一部分不会滚动，但对一部分内容改变时，另一部分的内容同时改变，可以方便地在上下部分之间进行复制等操作。

③ 单击“视图”选项卡“窗口”组中的“取消拆分”按钮，可以恢复窗口的原状。

④ 单击“视图”选项卡“窗口”组中的“新建窗口”按钮，可以新建一个窗口，如果原文件名为“实验”，则新建窗口后，原来的窗口更名为“实验:1”，新建窗口的名称为“实验:2”且为当前窗口，两个窗口实际上是一个文档的内容，对一个窗口的改变，另一个窗口的内容也会发生相同的改变。

⑤ 关闭一个窗口，则原来的窗口将恢复，窗口依然显示文档名“实验”。

（2）查看不同文档的内容

① 同时打开文件“实验一”和“实验二”。

② 单击“视图”选项卡“窗口”组中的“全部重排”按钮，则“实验一”窗口和“实验二”窗口同时排列在窗口中。

4．制表符的设置

在排版中，制表位常用于对齐处理。选择“文件”选项卡中的“选项”命令，弹出“选项”对话框，选择“显示”选项卡，如图 3.4.6 所示。选中“制表符”复选框，单击“确定”按钮后，即可将制表符显示出来。此时按一次【Tab】键，在光标前将出现一个向右的灰色箭头（ → ），这就是制表位符号。每按一次【Tab】键将增加一个制表位，若想控制制表位与制表位之间的距离，需要设置制表位的格式。

制表位需要与水平标尺配合使用，因此，首先切换到“视图”选项卡“显示”组中，选中“标尺”复选框，将水平标尺显示出来（或在编辑区右侧上下滚动条的最上方有一个显示隐藏标尺的小标志，单击之后也可以让标尺显示出来）。

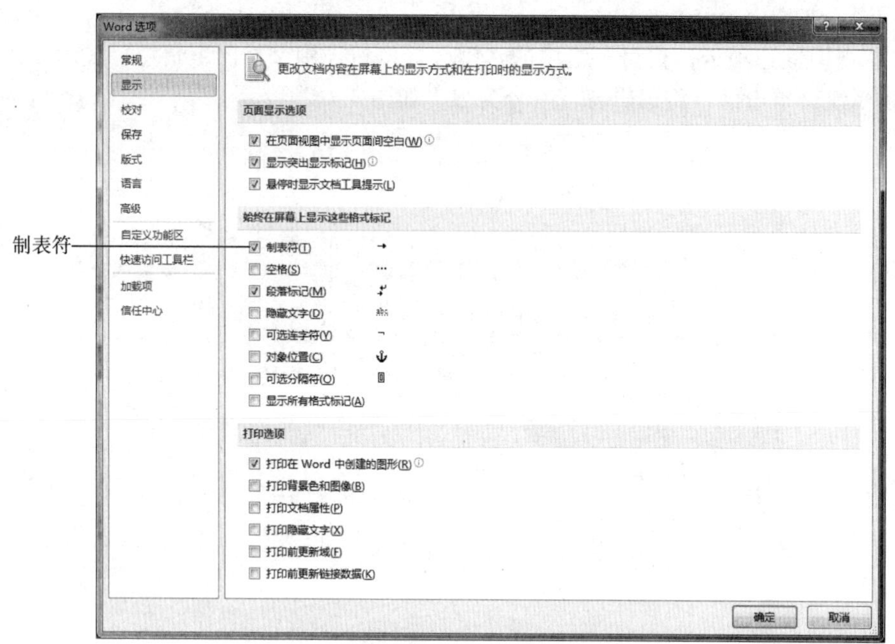

图 3.4.6 “制表符”的显示

图 3.4.7 “制表位”对话框

在水平标尺上单击，即可设置一个制表位；若要设置制表位不同的对齐方式，可双击水平标尺上的制表符，或单击“开始”选项卡“段落”组右下角的“对话框启动器”按钮，弹出“段落”对话框，单击“制表位”按钮，弹出“制表位”对话框，在其中进行设置，如图 3.4.7 所示。

制表位有 5 种对齐方式，在水平标尺上的显示方式分别为：左对齐式制表符 ∟、居中式制表符 ⊥、右对齐式制表符 ┘、小数点对齐式制表符 ⊥ 和竖线对齐式制表符 Ⅰ。

“制表位”对话框中各个选项的含义如下：

① 制表位位置：在该文本框中为新制表位输入度量值，每输入一次数值，即设置一个制表位位置，如果有 4 个制表位，则需要设置 4 次数值。

② 默认制表位：设置制表位间的默认距离。

③ 对齐方式：选择文字在制表位处的对齐方式。如果要改变原有制表位的对齐方式，可在“制表位位置”列表框中单击该制表位，再选择新的对齐方式选项，然后单击“设置”按钮即可生效。

④ 前导符：用于填充制表位左侧空白的点线、下画线或实线选项。

⑤ 设置：单击“设置”按钮，可使设置的所有选项生效。

⑥ 清除：单击“清除”按钮，可以清除在“制表位位置”列表框中选择的制表位。

⑦ 全部清除：单击“全部清除”按钮，可以将“制表位位置”列表框中列出的所有自定义制表位全部删除。

如图 3.4.8 所示，设置 3 个制表位的位置及对齐方式，第 1 个制表位的宽度为 10、居中，第 2 个制表位的宽度为 18、小数点对齐，第 3 个制表位的宽度为 26、右对齐。

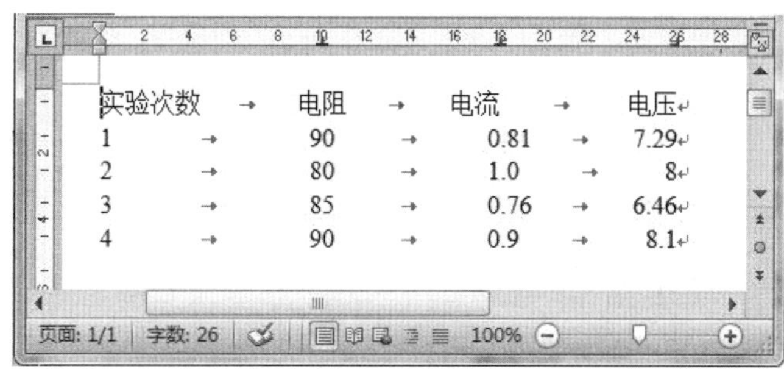

图 3.4.8　应用“制表位”实例

将图 3.4.8 中的内容输入完毕后全部选中，单击“开始”选项卡“段落”组右下角的“对话框启动器”按钮，弹出“段落”对话框，单击“制表位”按钮，弹出“制表位”对话框，在“制表位位置”文本框中输入“10”，然后选中“左对齐”单选按钮，再单击“设置”按钮。每次设置完成一个制表位格式时，一定要单击“设置”按钮，然后再设置另一个制表位的格式。全部设置完成后，单击“确定”按钮，完成设置。

5．练习图 3.4.9 所示的通知

图 3.4.9 所示文档中的第三条“2020 年 6 月 17 日……15********7”文本如果不设置字符间距，该文本会占两行，且第二行只有一个数字，所以设置该段文本字符间距为“紧缩 0.2 磅”，此时该段文本只占一行。

关于参加黑龙江省计算机学会名师专家高校行活动的通知

各高职高专院校：

由黑龙江省计算机学会计算机教育与培训专业委员会组织的名师高校行系列活动之一：走进高职院校活动将于 2020 年 6 月 17 日下午举行，现将有关事宜通知如下：

一、名师专家讲座内容

1．哈尔滨工程大学陈远斌讲师“开源软件在哈尔滨工程大学网络服务中的应用”

2．哈尔滨工程大学刘海波副教授“专业课堂也能轻舞飞扬”

3．哈尔滨工程大学朴秀峰副教授“在学校环境下如何开展科研活动”

二、参加人员

要求哈尔滨市各高职高专院校计算机类专业教师尽量都参加，不限人数，免费。

三、活动时间

2020 年 6 月 17 日，下午 1 点，地点哈尔滨铁道职业技术学院七楼会议室，联系人：×××，电话：15********7。

黑龙江省高职高专计算机类专业教学指导委员会

2020-6-11

图 3.4.9　练习文档

实训 5　设置边框和底纹

实训目的

① 掌握“Word 选项”对话框的设置。

② 掌握设置段落边框和文字边框的方法。

③ 掌握设置段落底纹和文字底纹的方法。

实训内容

在 Word 文档中建立图 3.5.1 所示格式和内容的文件。

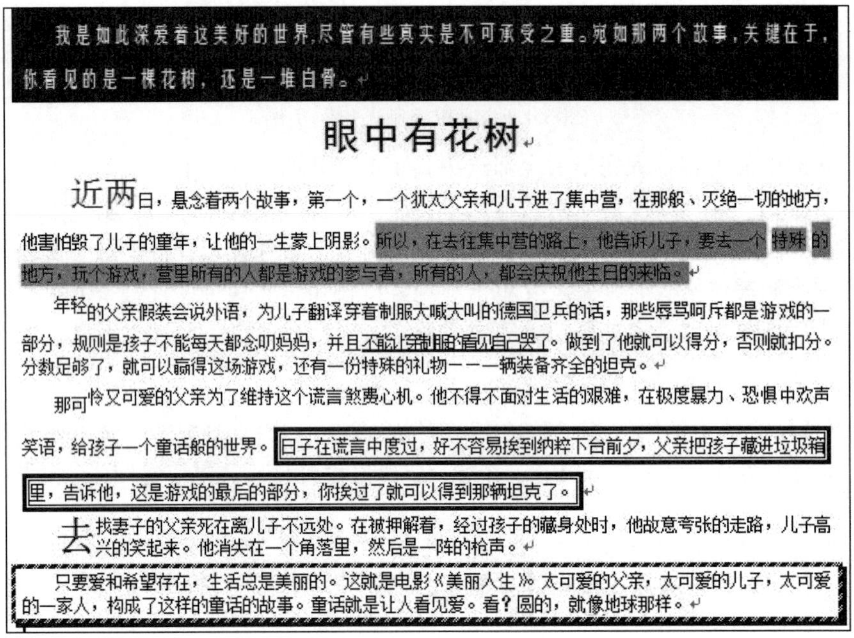

我是如此深爱着这美好的世界,尽管有些真实是不可承受之重。宛如那两个故事,关键在于,你看见的是一棵花树,还是一堆白骨。

眼中有花树

近两日,悬念着两个故事,第一个,一个犹太父亲和儿子进了集中营,在那般、灭绝一切的地方,他害怕毁了儿子的童年,让他的一生蒙上阴影。所以,在去往集中营的路上,他告诉儿子,要去一个特殊的地方,玩个游戏,营里所有的人都是游戏的参与者,所有的人,都会庆祝他生日的来临。

年轻的父亲假装会说外语,为儿子翻译穿着制服大喊大叫的德国卫兵的话,那些辱骂呵斥都是游戏的一部分,规则是孩子不能每天都念叨妈妈,并且不能让穿制服的看见自己哭了。做到了他就可以得分,否则就扣分。分数足够了,就可以赢得这场游戏,还有一份特殊的礼物——一辆装备齐全的坦克。

那可怜又可爱的父亲为了维持这个谎言煞费心机。他不得不面对生活的艰难,在极度暴力、恐惧中欢声笑语,给孩子一个童话般的世界。日子在谎言中度过,好不容易挨到纳粹下台前夕,父亲把孩子藏进垃圾箱里,告诉他,这是游戏的最后的部分,你挨过了就可以得到那辆坦克了。

去找妻子的父亲死在离儿子不远处。在被押解着,经过孩子的藏身处时,他故意夸张的走路,儿子高兴的笑起来。他消失在一个角落里,然后是一阵的枪声。

只要爱和希望存在,生活总是美丽的。这就是电影《美丽人生》。太可爱的父亲,太可爱的儿子,太可爱的一家人,构成了这样的童话的故事。童话就是让人看见爱。看?圆的,就像地球那样。

图 3.5.1 实训内容

实训要求

① 前言:字体为方正姚体、四号、白字,加"段落底纹",底纹颜色为"蓝色"。

② 标题:黑体、一号、字符间距加大。

③ 第一段:文本"所以,在去往……他生日的来临"设置"文字底纹",底纹颜色为绿色,文本颜色为白色。文本"近两"字号为小一。

④ 第二段:文本"年轻"设置为"字符提升",将文本"不能让穿制服的看见自己哭了"设置为"字符间距紧缩",并设置"下画线"。

⑤ 第三段:文本"那可"设置为"字符下降";将文本"日子在谎言中……可以得到那辆坦克了"设置为"文字边框"。

⑥ 第四段:设置"首字下沉"及字的颜色。

⑦ 第五段:设置字体和字号。

⑧ 最后一段:文本设置"段落边框"。

操作步骤

1. 输入文本

输入图 3.5.1 中的文字。

2. 基本编辑技术

（1）设置边框

将文本“我是如此深爱着这美好的世界，尽管有些真实是不可承受之重。宛如那两个故事，关键在于，你看见的是一棵花树，还是一堆白骨。”设置不同的边框。

若需设置文本边框，首先选中要设置边框的文本“我是如此深爱着这美好的世界，尽管有些真实是不可承受之重。宛如那两个故事，关键在于，你看见的是一棵花树，还是一堆白骨。”，然后单击“开始”选项卡“段落”组中的“边框和底纹”按钮，弹出“边框和底纹”对话框，选择“边框”选项卡，如图 3.5.2 所示。

图 3.5.2　“边框”选项卡

在此选项卡中，“设置”选项组中共有 5 项供选择，在文本没有边框的情况下选项“无”处于选中状态，当选择“设置”选项组中的其他选项时，在右侧的“预览”区域能看到预览效果，如图 3.5.3 所示，此处选择“方框”。

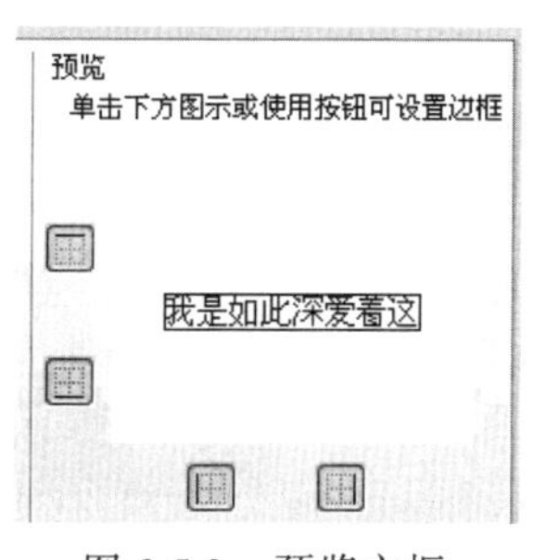

图 3.5.3　预览方框

接下来根据自己的喜好选择不同的线型，同样在右侧的“预览”区域能看到预览效果；在“颜色”下拉列表框中可以设置自己喜欢的线条颜色，在“宽度”下拉列表框中可以设置线型的磅值。

当设置好上述选项后，还有一项是特别要注意的，就是“应用于”选项，当选择“文字”选项时，设置效果如图 3.5.4 所示；当选择“段落”选项时，设置效果如图 3.5.5 所示。

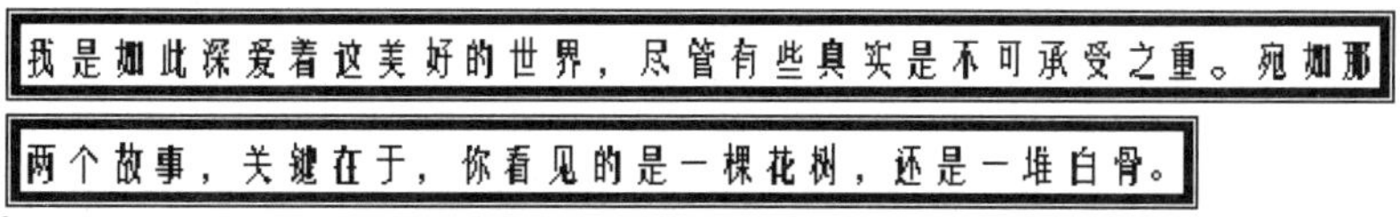

我是如此深爱着这美好的世界，尽管有些真实是不可承受之重。宛如那

两个故事，关键在于，你看见的是一棵花树，还是一堆白骨。

图 3.5.4　应用于“文字”

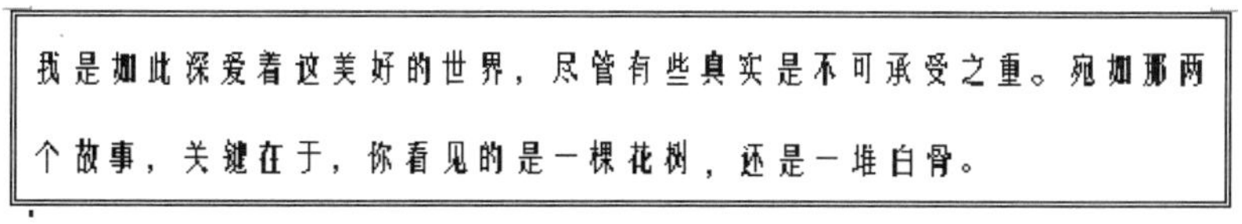

我是如此深爱着这美好的世界，尽管有些真实是不可承受之重。宛如那两

个故事，关键在于，你看见的是一棵花树，还是一堆白骨。

图 3.5.5　应用于“段落”

（3）选中第二段内容

设置“字体”“字号”和“字的颜色”。选中文本“再学下去，恐怕你就浪费时间了。”，设置字号为二号，单击“开始”选项卡“段落”组中的“中文版式”按钮（见图 3.7.4），在弹出的下拉列表框中单击“双行合一”按钮，弹出“双行合一”对话框，如图 3.7.5 所示，选中“带括号”复选框，单击“确定”按钮完成设置。

图 3.7.4 “中文版式”按钮

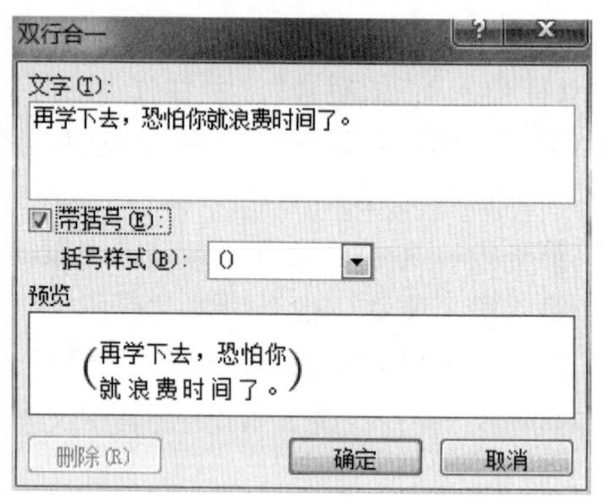

图 3.7.5 “双行合一”对话框

（4）选中第三、四段内容

设置“字体”和“字号”。单击“页面布局”选项卡“页面设置”组中的“分栏”按钮，在弹出的下拉列表框中单击“分栏”按钮，弹出“分栏”对话框（见图 3.7.6），在“预设”选项组中选择“三栏”，同时选中“分隔线”复选框，单击“确定”按钮完成设置。

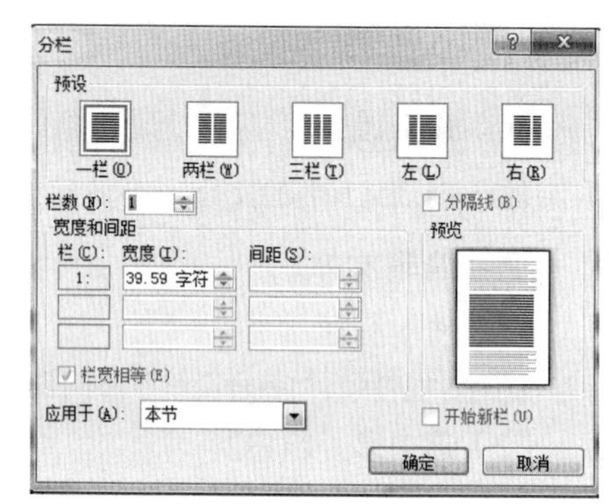

图 3.7.6 “分栏”对话框

（5）选择文本“绿拇指”

单击“开始”选项卡“段落”组中的“中文版式”按钮（见图 3.7.4），在弹出的下拉列表框中单击“纵横混排”按钮，弹出“纵横混排”对话框，如图 3.7.7 所示，根据需要取消选中“适应行宽”复选框，单击“确定”按钮完成设置。

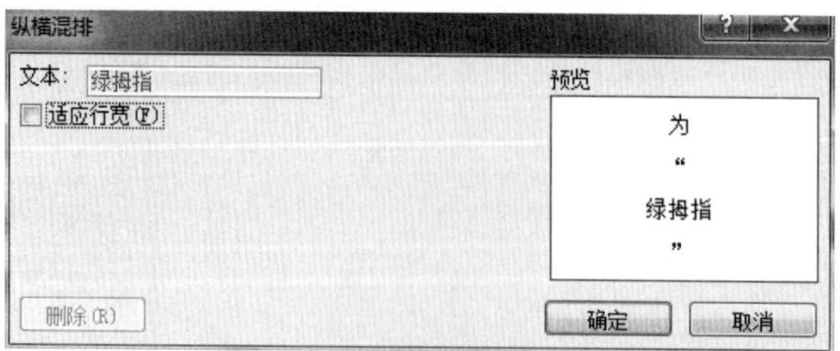

图 3.7.7 “纵横混排”对话框

（6）选中第六段中的文本“他”

单击“开始”选项卡“字体”组中的“带圈字符”按钮（见图 3.7.2），弹出“带圈字符”对话框（见图 3.7.3），选择“增大圈号”样式，同时选择“圈号”中的一种，单击“确定”按钮完成设置。

(2) 取消边框设置

选中需取消边框的文本，在“边框”对话框的“设置”选项组中选择“无”，单击“确定”按钮设置完毕；也可通过单击“字体”组中的“字符边框”按钮A，单击一次如果没有取消，就再单击一次（注意必须先选中才有效）。

注 意

取消的如果是“段落”边框，则在“应用于”下拉列表框中必须选择“段落”选项；取消的如果是“文字”边框，则在“应用于”下拉列表框中必须选择“文字”选项。

(3) 设置底纹

将文本“我是如此深爱着这美好的世界，尽管有些真实是不可承受之重。宛如那两个故事，关键在于，你看见的是一棵花树，还是一堆白骨。”加上底纹。具体操作步骤如下：

将上述文本选中，单击“开始”选项卡“段落”组中的“边框和底纹”按钮，弹出“边框和底纹”对话框，选择“底纹”选项卡，如图3.5.6所示。在“填充”下拉列表框中选择一种颜色，在右侧可预览。在“应用于”下拉列表框中选择“文字”选项，单击“确定”按钮完成设置，效果如图3.5.7所示；在“应用于”下拉列表框中选择“段落”选项，单击“确定”按钮完成设置，效果如图3.5.8所示。

图3.5.6 “底纹”选项卡

我是如此深爱着这美好的世界，尽管有些真实是不可承受之重。宛如那两个故事，关键在于，你看见的是一棵花树还是一堆白骨。

图3.5.7 应用于“文字”

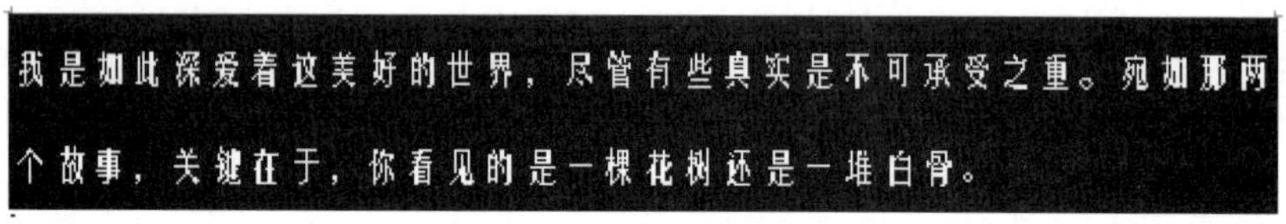

我是如此深爱着这美好的世界，尽管有些真实是不可承受之重。宛如那两个故事，关键在于，你看见的是一棵花树还是一堆白骨。

图3.5.8 应用于“段落”

(4) 取消“底纹”

选中需取消“底纹”的文本，在“底纹”选项卡的“填充”下拉列表框中选择“无填充色”，单击“确定”按钮完成设置；也可以通过单击“开始”选项卡“字体”组中的“字符底纹”按钮（见图3.5.9），单击如果没有取消，就再单击一次。

注 意

必须先选中才有效。

宋体 五号 Aa 字符边框

B I U abc 字符底纹

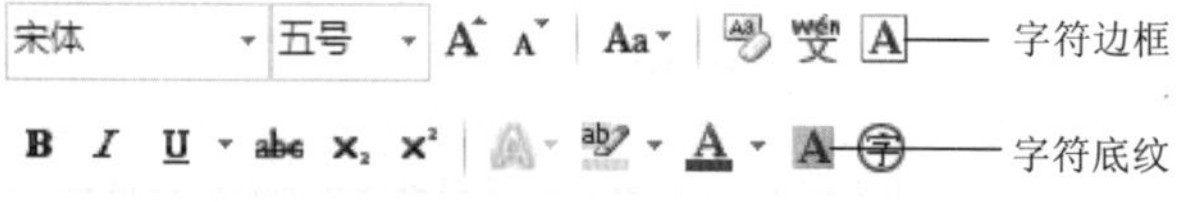

图3.5.9 “字符边框”和“字符底纹”按钮

3．编辑文本

（1）选中前言文本

设置“字体”“字号”“字的颜色”（此时文本的颜色与背景色一致，所以此时看不到文本）；单击“开始”选项卡“段落”组中的“边框和底纹”按钮▢，弹出“边框和底纹”对话框，选择“底纹”选项卡（见图 3.5.6），在“填充”下拉列表框中选择“蓝色”，在“应用于”下拉列表框中选择“段落”选项，单击“确定”按钮完成设置。

（2）选中标题

设置“字体”“字号”和“字符间距”。

（3）选中全篇文档

设置“字体”和“字号”。

（4）编辑第一段内容

设置文本“近两”的字号为“一号”。

选中文本“所以，在去往……他生日的来临”，设置字的颜色为“白色”；单击“开始”选项卡“段落”组中的“边框和底纹”按钮▢，弹出“边框和底纹”对话框，选择“底纹”选项卡（见图 3.5.6），在“填充”下拉列表框中选择“绿色”，在“应用于”下拉列表框中选择“文字”选项，单击“确定”按钮完成设置。

（5）编辑第二段内容

设置“字符提升”和“下画线”效果。

（6）编辑第三段内容

选中文本“那可”，设置“字符下沉”效果。

选中文本“日子在谎言中……可以得到那辆坦克了”，单击“开始”选项卡“段落”组中的“边框和底纹”按钮▢，弹出“边框和底纹”对话框（见图 3.5.2），在“设置”选项组中选择“方框”，在“样式”列表框中选择“双线”，在“颜色”下拉列表框中选择“自动”（可以根据自己的喜好设置相应的颜色），在“应用于”下拉列表中选择“文字”选项，单击“确定”按钮完成设置。

（7）编辑第四段文本

设置“字的颜色”和“首字下沉”。

（8）选中最后一段文本

单击“开始”选项卡“段落”组中的“边框和底纹”按钮▢，弹出“边框和底纹”对话框（见图 3.5.2），在“设置”选项组中选择“方框”，在“样式”列表框中选择一种线型，在“颜色”下拉列表框中选择“自动”，在“应用于”下拉列表框中选择“段落”选项，单击“确定”按钮完成设置。

注 意

文字边框和段落边框的区别；文字底纹和段落底纹的区别。

4．“Word 选项”对话框的设置

在“Word 选项”对话框中进行如下设置：

在本实验内容的最后一行添加文字“广告制作：郝小伟”，将此行文字隐藏；取消拼写错误和语法错误的检查；将自动保存文档的时间间隔设置为 5 分钟。具体操作步骤如下：

① 在实验内容的最后添加一行文字“广告制作：郝小伟”，选中该行文字，选择“文件”选项卡中的“选项”命令，弹出“Word 选项”对话框，选择“显示”选项卡，并选中“隐藏文

字”复选框，如图 3.5.10 所示，可以发现该行文字立即隐藏。

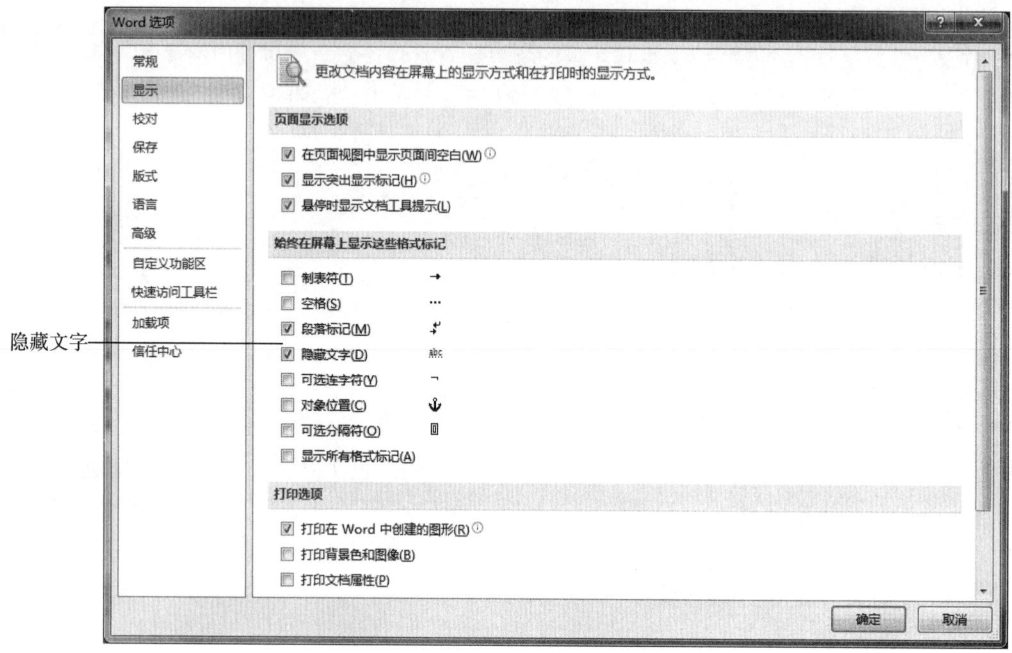

图 3.5.10 “显示”选项卡

② 在“Word 选项”对话框中选择“校对”选项卡，如图 3.5.11 所示，取消选中所有的复选框，则文档所有标记有错误的文字下的波浪线将消失。

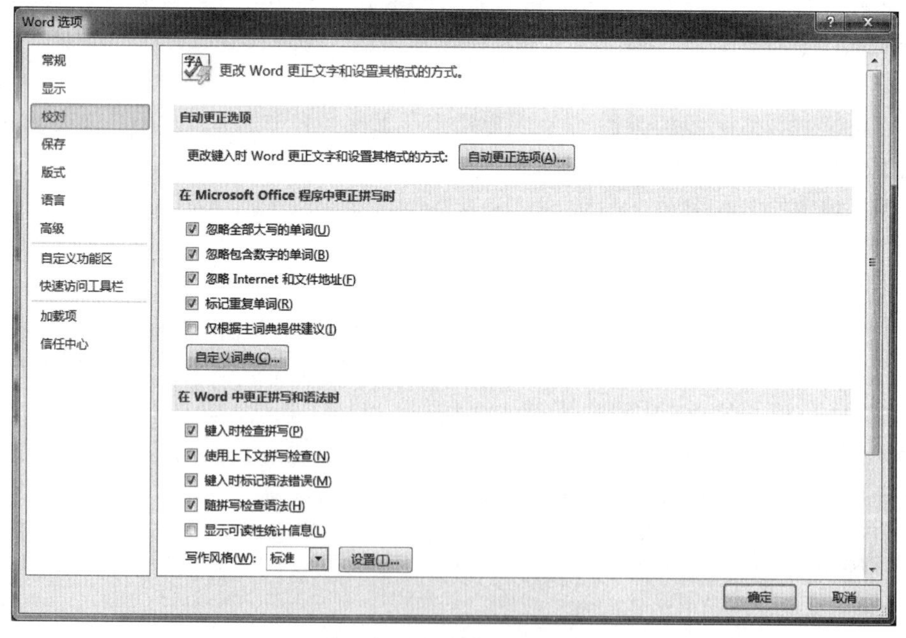

图 3.5.11 “校对”选项卡

③ 选择“保存”选项卡（见图 3.5.12），在“自动保存时间间隔”文本框中输入“5”，此后在操作过程中每隔 5 分钟，系统会自动保存一次。

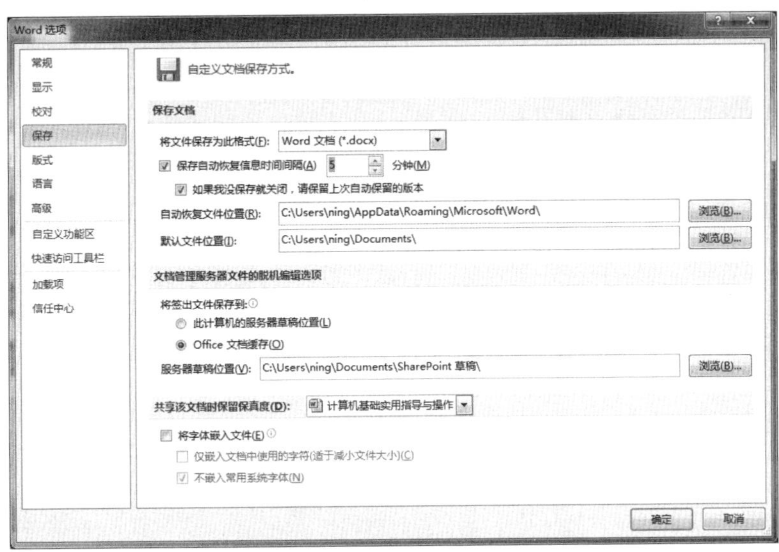

图 3.5.12 “保存”选项卡

实训 6　设置页面边框

实训目的

① 掌握 Word 文档安全措施的设置方法。

② 掌握设置页面边框的方法。

③ 掌握设置横线的方法。

实训内容

在 Word 文档中建立图 3.6.1 所示格式和内容的文件。

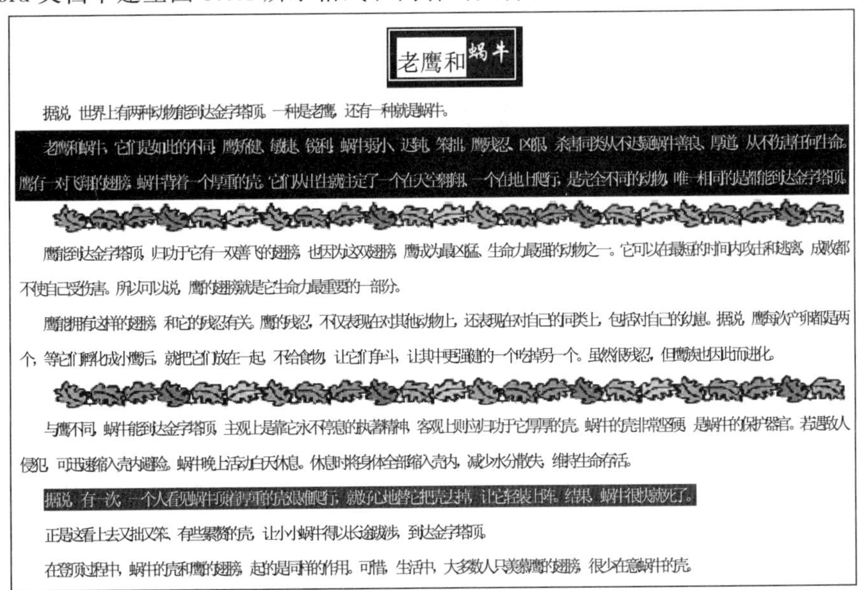

老鹰和蜗牛

据说，世界上有两种动物能到达金字塔顶，一种是老鹰，还有一种就是蜗牛。

老鹰和蜗牛，它们是如此的不同：鹰矫健、敏捷、锐利；蜗牛弱小、迟钝、笨拙。鹰残忍、凶狠，杀害同类从不迟疑；蜗牛善良、厚道，从不伤害任何生命。鹰有一对飞翔的翅膀，蜗牛背着一个厚重的壳。它们从出生就注定了一个在天空翱翔，一个在地上爬行，是完全不同的动物，唯一相同的是都能到达金字塔顶。

鹰能到达金字塔顶，归功于它有一双善飞的翅膀，也因为这双翅膀，鹰成为最凶猛、生命力最强的动物之一。它可以在最短的时间内攻击和逃离，成败都不使自己受伤害。所以可以说，鹰的翅膀就是它生命力最重要的一部分。

鹰能拥有这样的翅膀，和它的残忍有关。鹰的残忍，不仅表现在对其他动物上，还表现在对自己的同类上，包括对自己的幼崽。据说，鹰每次产卵都是两个，等它们孵化成小鹰后，就把它们放在一起，不给食物，让它们争斗，让其中更强健的一个吃掉另一个。虽然很残忍，但鹰族也因此而进化。

与鹰不同，蜗牛能到达金字塔顶，主观上是靠它永不停息的执著精神，客观上则应归功于它厚厚的壳。蜗牛的壳非常坚硬，是蜗牛的保护器官。若遇敌人侵犯，可迅速缩入壳内避险。蜗牛晚上活动白天休息。休息时将身体全部缩入壳内，减少水分散失，维持生命存活。

据说，有一次，一个人看见蜗牛顶着厚重的壳艰难爬行，就好心地替它把壳去掉，让它轻装上阵。结果，蜗牛很快就死了。

正是这看上去又拙又笨、有些累赘的壳，让小小蜗牛得以长途跋涉，到达金字塔顶。

在登顶过程中，蜗牛的壳和鹰的翅膀，起的是同样的作用。可惜，生活中，大多数人只羡慕鹰的翅膀，很少在意蜗牛的壳。

图 3.6.1　实训内容

实训要求

① 完成整篇文档的页面边框设置。

② 完成文档中第二段与第三段之间“横线”的插入，第四段与第五段之间“横线”的插入。

③ 完成对题目进行边框和底纹、字体的改变及字符提升的设置。

④ 完成文档中对段落底纹和文字底纹的设置。

操作步骤

1. 输入文本

输入图 3.6.1 中的文字。

2. 编辑文本

（1）选中标题

设置“字体”“字号”“字的颜色”“边框”和“底纹”。

（2）选中全篇文档

设置“字体”和“字号”。

（3）编辑第二段内容

设置“字的颜色”“边框”和“底纹”。

（4）设置第二段与第三段之间的“横线”

单击“开始”选项卡“段落”组中的“边框和底纹”按钮，弹出“边框和底纹”对话框（见图 3.6.2），单击左下角的“横线”按钮，弹出“横线”对话框（见图 3.6.3），选择要插入的“水平线”，单击“确定”按钮。

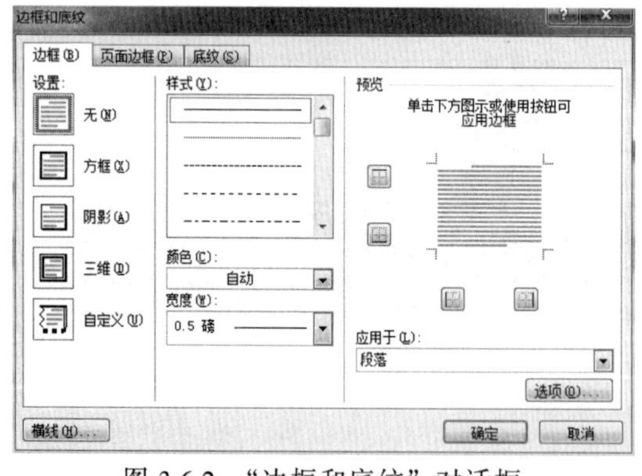

图 3.6.2 “边框和底纹”对话框

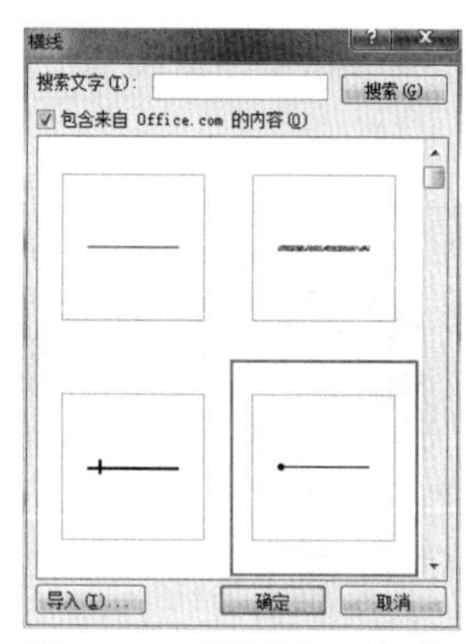

图 3.6.3 “横线”对话框

（5）设置第四段与第五段之间的“横线”

单击“开始”选项卡“段落”组中的“边框和底纹”按钮，弹出“边框和底纹”对话框（见图 3.6.2），单击“横线”按钮，弹出“横线”对话框（见图 3.6.3），选择要插入的“水平线”，单击“确定”按钮完成设置；或者选中第二段与第三段内容之间的“横线”后右击，在弹出的快捷菜单中选择“复制”命令，将插入点移动到第四段与第五段之间后右击，在弹出的快捷菜单中选择“粘贴”命令，在插入点将复制出一条“横线”，将其移动到所需位置。

利用“水平线”（横线）的尺寸控制句柄，可以调节“水平线”（横线）的大小。

（6）编辑第六段文本

设置“字的颜色”及“底纹”。

（7）设置页面边框

设置页面边框与设置段落边框的方法基本一致，不同的是选择“自定义”选项（见图 3.6.2）时，可以选择“艺术型”选项。

单击“选项”按钮可以对“页面边框”设置“页边距”，如图 3.6.4 所示，还可以设置“测量基准”和“边距”。

如果“测量基准”选择“页边”，则所设置的“边距”是指纸张与页面边框外侧的距离；如果“测量基准”选择“文字”，则所设置的“边距”是指版心与页面边框内侧的距离，如图 3.6.5 所示。

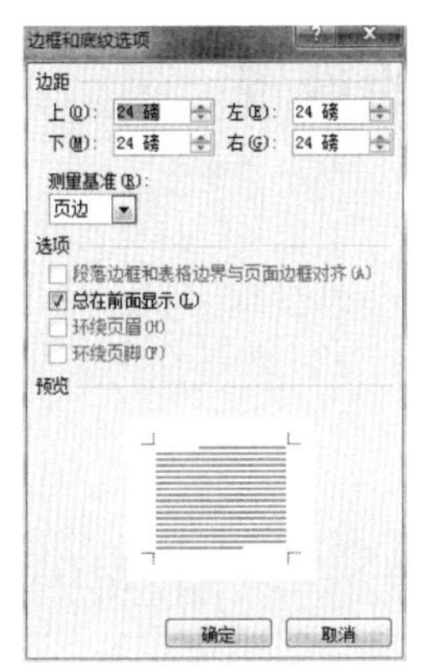

图 3.6.4　“边框和底纹选项”对话框

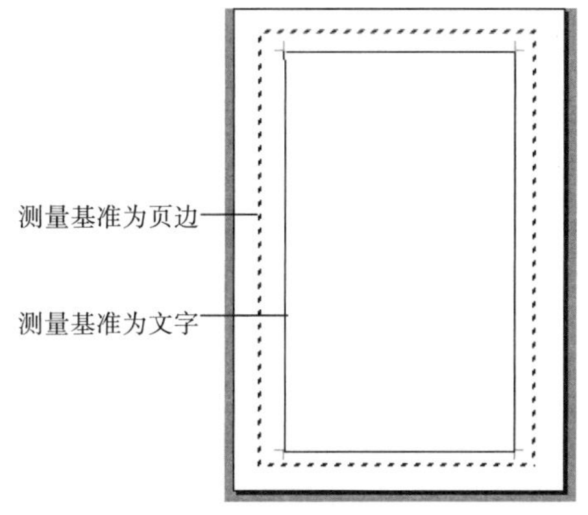

图 3.6.5　不同的度量依据

在本次实训中，“测量基准”选择“文字”，在“边距”选项中“上”“下”分别设为“1”，“左”“右”分别设为“4”。单击“确定”按钮完成设置。

注　意

对页面边框设置“艺术型”时，系统需已安装此功能。

3．设置安全措施

① 当文档编辑完毕之后，如果是第一次保存该文档，可选择“文件”选项卡中的“保存”命令，或单击快速访问工具栏上的“保存”按钮，弹出“另存为”对话框，如图 3.6.6 所示；如果是保存过的文件，则须选择“文件”选项卡中的“另存为”命令，弹出“另存为”对话框。

② 在“另存为”对话框中，单击“工具”下拉列表框中的“常规选项”按钮，弹出“常规选项”对话框（见图 3.6.7），在“打开文件时的密码”文本框中输入密码如“1234”，在“修改文件时的密码”文本框中输入密码如“4321”，单击“确定”按钮，返回到“另存为”对话框，单击“保存”按钮即可。

③ 关闭该文档，再次打开它时，会提示输入打开权限密码，只有密码正确才能打开文档，输入正确密码后，还会提示输入修改权限密码，输入正确的修改权限密码则可以对打开的文档进行修改和保存。

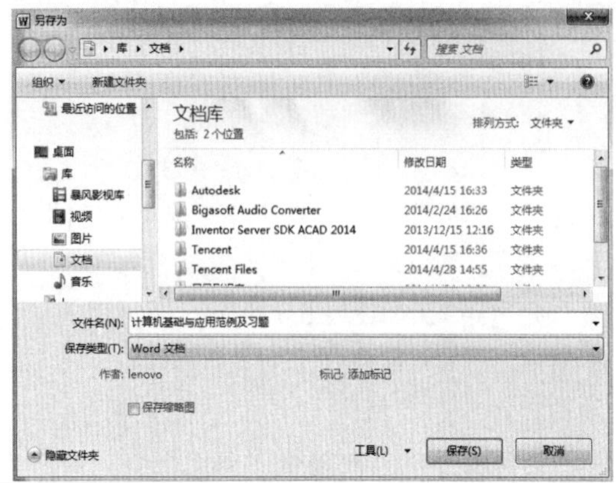

图 3.6.6 “另存为”对话框

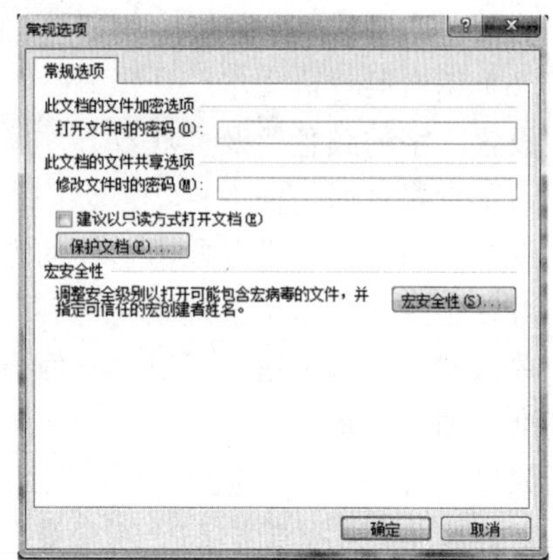

图 3.6.7 “常规选项”对话框

实训 7 “中文版式”的设置

实训目的

① 掌握对文档“中文版式”的设置。

② 掌握文档“分栏”的方法。

实训内容

在 Word 文档中建立图 3.7.1 所示格式和内容的文件。

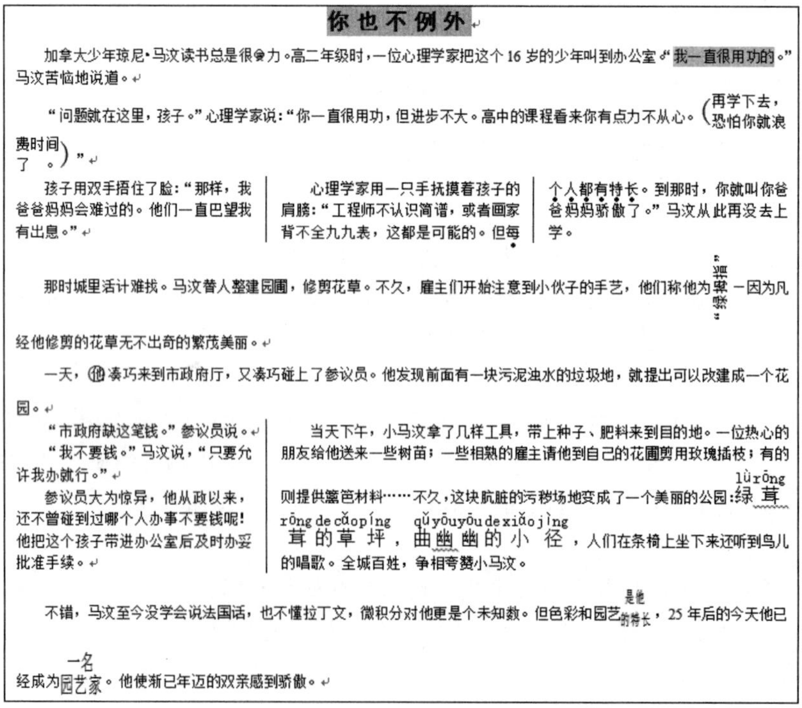

你也不例外

加拿大少年琼尼·马汶读书总是很吃力。高二年级时，一位心理学家把这个 16 岁的少年叫到办公室。“我一直很用功的。”马汶苦恼地说道。

“问题就在这里，孩子。”心理学家说：“你一直很用功，但进步不大。高中的课程看来你有点力不从心。（再学下去，恐怕你就浪费时间了。）”

孩子用双手捂住了脸：“那样，我爸爸妈妈会难过的。他们一直巴望我有出息。”

心理学家用一只手抚摸着孩子的肩膀：“工程师不认识简谱，或者画家背不全九九表，这都是可能的。但每个人都有特长。到那时，你就叫你爸爸妈妈骄傲了。”马汶从此再没去上学。

那时城里活计难找。马汶替人整建园圃，修剪花草。不久，雇主们开始注意到小伙子的手艺，他们称他为“绿拇指”——因为凡经他修剪的花草无不出奇的繁茂美丽。

一天，他凑巧来到市政府厅，又凑巧碰上了参议员。他发现前面有一块污泥浊水的垃圾地，就提出可以改建成一个花园。

“市政府缺这笔钱。”参议员说。

“我不要钱。”马汶说，“只要允许我办就行。”

参议员大为惊异，他从政以来，还不曾碰到过哪个人办事不要钱呢！他把这个孩子带进办公室后及时办妥批准手续。

当天下午，小马汶拿了几样工具，带上种子、肥料来到目的地。一位热心的朋友给他送来一些树苗；一些相熟的雇主请他到自己的花圃剪用玫瑰插枝；有的则提供篱笆材料……不久，这块肮脏的污秽场地变成了一个美丽的公园：绿茸（lùróng）茸的草坪（róng de cǎopíng），曲幽幽的小径（qūyōuyōu de xiǎojìng），人们在条椅上坐下来还听到鸟儿的唱歌。全城百姓，争相夸赞小马汶。

不错，马汶至今没学会说法国话，也不懂拉丁文，微积分对他更是个未知数。但色彩和园艺是他的特长，25 年后的今天他已经成为一名园艺家。他使渐已年迈的双亲感到骄傲。

图 3.7.1 实训内容

实训要求

① 标题：黑体、粗体，一号，字符间距加宽1.4磅，加底纹，设置文字效果。

② 第一段：给文本“我一直是很用功的”添加底纹，文本“费”设置“带圈字符”，设置时选择“缩小文字”样式。

③ 第二段：设置“字号”“字体”“字的颜色”，文本“再学下去，恐怕你就浪费时间了。”设置“双行合一”“加括号”、字号改为二号。

④ 第三、四段：设置“分栏”，分为三栏，加“分隔线”，文本“每个人都有特长”加重点号。

⑤ 第五段：文本“绿拇指”设置“纵横混排”。

⑥ 第六段：文本“他”设置“带圈字符”，设置时选择“增大圈号”样式。

⑦ 第七～十段：设置“分栏”，分两栏，选项为“偏左”“分隔线”，文本“绿茸茸的草坪，曲幽幽的小径”设置“拼音指南”，其中文本字号设置为四号，拼音字号设置为12磅，偏移量设置为2磅。

⑧ 最后一段：文本“是他的特长”设置为“合并字符”，字号设置为12磅，文本“一名园艺家”设置为“合并字符”，在设置之前将字号设置为三号。

操作步骤

1. 输入文本

输入图3.7.1中的文字。

2. 编辑文本

（1）选中标题

设置“字体”“字号”“字符间距”“文字效果”及“底纹”。

（2）选中第一段内容

设置“字体”“字号”“字的颜色”和“字符底纹”。选中文本“费”，单击“开始”选项卡“字体”组中的“带圈字符”按钮（见图3.7.2），弹出“带圈字符”对话框（见图3.7.3），选择“缩小文字”样式，同时选择“圈号”中的一种，单击“确定”按钮完成设置。

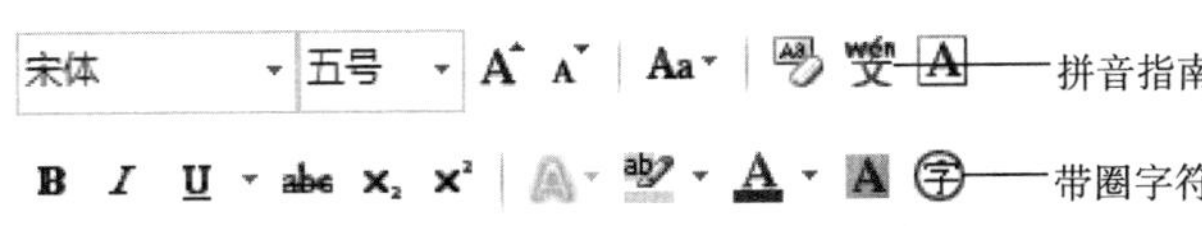

图3.7.2　“带圈字符”和“拼音指南”按钮

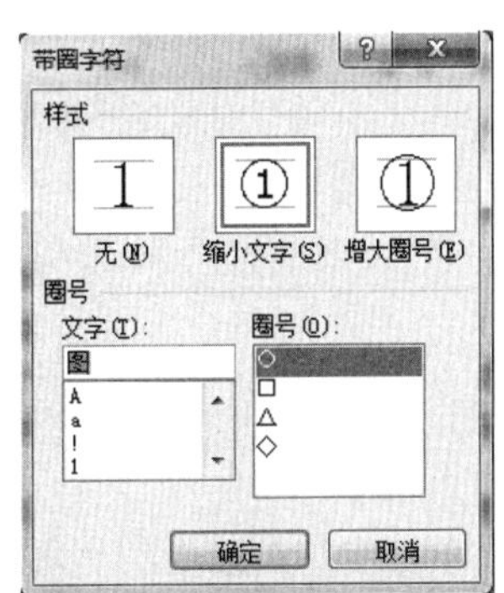

图3.7.3　“带圈字符”对话框

（7）选中第七～十段内容

单击“页面布局”选项卡“页面设置”组中的“分栏”按钮，在弹出的下拉列表框中单击“偏左”按钮。

选中文本“绿茸茸的草坪，曲幽幽的小径”，将字号设置为四号。单击“开始”选项卡“字体”组中的“拼音指南”按钮（见图 3.7.2），弹出“拼音指南”对话框，如图 3.7.8 所示，“字号”设置为 12 磅，“偏移量”设置为 2 磅，单击“确定”按钮完成设置。

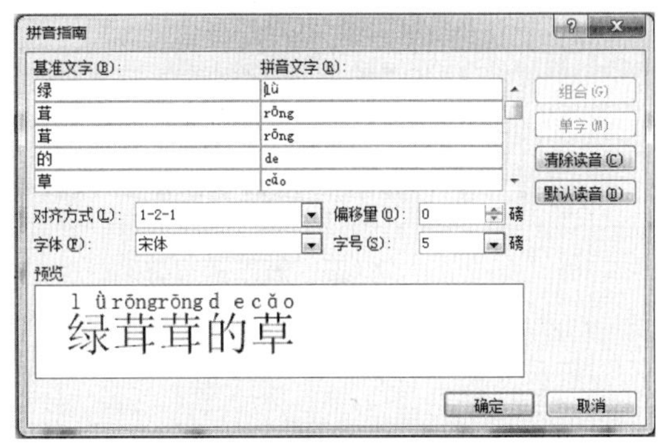

图 3.7.8　“拼音指南”对话框

（8）完成设置

选中最后一段中的文本“是他的特长”，单击“开始”选项卡“段落”组中的“中文版式”按钮（见图 3.7.4），在弹出的下拉列表框中单击“合并字符”按钮，弹出“合并字符”对话框，如图 3.7.9 所示，设置“字号”为 12，单击“确定”按钮完成设置。

选中文本“一名园艺家”，设置“字号”为三号，设置“合并字符”。

对比这两组文本的区别。

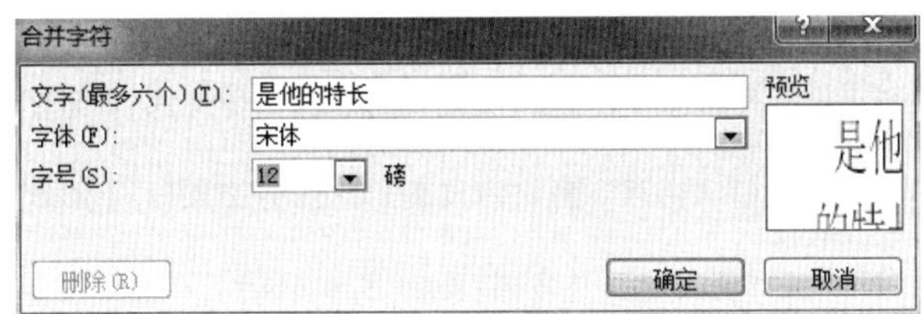

图 3.7.9　“合并字符”对话框

注　意

“双行合一”和“合并字符”的区别；设置“带圈字符”时，改字号和字号不变的区别。

实训 8　“项目符号与编号”的设置

实训目的

① 掌握对文档“项目符号”的设置。

② 掌握对文档“编号”的设置。

实训内容

在 Word 文档中建立图 3.8.1 所示格式和内容的文件。

合理使用

电子邮件

- 按规定时间查看电子邮件，以免丢失重要信息或销售线索。预选确定时间内，对别人的电子邮件给予答复。
- 只设置一个电子邮件账户，不要开设过多的账户。
- 定期对系统作病毒例行检查，从其他系统接收或下载文件时尤其应注意防止病毒的侵袭与扩散。
- 当离开办公室时，切记退出电子邮件信箱，以免泄密。

清·闲·时·光

生命缺少什么

- 见了太多的虚伪
- 见了太多的懦弱
- 见了太多的平庸
- 见了太多的功利

☺ 以为自己早已在孤独中平和，以为自己早已在喧嚣中习惯。

☺ 以为自己早已分不清宽容与刻薄，以为自己早已分不清善良与险恶。

☺ 以为自己早已不知认真不会动情不会哭不会笑，以为自己早已不求进取早已看透一切看穿一切看得一切都毫无意义。

突然被风暴鞭挞被风暴抽打被风暴侵蚀被风暴狂击，也才突然明白了什么是梦想什么是激情什么是生命的爱和恨。

生命奇妙无比，生命绚丽无比，生命丰饶无比，生命坚毅无比。

分学期教学进程与学时分配：

I：政治：每周 2 学时，总 28 学时，其中理论教学 24 学时，课内实践 4 学时。

II：应用物理：每周 4 学时，总 56 学时，其中理论教学 44 学时，课内实践 12 学时。

图 3.8.1 实训内容

实训要求

① 第一部分（合理使用电子邮件）：第一行标题设置字体为“华文行楷”、字号为“三号”、设置单下画线；第二行标题设置字体为“方正姚体”、字号为“二号”、设置双下画线。

② 第一部分其他内容：自定义项目符号，设置对齐方式为“左对齐”。

③ 第一部分与第二部分之间设置“横线”。

④ 第二部分（生命缺少什么）：标题文本“清闲时光”设置边框，插入“特殊符号”，文本“生命缺少什么”设置下画线。

⑤ 4 个“见了……”设置项目符号，设置对齐方式为“左对齐”。

⑥ 第二部分与第三部分之间设置“横线”。

⑦ 第三部分：自定义不同的编号，“编号样式”中的起始编号为“I”、“编号位置”为“左对齐”。

1. 输入文本

输入图 3.8.1 所示的文本。

2. 编辑文本

（1）选中第一部分标题

设置“字体”“字号”“下画线”及“对齐方式”。

（2）选中第一部分内容

设置“字体”及“字号”。单击“开始”选项卡“段落”组中的“项目符号”按钮，在弹出的下拉列表框中单击“定义新项目符号”按钮，弹出“定义新项目符号”对话框（见图 3.8.2），在此对话框中，单击“符号”按钮，可以设置不同样式的项目符号；单击“字体”按钮，可以设置不同的“中文字体”“字号”“字形”“字体颜色”“是否加下画线”等格式的项目符号；在“对齐方式”下拉列表框中可进行项目符号对齐方式的设定，单击“确定”按钮完成设置。

若要取消“项目符号”的设置，则先将光标移到要取消“项目符号”文本所在行的任意位置，单击“开始”选项卡“段落”组中的“项目符号”按钮，在弹出的下拉列表框中选择“无”选项；或直接单击“段落”组中的“项目符号”按钮（见图 3.8.3）。

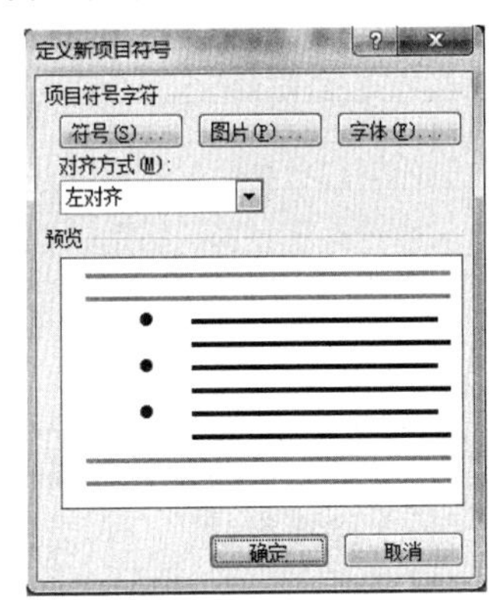

图 3.8.2　“定义新项目符号”对话框

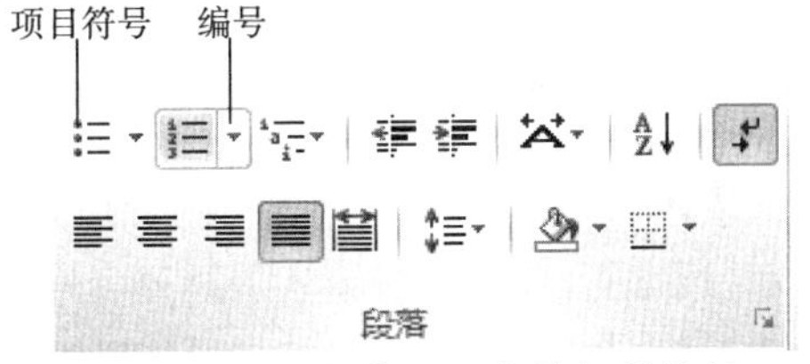

图 3.8.3　“段落”组中的相关按钮

（3）设置“横线”

将插入点移动到第一段与第二段之间设置“横线”。

（4）设置标题

选中第二部分标题“清闲时光”，设置“边框”，插入“特殊符号”。

选中第二部分标题“生命缺少什么”，设置“字体”“字号”“下画线”。

（5）选中第二部分中的 4 个“见了……”

设置“字体”“字号”：单击“开始”选项卡“段落”组中的“项目符号”按钮，在弹出的下拉列表框中单击“定义新项目符号”按钮，弹出“定义新项目符号”对话框（见图 3.8.2），单击“符号”按钮，可以设置不同样式的项目符号；单击“字体”按钮，可以设置不同的“中文字体”“字号”“字形”“字体颜色”“是否加下画线”等格式的项目符号；在“对齐方式”下拉列表框中可进行项目符号对齐方式的设定，单击“确定”按钮完成设置。

再选中第二部分中的 3 个“以为……”，单击“开始”选项卡“段落”组中的“项目符号”

按钮，在弹出的下拉列表框中单击“定义新项目符号”按钮，弹出“定义新项目符号”对话框（见图 3.8.2），单击“符号”按钮，可以设置不同样式的项目符号；单击“字体”按钮，可以设置不同的“中文字体”“字号”“字形”“字体颜色”“是否加下画线”等格式的项目符号，单击“确定”按钮完成设置。

（6）设置“横线”

将插入点移动到第二部分与第三部分之间设置“横线”。

（7）选中第三部分要加“编号”的文本

单击“开始”选项卡“段落”组中的“编号”按钮，在弹出的下拉列表框中单击“定义新编号格式”按钮，弹出“定义新编号格式”对话框（见图 3.8.4），可以分别设置“编号样式”和“对齐方式”，设置完毕后，单击“确定”按钮完成设置。

若要取消“编号”设置，则先将光标移动到要取消“编号”文本所在行的任意位置，单击“开始”选项卡“段落”组中的“编号”按钮，在弹出的下拉列表框中选择“无”；或直接单击“段落”组中的“编号”按钮（见图 3.8.3）。

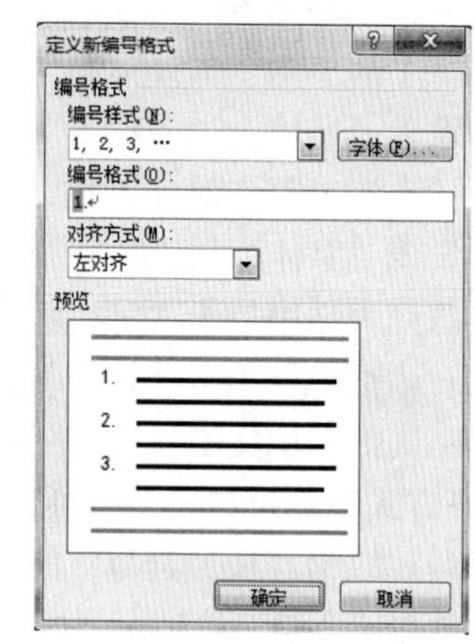

图 3.8.4 “定义新编号格式”对话框

注 意

项目符号缩进位置的设置；文字制表位位置和缩进位置的设置。

提 示

可以通过“段落”组中的“项目符号”或“编号”按钮快速添加项目符号或段落编号，但只能使用上一次使用过的项目符号或段落编号。

在输入文本时，可以使用自动创建项目符号或段落编号，方法是：在输入带段落编号的列表时，需在行首输入数字。在输入后续列表内容时，当按【Enter】键换行时，会自动设置带项目符号或段落编号的列表格式。如果要取消列表格式，可连续按【Backspace】键删除自动插入的编号，或按【Enter】键。项目符号的自动输入与此类似，只是在需要项目符号的第一行行首输入某种项目符号。

实训 9 设置文档背景

实训目的

① 掌握 Word 文档背景的设置方法。

② 掌握设置水印的方法。

③ 掌握切换视图方式的方法。

实训内容

在 Word 文档中建立图 3.9.1 所示格式和内容的文件。

基因和克隆是人类进入21世纪后的时髦话题

发现人类基因的秘密之后，人类的生活到底会发生多大变化，确实令人感兴趣。在2000年到来的时候曾有家报纸要我预测21世纪人类生活的十大变化，我觉得这不容易，不同领域的人，会有不同的想法，这有点像测字算命。不过我还是开玩笑似地做了预测，其中两条和基因有关，其一，“人类将会找到治愈癌症和艾滋病的良方，人类的平均寿命将延长”，其二，“随着人类寿命的延长人类的青春期在延长，工作的年龄也将推后。若无大疾，70岁之前不能算老人。而无法抗拒的事实是：人类中老年人还是一年比一年多”。我想，如果利用人类掌握的基因密码，用于治疗疾病，那是一件大好事，也许很多以前无法攻克的绝症和顽疾可以迎刃而解，那是人类的福音。不过，把基因说的神乎其神我并不以为然。有人预测，破译了基因密码，人类可以活到1200岁，那不仅荒唐，而且可怕。

人类的生命是一个美妙而神秘的现象，人类文明的进展过程，大概也是人类对生命的探索和了解的过程。但是探索了解到什么程度，能不能把所有一切秘密都破译，使生命如同透明的玻璃那样一目了然，毫无悬念。我看永无可能，也没有必要。

生命中需要有点秘密，需要有点神奇，需要有点悬念。如果人可以随意改变基因，把每一个人都变成没有缺点，没有独特个性的“完人”，而且人人都老而不死，那我们这个世界大概也会变得乏味而且恐怖。

柯灵先生再世时，有一次和我聊天，也谈到了基因技术，他说，听说人类的平均寿命可以到200岁，那也太长了，我们的社会将变成一个老年社会，如果大家都老态龙钟地活着，尽管长寿，其实也不是一件快乐的事情。柯灵先生的话，使我共鸣。

试想一下，有一天，你活到了170岁，也许你可以五六代人同堂。当你步履蹒跚地被人搀扶着，用浑浊的老眼打量着你的无数后代，你甚至叫不出他们的名字。而你从你的儿女、孙儿、曾孙、玄孙们中间走过，为的是要去探望你的已经快200岁的父亲。

垂危的老父亲正躺在床上，各种各样先进的仪器正代替他的身体器官工作着，他还有意识，却无力行动，但是发达的医学可以使他继续活下去……那是怎样的一种景象？我不愿意看到这样的景象。我以为基因密码的破解，确实是人类对生命认识的一次飞跃，但是这飞跃决不会违背自然，生生死死，这是自然的规律，谁也无法更改。但愿由此而发生的一切革新和变化，都是为了使人类生活得更有质量，使生命更健美，更充实，更有个性，更丰富多彩。

图 3.9.1 实训内容

实训要求

① 完成整篇文档的背景设置。

② 完成文档中水印的设置，文字为“请勿复制”、字体为“宋体”、字号为“自动”、颜色为“蓝色”、版式为“斜式”。

操作步骤

1. 输入文本

输入图 3.9.1 中的文字。

2. 编辑文本

（1）选中标题行

设置“字体”“字号”“字的颜色”及“底纹”。

（2）设置第一段文本

设置“字体”“字号”及“下画线”。

（3）选中第二段内容

设置“字体”“字号”“分栏”。

（4）选中第三段内容

设置“字体”“字号”“双行合一”“段落边框”。

（5）将光标放在文档中任意位置

单击“页面布局”选项卡“页面背景”组中的“水印”按钮，在弹出的下拉列表框中选择“自定义水印”命令，弹出“水印”对话框（见图 3.9.2），选中“文字水印”单选按钮，在文字选项中选择“请勿复制”、在字体选项中选择“宋体”、在字号选项中选择“自动”、在颜色选项中选择“蓝色”、在版式选项中选择“斜式”，单击“确定”按钮设置完毕。

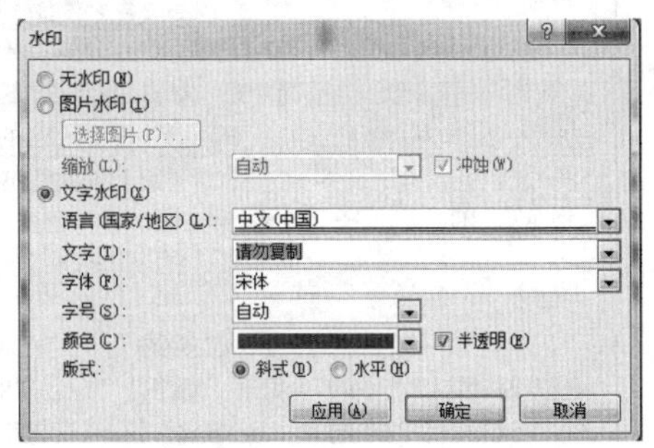

图 3.9.2　“水印”对话框

（6）设置页面背景

单击“页面布局”选项卡“页面背景”组中的“页面颜色”按钮，在弹出的下拉列表框中单击“填充效果”按钮，弹出“填充效果”对话框，选择“渐变”选项卡，可以对文档设置“单色”“双色”（见图 3.9.3）、“预设”背景，设置背景时，可以调整底纹的样式，如选择蓝色和白色，底纹为斜上，单击“确定”按钮；选择“纹理”选项卡，可以对文档的背景设置纹理；选择“图案”选项卡，可以设置文档背景的图案；选择“图片”选项卡，单击“选择图片”按钮，弹出“选择图片”对话框，在此对话框中找到用来作为背景的图片，单击“插入”“确定”按钮即可（见图 3.9.4）。

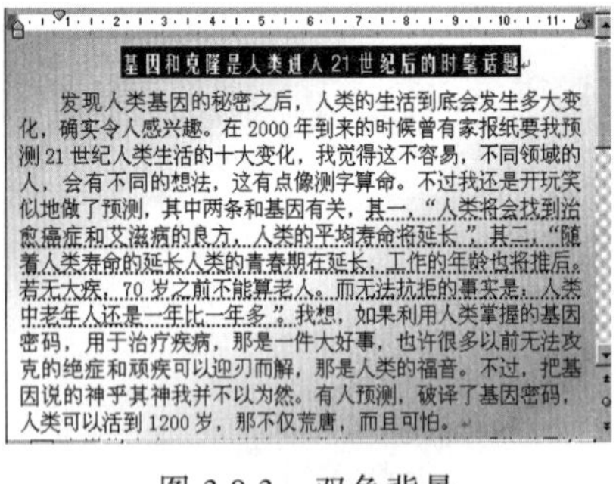

图 3.9.3　双色背景

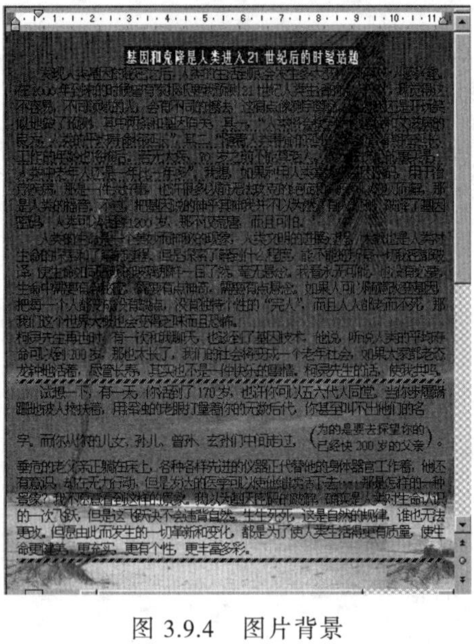

图 3.9.4　图片背景

注　意

设置“水印”时，文档中所有页将被同时设定。

实训 10　“西文”与段落格式的设置

实训目的

① 掌握文档内容为西文时，设置单词中部换行的方法。

② 掌握段落格式设置的基本技巧。

③ 掌握悬挂缩进的设置方法。

在 Word 文档中输入图 3.10.1 所示格式和内容的文档。

二〇二〇级《**旅游英语**》试卷(A)

Ⅰ. Cloze test(每小题1分)

Mr Smith would be free for a few days, so he said, "I am going to the mountain <u>1</u> train." He put on his <u>2</u> clothes, <u>3</u> a small bag, went to the <u>4</u> and got into the train. He had a beautiful hat, and he often put his <u>5</u> out of the window during the trip and looked at the mountain and streets. But the <u>6</u> pulled his hat off.

Mr. Smith quickly took his old bag and threw it out of the window, too. The other people in the carrier <u>7</u>. "Is your bag going to bring your beautiful hat <u>8</u>?" "No," Mr. Smith answered. "But there is no name and no address in my hat, but there's a name and an address on the bag. Someone is going to find <u>9</u> of them near each other, and he is going to <u>10</u> me the bag and the hat."

( ) 1. A. in　B. on　C. by　D. at

( ) 2. A. good　B. better　C. best　D. fine

Ⅱ. Reading comprehension(每小题2分)

But now people in the city need not protect themselves against attacks of animals. Why do they keep dogs, then ? Some people keep dogs to protect themselves from robbery. But the most important reason is for <u>companionship</u>. For a child, a dog is his best friend when he has no friends to play with. For young couples, a dog is their child when they have no children. For old couples, a dog is also their child when their real children have grown up. So the main reason why people keep dogs has changed from protection to friendship.

图 3.10.1　实训内容

实训要求

① 标题行设置为三号宋体，其余文字为四号宋体。

② 第一题标题与题中第一段间距为 1.5 倍行距。

③ 第一题中第一、二段设为悬挂缩进。

④ 第一题全部内容允许在单词中部换行，允许标点溢出边界。

⑤ 第二题内容不允许在单词中部换行，不允许标点溢出边界。

⑥ 整篇文档在控制字符间距时，设置为不压缩标点符号。

操作步骤

1. 输入文本

输入图 3.10.1 中的文字。

2. 编辑文本

(1) 选中标题行

设置“字体”“字号”。

(2) 选中第一题标题

设置“字体”和“字号”。单击“开始”选项卡“段落”组右下角的“对话框启动器”按钮，弹出“段落”对话框，选择“缩进和间距”选项卡，如图 3.10.2 所示，在“行距”下拉列表框中选择“1.5 倍行距”，单击“确定”按钮完成设置。

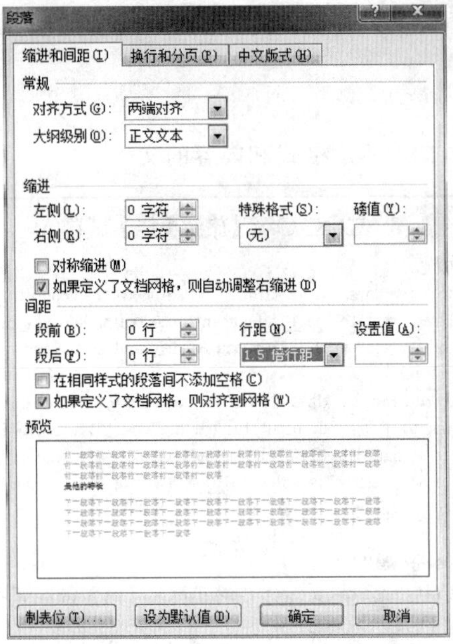

图 3.10.2 “段落和间距”选项卡

（3）选中第一题内容

向右拖动到图 3.10.3 所示的水平标尺上的首行缩进标记至 2 个字符位置（0.75 mm 处），向右拖动悬挂缩进标记至合适位置。

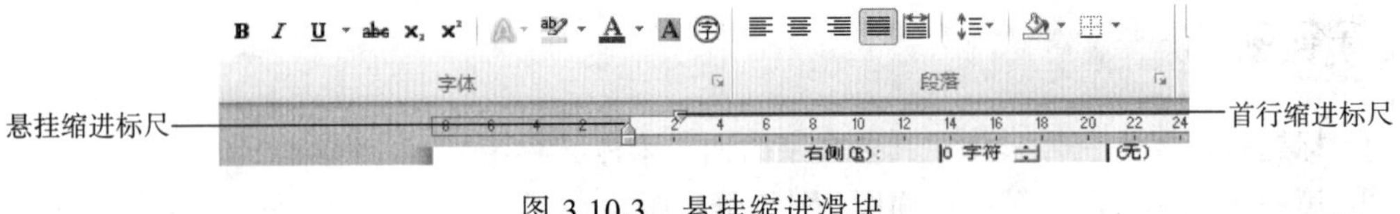

图 3.10.3 悬挂缩进滑块

提 示

标记上方的小三角为悬挂缩进标记，下方的矩形为左缩进标记，拖动左缩进标记时，首行缩进标记将同时拖动，拖动悬挂缩进标记时，首行缩进标记不动。

单击“开始”选项卡“段落”组右下角的“对话框启动器”按钮，弹出“段落”对话框，选择“中文版式”选项卡，如图 3.10.4 所示，选中“允许西文在单词中间换行”和“允许标点溢出边界”复选框，单击“选项”按钮，弹出“Word 选项”对话框，如图 3.10.5 所示，在“字符间距控制”选项组中选中“不压缩”单选按钮，单击“确定”按钮完成设置。

（4）选中第二题内容

单击“开始”选项卡“段落”组右下角的“对话框启动器”按钮，弹出“段落”对话框，选择“中文版式”选项卡（见图 3.10.4），取消选中“允许西文在单词中间换行”和“允许标点溢出边界”复选框，单击“选项”按钮，弹出“Word 选项”对话框，在“字符间距控制”选项组中选中“不压缩”单选按钮，单击“确定”按钮完成设置。

注 意

悬挂缩进和左缩进及首行缩进的区别。

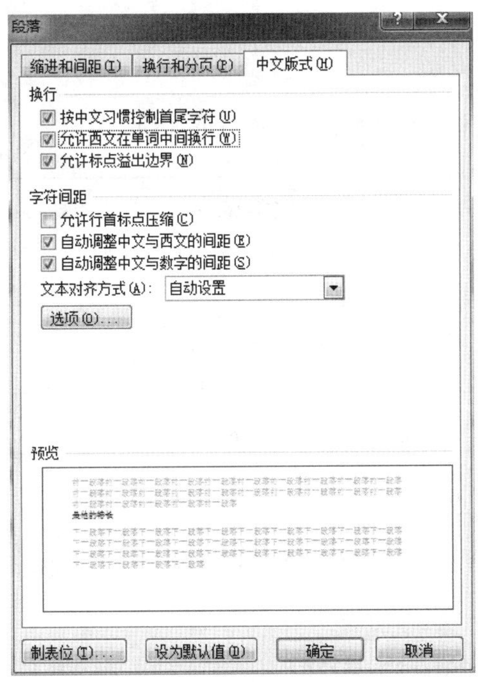

图 3.10.4 “段落”对话框“中文版式”选项卡

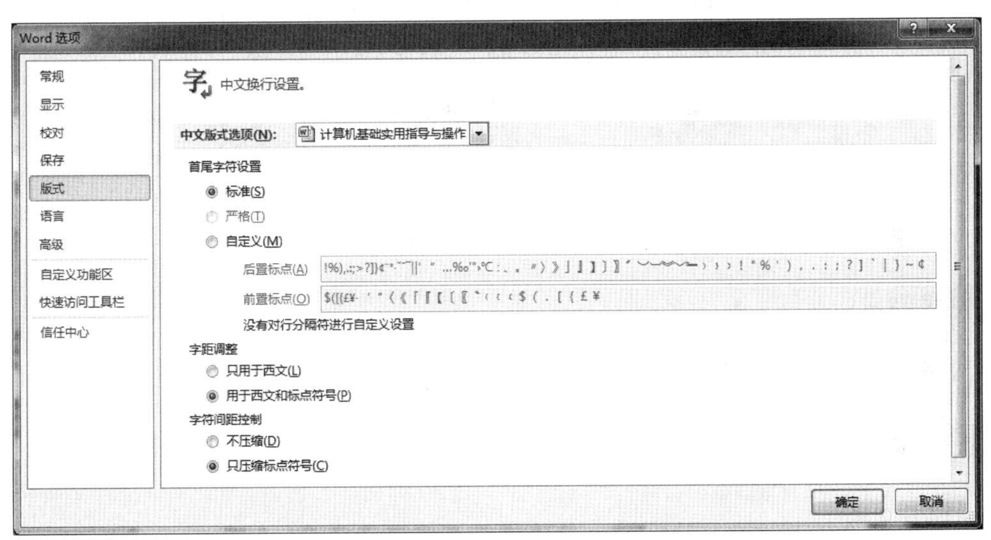

图 3.10.5 “Word 选项”对话框

实训 11　公式的插入与编辑

实训目的

① 掌握在文档中插入公式的方法。

② 掌握在公式中应用特殊符号的方法。

③ 学会对文档中的公式进行编辑和修改。

实训内容

在 Word 文档中输入图 3.11.1 所示格式和内容的文档。

数学试卷

1．函数 $y=\sin^2 x$ 是由 $y=\sin u$ 和 $u=x^2$ 复合而成的。

2．$\lim\limits_{\Delta x\to 0}(1+\frac{\Delta x}{x})^{\frac{x}{\Delta x}}=\mathrm{e}$。

3．若函数 $y=f(x)$ 在点 x_0 可导,则 $f'(x_0)=[f(x_0)]'$ 。

4．若 $a<b$ 且 $f(x)\geqslant 0$，则 $\int_a^b f(x)\,\mathrm{d}x\geqslant 0$。

5．$\int_0^\pi \sqrt{1-\sin^2 x}\ \mathrm{d}x=\int_0^\pi \cos x\ \mathrm{d}x=0$。

6．函数 $f(x)=\begin{cases}\mathrm{e}^x & x>0\\ 3x+b & x\leqslant 0\end{cases}$ 在点 $x=0$ 连续，则 $b=$____。

7．若 $y=\frac{ax+b}{a+b}$（a、b 为常数），则 $y'=$____。

8．若 $\lim\limits_{n\to\infty}\frac{1-an^3}{2n^3-3n^2-1}=2$，则 $a=$____。

9．设 $f(x)=2^{\ln x}$,则 $f'(1)=$ _____。

10．$\int\frac{f'(x)}{1+f^2(x)}\mathrm{d}x=$_____。

11．已知 $F'(x)=\sin x+3\cos x$ 且 $F(\frac{\pi}{2})=4$,则 $F(x)=$ _____。

12．$\int_0^{\frac{1}{2}}\frac{\arcsin x}{\sqrt{1-x^2}}\mathrm{d}x$ =_____，$\int_{-3}^4|x|\,\mathrm{d}x$ 的值为(　　)。

图 3.11.1　实训内容

实训要求

在文档中插入数学公式。

操作步骤

1．输入文本

输入图 3.11.1 所示的文本。

2．编辑文本

如图 3.11.1 所示，实训内容中第 2 小题的操作如下：

① 单击“插入”选项卡“文本”组中的“对象”按钮，弹出“对象”对话框，选择“新建”选项卡，从“对象类型”列表框中选择“Microsoft 公式 3.0”选项，弹出“公式”工具栏，并在插入点处出现编辑框，如图 3.11.2 所示。

② 单击“公式”工具栏中的“上标和下标模板”按钮，在弹出的下拉列表框中单击按钮，此时在编辑框中出现上、下两部分可以编辑，首先将光标移动到上部分，将输入法转换到“英文”状态，输入“lim”，如图 3.11.3 所示。

图 3.11.2 编辑公式状态

③ 在图 3.11.3 的状态下，将光标移动到下部分，单击“公式”工具栏中的“希腊字母（大写）”按钮，在弹出的下拉列表框中单击按钮，之后输入字母“x”；单击“公式”工具栏中的“箭头符号”按钮，选择右方向的箭头，输入数字“0”后，将光标移出，如图 3.11.4 所示。

④ 用键盘直接输入“左括号”、数字“1”及“+”，如图 3.11.5 所示。单击“公式”工具栏中的“分式与根式模板”按钮，从弹出的下拉列表框中单击按钮，分别输入分母与分子后，将光标移出，输入“）”，如图 3.11.6 所示。

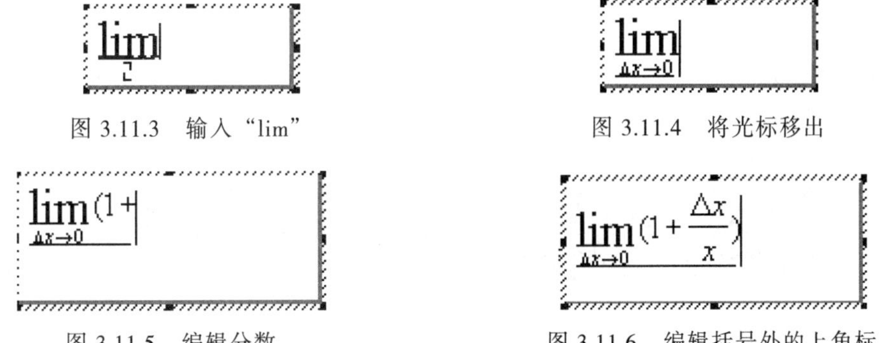

图 3.11.3 输入“lim”

图 3.11.4 将光标移出

图 3.11.5 编辑分数

图 3.11.6 编辑括号外的上角标

⑤ 单击“公式”工具栏中的“上标和下标模板”按钮，在弹出的下拉列表框中单击按钮，此时处于编辑上角标状态，单击“公式”工具栏中的“分式与根式模板”按钮，从弹出的下拉列表框中单击按钮，分别输入分母与分子。

将光标移出输入“=”及字母“e”，单击 Word 窗口中编辑区的任意位置，编辑完毕。

其他公式均应用“公式编辑器”工具栏上的不同按钮，操作方法与上述方法相同。

实训 12 文档的拆分与合并

实训目的

① 掌握在文档中插入另一文档的方法。

② 掌握设置分隔符的方法。

③ 掌握设置分节符的方法。

实训内容

新建一个 Word 文档，命名为“两块钱的‘敲门砖’”，保存在“我的文档”文件夹下，内容如图 3.12.1 所示。

人生
驿站

两块钱的“敲门砖”

一位刚毕业的女大学生到一家公司应聘财务会计工作，面试时即遭到拒绝，因为她太年轻，公司需要的是有丰富工作经验的资深会计人员。女大学生却没有气馁，一再坚持。她对主考官说：“请再给我一次机会，让我参加完笔试。”主考官拗不过她，答应了她的请求。结果，她通过了笔试，由人事经理亲自复试。

人事经理对这位女大学生颇有好感，因她的笔试成绩最好，不过，女孩的话让经理有些失望，她说自己没工作过，唯一的经验是在学校掌管过学生会财务。找一个没有工作经验的人做财务会计不是他们的预期，经理决定收兵：“今天就到这里，如有消息我会打电话通知你。”女孩从座位上站起来，向经理点点头，从口袋里掏出两块钱双手递给经理：“不管是否录取，请都给我打个电话。”经理从未见过这种情况，竟一下呆住了。不过他很快回过神来，问：“你怎么知道我不给没有录用的人打电话？”“你刚才说有消息就打，那言下之意就是没录取就不打了。”

图 3.12.1 文档“两块钱的‘敲门砖’”

再新建一个 Word 文档，命名为“两块钱的‘敲门砖’二”，保存在“我的文档”文件夹下，内容如图 3.12.2 所示。

经理对这个年轻女孩产生了浓厚的兴趣，问：“如果你没被录用，我打电话，你想知道些什么呢？”“请告诉我，在什么地方不能达到你们的要求，我在哪方面不够好，我好改进。”“那两块钱……”女孩微笑道：“给没有录用的人打电话不属于公司的正常开支，所以由我付电话费，请你一定打。”经理也微笑道：“请你把两块钱收回，我不会打电话了，我现在就通知你，你被录用了。”

就这样，女孩用两块钱敲开了机遇大门。细想起来，其实道理很清楚：一开始便被拒绝，女孩仍要求参加笔试，说明她有坚毅的品格，财务是十分繁杂的工作，没有足够的耐心和毅力是不可能做好的。她能坦言自己没有工作经验，显示了一种诚信，这对搞财务工作尤为重要。即使不被录取，也希望能得到别人的评价，说明她有直面不足的勇气和敢于承担责任的上进心。员工不能把每项工作都做得十分完美，我们可以接受失误，却不能接受员工自满不前。女孩自掏电话费，反映出她公私分明的良好品德，这更是财务工作不可或缺的。

两块钱折射出良好的素质和高尚的人品。而人品和素质有时比资历和经验更为重要。

图 3.12.2 文档“两块钱的‘敲门砖’二”

实训要求

将文件名为“两块钱的‘敲门砖’二”的文档插入到文件名为“两块钱的‘敲门砖’”的文

档后面，合并为一个文档，同时把合并后的文档命名为“人生驿站”。合并后的文档版式如图 3.12.3 所示。

人生 驿站

两块钱的“敲门砖”

一位刚毕业的女大学生到一家公司应聘财务会计工作，面试时即遭到拒绝，因为她太年轻，公司需要的是有丰富工作经验的资深会计人员。女大学生却没有气馁，一再坚持。她对主考官说：“请再给我一次机会，让我参加完笔试。”主考官拗不过她，答应了她的请求。结果，她通过了笔试，由人事经理亲自复试。

人事经理对这位女大学生颇有好感，因她的笔试成绩最好，不过，女孩的话让经理有些失望，她说自己没工作过，唯一的经验是在学校掌管过学生会财务。找一个没有工作经验的人做财务会计不是他们的预期，经理决定收兵：“今天就到这里，如有消息我会打电话通知你。”女孩从座位上站起来，向经理点点头，从口袋里掏出两块钱双手递给经理：“不管是否录取，请都给我打个电话。”经理从未见过这种情况，竟一下呆住了。不过他很快回过神来，问：“你怎么知道我不给没有录用的人打电话？”“你刚才说有消息就打，那言下之意就是没录取就不打了。”

经理对这个年轻女孩产生了浓厚的兴趣，问：“如果你没被录用，我打电话，你想知道些什么呢？”“请告诉我，在什么地方不能达到你们的要求，我在哪方面不够好，我好改进。”“那两块钱……”女孩微笑道：“给没有录用的人打电话不属于公司的正常开支，所以由我付电话费，请你一定打。”经理也微笑道：“请你把两块钱收回，我不会打电话了，我现在就通知你，你被录用了。”

就这样，女孩用两块钱敲开了机遇大门。细想起来，其实道理很清楚：一开始便被拒绝，女孩仍要求参加笔试，说明她有坚毅的品格，财务是十分繁杂的工作，没有足够的耐心和毅力是不可能做好的。她能坦言自己没有工作经验，显示了一种诚信，这对搞财务工作尤为重要。即使不被录取，也希望能得到别人的评价，说明她有直面不足的勇气和敢于承担责任的上进心。员工不能把每项工作都做得十分完美，我们可以接受失误，却不能接受员工自满不前。女孩自掏电话费，反映出她公私分明的良好品德，这更是财务工作不可或缺的。

两块钱折射出良好的素质和高尚的人品。而人品和素质有时比资历和经验更为重要。

图 3.12.3　合并后的文档

操作步骤

1. 输入“两块钱的‘敲门砖’”文档中的文本

输入图 3.12.1 中的文字。

2. 编辑“两块钱的‘敲门砖’”文档中的文本

① 选中标题“人生驿站”，设置“边框和底纹”。对文本“人生”设置“字体”“字号”；对文本“驿站”设置“字体”“字号”“字符下沉”。选中标题“两块钱的‘敲门砖’”，设置“字体”“字号”。

② 选中第一段内容，设置“字体”“字号”“字的颜色”。

③ 编辑第二段内容。选中文本“掏出两块钱双手递给经理”，设置双下画线和底纹。

④ 将文档保存在“文档库”文件夹中，命名为“两块钱的敲门砖”。

3. 新建“两块钱的‘敲门砖’二”文档，并输入文本

输入图 3.12.2 中的文本。

4. 编辑“两块钱的‘敲门砖’二”文档中的文本

① 选中第一段内容，设置“字的颜色”和“底纹”。

② 将文档保存在“文档库”文件夹中，命名为“两块钱的‘敲门砖’二”。

5. 插入文件

① 打开“两块钱的‘敲门砖’”文档，将插入点放置到文档最后。

② 单击“插入”选项卡“文本”组中的“对象”下拉按钮，在弹出的下拉列表框中单击

“文件中的文字”按钮，弹出“插入文件”对话框，如图 3.12.4 所示，在“文档库”文件夹中选中要插入的文档“两块钱的‘敲门砖’二”，单击“插入”按钮即可。

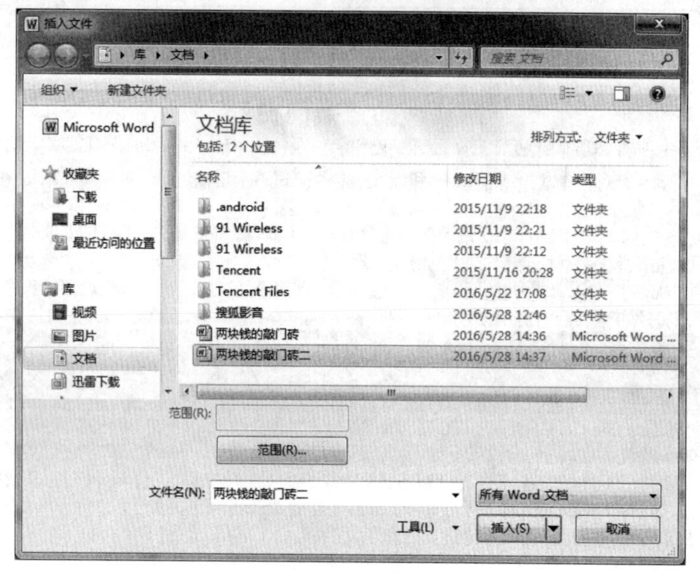

图 3.12.4 “插入文件”对话框

③ 将文档另存，命名为“人生驿站”。

注 意

在插入文档时一定要先把插入点放置到所要插入新文件的位置。

6. 设置分隔符

（1）插入分页符

对较长的文档，Word 会自动分页。但在某些情况下，文档需要强制分成几页。这里作为练习，在“人生驿站”文档的第二、三段之间插入分隔符。将插入点移动到第三段开头，单击“插入”选项卡“页”组中（见图 3.12.5）的“分页”按钮，即在第三段之后被分为新的一页。

（2）插入分节符

在一篇长文档中，各章节之间的格式设置（如页面、页眉页脚等）可能不同，使用分节符可以满足这些特殊要求。作为练习，可以在“人生驿站”文档中从第五段处进行分节。

将插入点移动到第五段开头，单击“页面布局”选项卡“页面设置”组中的“分隔符”按钮（见图 3.12.6），在弹出的下拉列表框中单击要使用的分节符类型。

图 3.12.5 “页”组

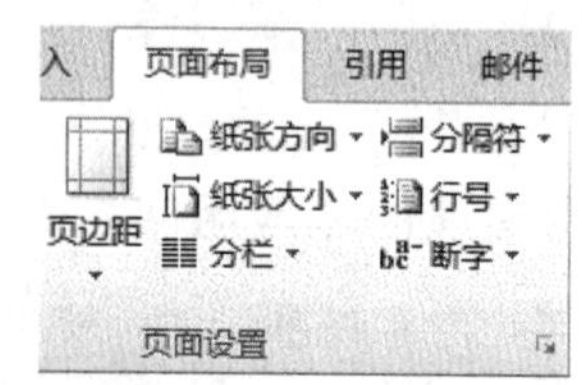

图 3.12.6 “页面设置”组

① 下一页：在插入分节符处进行分页，下一节从下一页开始。

② 连续：仅在两节间添加分节符，在同一页中下一节的内容紧接上一节的节尾。

③ 奇数页：在下一个奇数页开始新的一节。

④ 偶数页：在下一个偶数页开始新的一节。

实训 13　文档中基本图形的绘制

实训目的

① 掌握文档中基本图形的绘制方法。

② 掌握基本图形的编辑方法。

③ 掌握在图形中如何添加文本。

实训内容

在 Word 文档中输入图 3.13.1 所示格式和内容的文档。

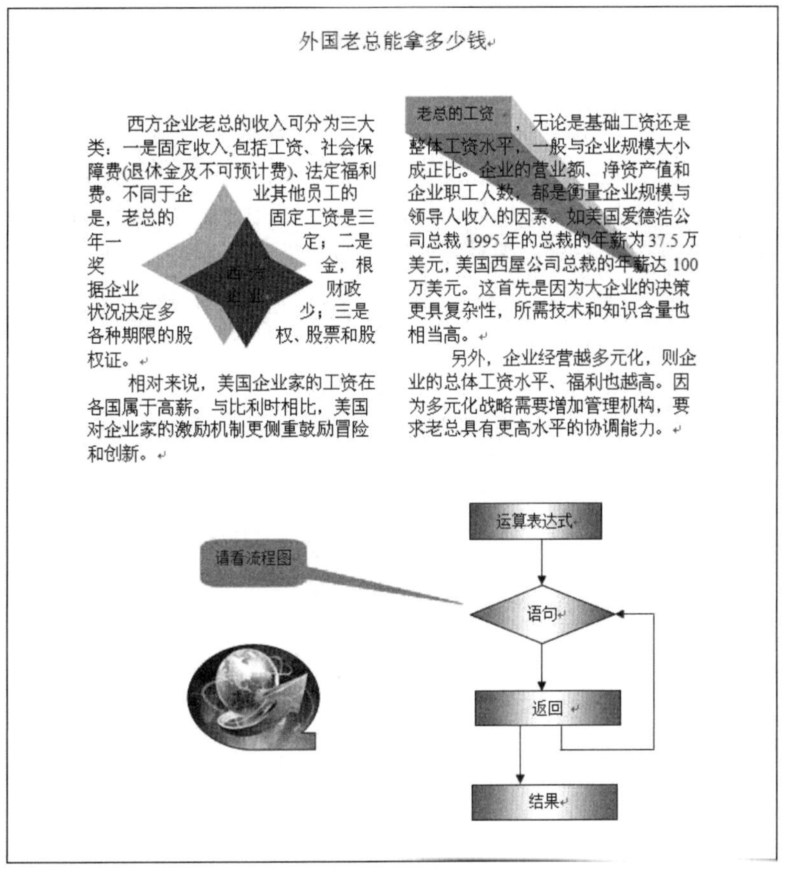

外国老总能拿多少钱

西方企业老总的收入可分为三大类：一是固定收入,包括工资、社会保障费(退休金及不可预计费)、法定福利费。不同于企业其他员工的是，老总的固定工资是三年一定；二是奖金，根据企业财政状况决定多少；三是各种期限的股权、股票和股权证。

相对来说，美国企业家的工资在各国属于高薪。与比利时相比，美国对企业家的激励机制更侧重鼓励冒险和创新。

老总的工资，无论是基础工资还是整体工资水平，一般与企业规模大小成正比。企业的营业额、净资产值和企业职工人数，都是衡量企业规模与领导人收入的因素。如美国爱德浩公司总裁 1995 年的总裁的年薪为 37.5 万美元，美国西屋公司总裁的年薪达 100 万美元。这首先是因为大企业的决策更具复杂性，所需技术和知识含量也相当高。

另外，企业经营越多元化，则企业的总体工资水平、福利也越高。因为多元化战略需要增加管理机构，要求老总具有更高水平的协调能力。

图 3.13.1　实训内容

实训要求

① 文档标题设置底纹。

② 文档内容分两栏。

③ 在文档左侧插入带阴影的红色十字星，十字星内输入文本“西方企业”。

④ 在文档右侧插入三维的长方体，输入文本“老总的工资”。

⑤ 在下方绘制一个流程图，流程图内填充双色效果。

⑥ 左方绘制一个指向流程图的标注。

⑦ 左下方绘制流程图图形，图形内设置图片做填充。

操作步骤

1. 输入文本

输入图 3.13.1 中的文字。

2. 编辑文本

文档标题设置底纹，文档内容分栏。

3. 绘制图形

① 首先将文件保存成“兼容模式”，选择“文件”选项卡中的“另存为”命令，弹出“另存为”对话框，“保存类型”选择“Word 97-2003 文档”，如图 3.13.2 所示。

单击“插入”选项卡“插图”组中的“形状”按钮，展开“自选图形”下拉列表框（见图 3.13.2），从中选择“星与旗帜”选项中的“十字星” ✧，此时鼠标指针变为十字形，将指针移动到文档中的相关位置后，按住鼠标左键，然后沿对角线方向拖动，直至所绘制的图形达到要求的大小为止，释放鼠标左键，即可完成图形的创建，并且所绘图形处在被选中状态。

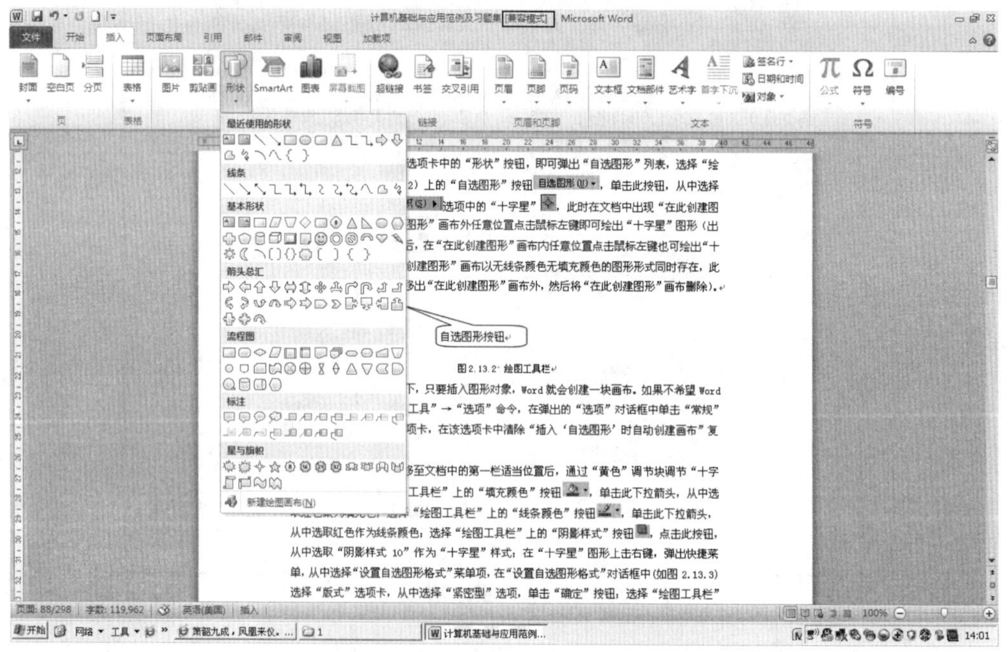

图 3.13.2 “自选图形”下拉列表框

此时，出现“绘图工具-格式”选项卡（见图 3.13.3），单击“形状样式”组中的“形状填充”下拉按钮，从中选取红色作为填充色；单击“形状轮廓”下拉按钮，从中选取红色作为线条颜色；单击“阴影效果”组中的“阴影效果”下拉按钮，从中选取“阴影样式 15”作为“十字星”样式；在“十字星”图形上单击，选取“十字星”图形，单击“格式”选项卡“排列”组中的“自动换行”下拉按钮（见图 3.13.4），从中选择“紧密型环绕”选项；选择“十字星”后右击，在弹出的快捷菜单中选择“添加文字”命令，在“十字星”图形内出现编辑光标，输入“西方企业”4 个字。

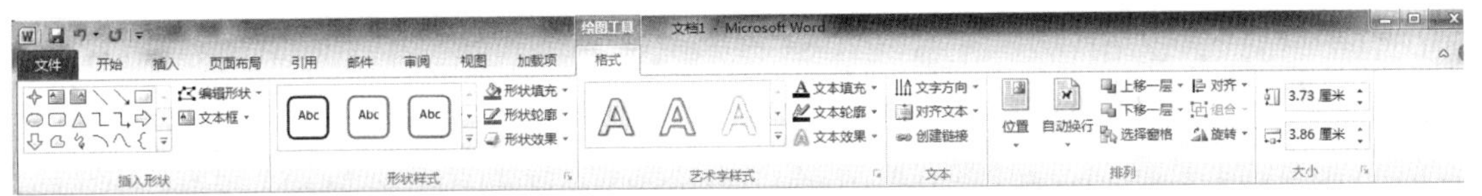

图 3.13.3 “绘图工具–格式”选项卡

② 在“自选图形”列表框（见图 3.13.2）中单击“矩形”按钮，绘出“矩形”图形。

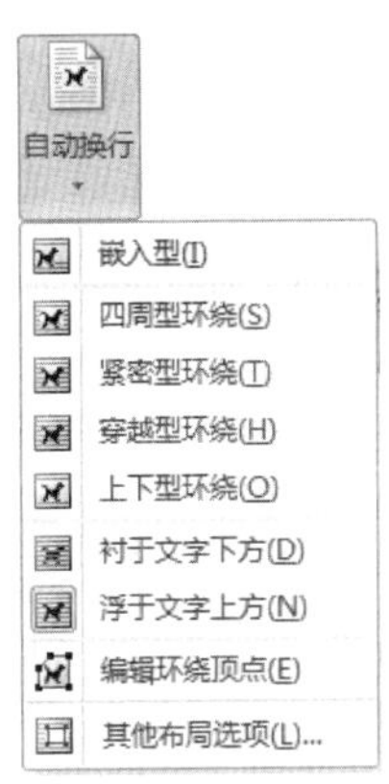

图 3.13.4 “自动换行格式”对话框

将“矩形”图形移动到文档中的第二栏适当位置后，单击“形状样式”组中的“形状填充”下拉按钮，从中选取浅绿色作为填充色；单击“形状轮廓”下拉按钮，从中选取浅绿色作为线条颜色；单击“形状效果”组中的“三维效果”下拉按钮，从中选取“透视”中的“三维样式 9”作为三维样式；设置“三维颜色”为“白色，背景 1，深色 15%”；通过调整按钮，调整三维效果的深度和方向；在“矩形”图形上单击，选取“矩形”图形，单击“绘图工具–格式”选项卡“排列”组中的“自动换行”下拉按钮（见图 3.13.4），从中选择“紧密型环绕”选项；在“矩形”框上右击，在弹出的快捷菜单中选择“添加文字”命令，在“矩形”图形内出现编辑光标，输入“老总的工资”5 个字。

③ 与绘制“十字星”图形方法相同，绘制出“自选图形”下拉列表框中的“流程图”选项中的“顺序访问存储器”图形。

将“顺序访问存储器”图形移动到适当位置后，单击“形状样式”组中的“形状填充”下拉按钮，从中单击“图片”按钮，在弹出的对话框中选择要填充的图片，单击“确定”按钮。

④ 与绘制“十字星”图形方法相同，绘制出“形状”按钮中“流程图”选项中的“决策”图形（菱形）；同时再绘制出 3 个矩形，将这 4 个图形放到图 3.13.1 右下角的适当位置；设置其“填充颜色”为“渐变”命令中的“线性向左”（在设置填充颜色过程中，因这 4 个图形填充颜色相同，可以设置其中一个图形的填充颜色，其余各图形可用“格式刷”复制其格式）输入文本内容；单击“自选图形”（见图 3.13.2）下拉列表框中的“箭头”按钮↘，绘制箭头和直线，应用尺寸控制句柄调整至所需大小，放置到所需位置后，将要组合为流程图的图形全部选中后右击，在弹出的快捷菜单中选择“组合”→“组合”命令。

⑤ 单击“自选图形”（见图 3.13.2）下拉列表框中“标注”选项中的“圆角矩形标注”，绘制出“圆角矩形标注”图形，利用该图形的尺寸控制句柄调整到所需大小，设置其“填充颜色”为“绿色”，输入文本。

实训 14 文档中插入图片和艺术字

实训目的

① 文档中插入图片的方法。

② 图片的编辑方法。

③ 文档中插入艺术字的方法。

④ 艺术字的编辑方法。

实训内容

在 Word 文档中输入图 3.14.1 所示格式和内容的文档。

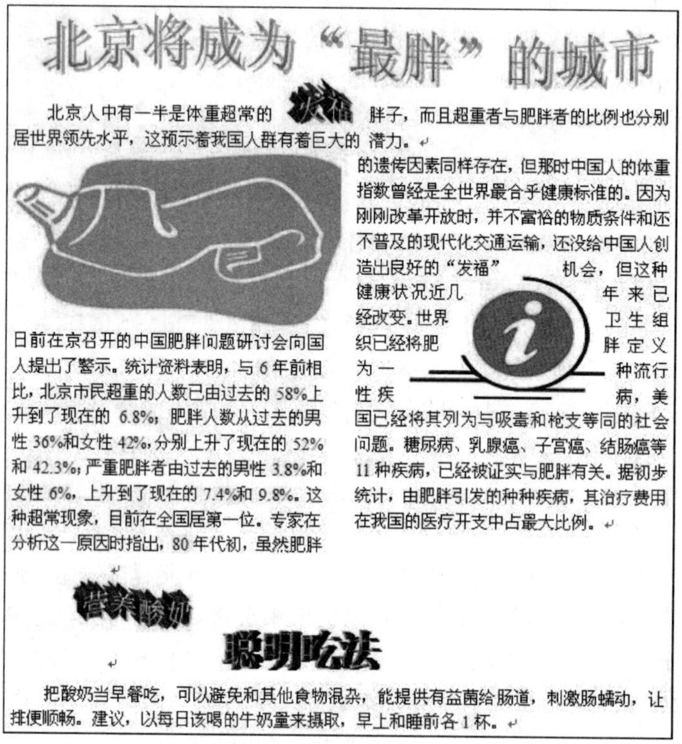

北京将成为“最胖”的城市

北京人中有一半是体重超常的 发福 胖子，而且超重者与肥胖者的比例也分别居世界领先水平，这预示着我国人群有着巨大的 潜力。

日前在京召开的中国肥胖问题研讨会向国人提出了警示。统计资料表明，与 6 年前相比，北京市民超重的人数已由过去的 58%上升到了现在的 6.8%；肥胖人数从过去的男性 36%和女性 42%，分别上升了现在的 52%和 42.3%；严重肥胖者由过去的男性 3.8%和女性 6%，上升到了现在的 7.4%和 9.8%。这种超常现象，目前在全国居第一位。专家在分析这一原因时指出，80 年代初，虽然肥胖的遗传因素同样存在，但那时中国人的体重指数曾经是全世界最合乎健康标准的。因为刚刚改革开放时，并不富裕的物质条件和还不普及的现代化交通运输，还没给中国人创造出良好的“发福” 机会，但这种健康状况近几年来已经改变。世界卫生组织已经将肥胖定义为一种流行性疾病，美国已经将其列为与吸毒和枪支等同的社会问题。糖尿病、乳腺癌、子宫癌、结肠癌等 11 种疾病，已经被证实与肥胖有关。据初步统计，由肥胖引发的种种疾病，其治疗费用在我国的医疗开支中占最大比例。

聪明吃法

把酸奶当早餐吃，可以避免和其他食物混杂，能提供有益菌给肠道，刺激肠蠕动，让排便顺畅。建议，以每日该喝的牛奶量来摄取，早上和睡前各 1 杯。

图 3.14.1 实训内容

实训要求

① 设置艺术字。

② 艺术字环绕方式为“紧密型”。

③ 在第一部分文本中设置分栏。

④ 在文档中插入图片。

⑤ 设置作为背景的图片颜色为“灰度”，环绕方式为“衬于文字下方”。

⑥ 其余图片环绕方式为“紧密型”。

操作步骤

1. 输入文本

输入图 3.14.1 中的文字。

2. 编辑文本

① 将第二段分为两栏。选择第二段文字内容，单击“页面布局”选项卡“页面设置”组中的“分栏”按钮，选择下拉列表框中的“两栏”。

② 单击要插入艺术字的位置，单击“插入”选项卡“文本”组中的“艺术字”按钮，弹出“艺术字”下拉列表框（见图 3.14.2）；选择应用的艺术字式样，弹出一个文本框，在“文字”文本框中输入要应用艺术字效果的文字；本实验中输入“北京将成为‘最胖’的城市”；在“开始”选项卡“字体”组的“字体”下拉列表框中选择要应用的字体“宋体”，在“字号”下拉列表框中选择字体大小“36”；单击“确定”按钮，即在插入点插入艺术字。

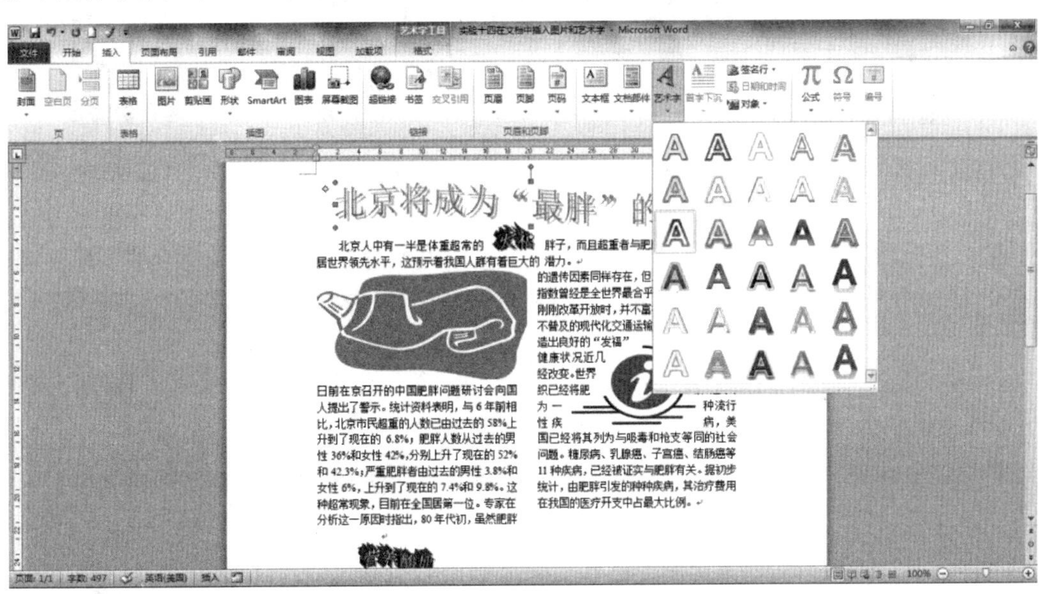

图 3.14.2 “艺术字”下拉列表框

③ 此时艺术字处于选中状态，利用尺寸控制句柄对艺术字的大小进行调整，同时弹出“绘图工具-格式”选项卡（见图 3.14.3），在此选项卡中可以通过“文本”组、“艺术字样式”组、“阴影效果”组、“三维效果”组、“排列”组、“大小”组对艺术字进行相关设置。

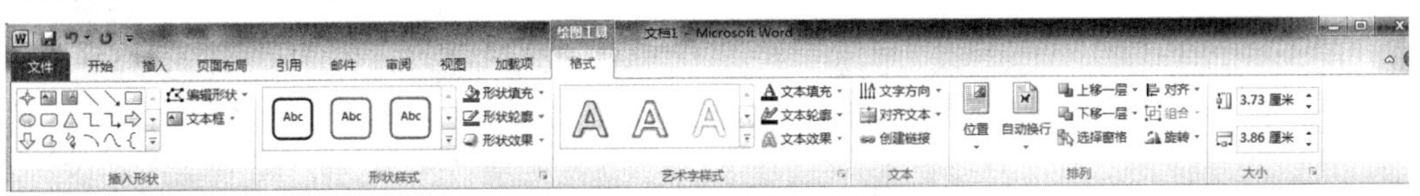

图 3.14.3 “格式”选项卡

④ 插入艺术字“发福”，单击“绘图工具-格式”选项卡“艺术字样式”组中的“更改形状”按钮更改形状，在弹出的下拉列表框中选择“弯曲”→“正三角”，如图 3.14.4 所示。用同样的方法插入艺术字“营养酸奶”“聪明吃法”。

图 3.14.4　设置艺术字的形状

⑤ 单击文档中要插入剪贴画的位置。

⑥ 单击“插入”选项卡“插图”组中的“剪贴画”按钮，文档窗口右侧将弹出“剪贴画”任务窗格，在“剪贴画”任务窗格的“搜索文字”文本框中输入描述剪贴画类型的单词或短语，或输入剪贴画的完整/部分文件名，出现相关内容后，单击要插入的图片，即可将剪贴画插入到光标所在的位置。

⑦ 选中图片，单击“图片工具-格式”选项卡“排列”组中的“自动换行”按钮，在弹出的下拉列表框中选择“紧密型环绕”，如图 3.14.5 所示。

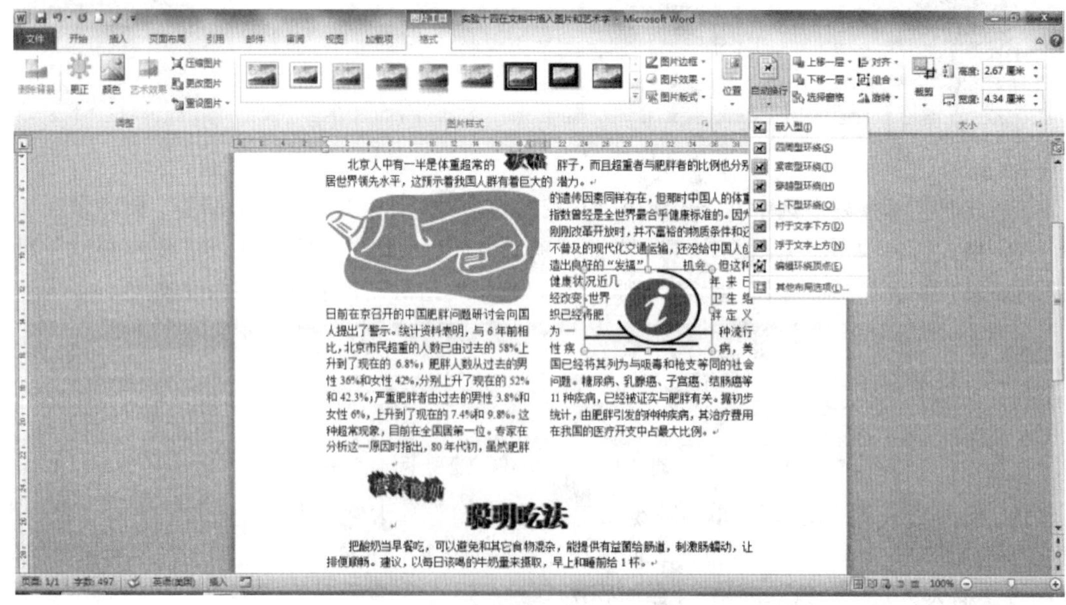

图 3.14.5　设置“剪贴画”文字环绕方式

实训 15　在文档中插入文本框

实训目的

① 掌握文档中插入文本框方法。

② 掌握文本框的编辑方法。

③ 掌握插入页码的方法。

实训内容

在 Word 文档中输入图 3.15.1 所示格式和内容的文档。

遥想圣人当年

闲时读史，忽然想起大圣人孔子，当他年轻时，他都干些什么呢？

请看一组履历，17 岁时，做曹氏的仓库管理员，25 岁时，做管理牲畜的小吏，跟“弼马温”官儿差不多，属于费力不讨好的闲差，相当于今天的股级干部。好在孔子这人有能耐，螺狮壳里也能做道场，是名副其实的岗位工作能手，这种不求闻达、务实干活的皮实型技术人员，无论到哪个单位，其实都是比较受欢迎的。所以，熬到了 30 岁那一年，孔子终于得到了鲁昭公的赏识，官儿越做越大，后来当了司空，相当于今天上市集团公司的 CEO 了。

年轻时是一笔无形的财富

遗憾的是，正如 CEO 意志往往干不过资本的意志一样，技术官僚孔子先生没能扛住政治的压力，仕途上开始走下坡路，后来竟至于“下课”，从 35 岁起，不得不走出鲁国。孔子先后到过齐、宋、卫、陈、蔡等国，后人美其名曰周游列国，实际上孔子多多少少有些另类路线以寻新东家的企图。那还算是个朴素的年代，所以孔子凭着自己的才华和名气还是吸引了一些国君的注意力，做过一些大大小小的官儿。但都是好景不长，几起几落，最后还是灰溜溜的到了鲁国，重执教书棒，再也不谈政治。

但就是这么一个人，后来专攻学术与教育，却成了影响中国几千年的大思想家、大教育家。这又是为什么呢？审时度势，及时转型，重新定位，这当然是后来孔子成功最重要的一点。打个比方，如果一条河流的目标是奔向大海，那当它遇见山的阻拦时，成本最低的办法是绕过去，而不是硬扛。

图 3.15.1　实训内容

实训要求

① 第二部分文本分为三栏。

② 插入艺术字“遥想圣人当年”和“年轻时是一笔无形的财富”，“环绕方式”均为“四周型”，其中艺术字“年轻时是一笔无形的财富”设置文字的方向“垂直”。

③ 插入图片，图片的“环绕方式”均为“四周型”。

④ 插入文本框，文本框内的文字方向为竖排，填充颜色为双色，中间浅两侧深，文本框

“内部边距”左、右均为“1 厘米”，“内部边距”上、下均为“0 厘米”。

⑤ 插入“页眉”。

⑥ 插入“页码”，对齐方式为“页面底端”“居中”。

操作步骤

1. 输入文本

输入图 3.15.1 中的文字。

2. 将文本第二部分分为三栏

分栏效果见图 3.15.1。

3. 插入艺术字

插入艺术字“遥想圣人当年”，调整“艺术字”为适当大小，放置到适当位置，设置其“环绕方式”为“四周型”。

插入艺术字“年轻时是一笔无形的财富”，调整“艺术字”为适当大小，放置到适当位置，设置其“环绕方式”为“四周型”，设置文字的方向“垂直”。

4. 插入图片

利用尺寸控制句柄调整图片至适当大小，设置图片的“环绕方式”均为“四周型”。

5. 插入“文本框”

① 单击“插入”选项卡“文本”组中的“文本框”按钮，弹出下拉列表框（见图 3.15.2），选择需要的文本框格式，如果没有需要的文本框可以单击下拉列表框中的“绘制文本框”按钮或者“绘制竖排文本框”按钮。

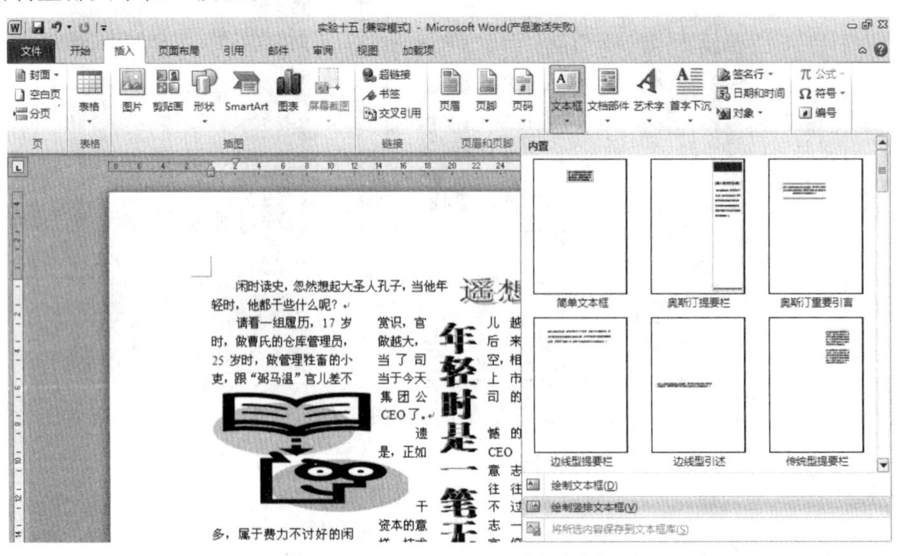

图 3.15.2 “文本框”下拉列表框

② 在文档中单击需要插入文本框的位置，Word 将按默认大小插入一个文本框，通过拖动该文本框上的尺寸控制句柄可以调整文本框的大小。

③ 在文本框中的光标闪动处输入文本，选中输入的文字。

④ 当文本框处于选中状态时，弹出“绘图工具-格式”选项卡，单击“艺术字样式”组右

下角的“对话框启动器”按钮，弹出“设置文本效果格式”对话框，可以对文本框进行设置，如图 3.15.3 所示。在“内部边距”选项组的“左”“右”“上”“下”文本框中，输入度量值“1 厘米”“1 厘米”“0”“0”。

⑤ 单击“形状样式”组中的“形状填充”按钮，在下拉列表框中设置“文本框”的填充色为双色。

图 3.15.3　“设置文本效果格式”对话框

6．插入页眉

① 单击“插入”选项卡“页眉和页脚”组中的“页面”按钮，在弹出的下拉列表框中选择一种页眉类型，打开页面上的页眉和页脚区域，如图 3.15.4 所示。虚线框中的区域即为页眉位置。

② 在页眉区域中输入文本。

③ 设置完成后，单击“格式”选项卡“页眉和页脚”组中的“关闭”按钮即可。

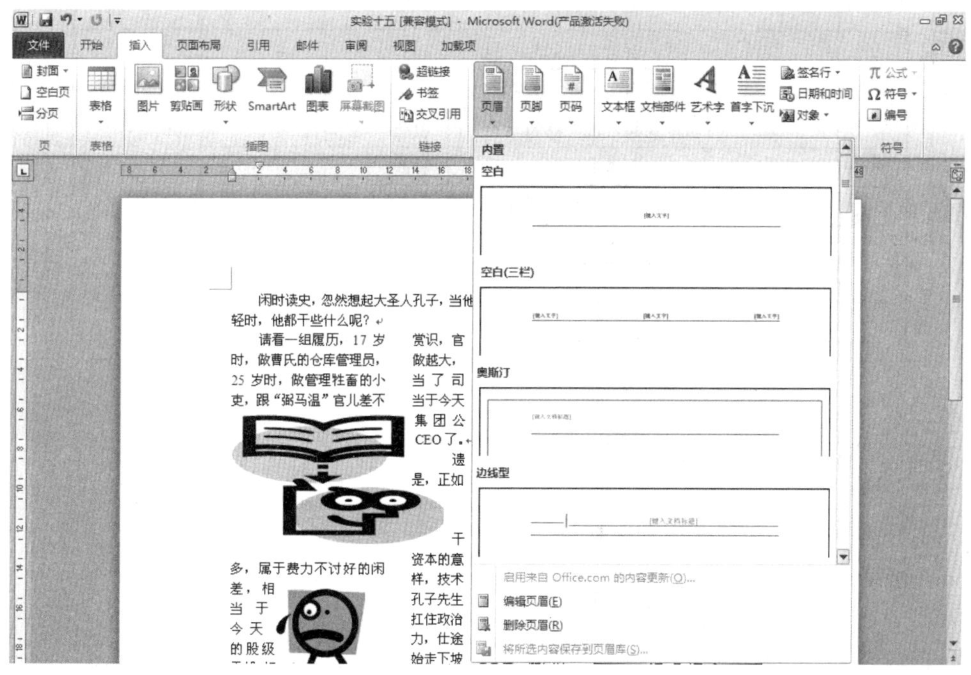

图 3.15.4　创建页眉和页脚

7．插入页码

单击“插入”选项卡“页眉和页脚”组中的“页码”按钮，在弹出的下拉列表框中选择页码位置为“页面底端”，同时选择对齐方式为“居中”。

实训 16 在文档中插入表格

实训目的

① 掌握表格的基本制作方法。
② 掌握表格的基本编辑方法。

实训内容

在 Word 文档中输入图 3.16.1 所示格式和内容的文档。

招 生 启 事

我学院正在招收如下专业的学生：

<table>
<tr><th>编号</th><th>招收专业</th><th>类别、层次</th><th>学习形式</th><th>学 制</th><th>备注</th></tr>
<tr><td>1</td><td>计算机应用技术</td><td>研究生课程进修班</td><td>脱产</td><td>一年</td><td>校内授课</td></tr>
<tr><td rowspan="2">2</td><td rowspan="2">计算机及应用</td><td>研究生课程进修班</td><td rowspan="2">函授</td><td rowspan="2">一年半</td><td rowspan="2">寒暑假校内面授</td></tr>
<tr><td>自考高中起点本科</td></tr>
<tr><td rowspan="3">3</td><td rowspan="3">计算机及应用</td><td>自考高中起点专科</td><td rowspan="2">脱产</td><td rowspan="2">二年</td><td rowspan="8">校内授课</td></tr>
<tr><td>自考大专起点本科</td></tr>
<tr><td>自考高中起点本科</td><td>脱产</td><td>四年</td></tr>
<tr><td>4</td><td>计算机网络</td><td>自考专科起点本科</td><td>脱产</td><td>二年</td></tr>
<tr><td>5</td><td>信息管理与服务</td><td>自考高中起点本科</td><td rowspan="2">脱产</td><td rowspan="2">四年</td></tr>
<tr><td>6</td><td>计算机信息管理</td><td>同上</td></tr>
<tr><td>7</td><td>电视节目制作</td><td>同上</td><td>脱产</td><td>二年</td></tr>
<tr><td>8</td><td>物流管理</td><td>同上</td><td>脱产</td><td>二年</td></tr>
</table>

图 3.16.1 实训内容

实训要求

① 在文档中插入 11 行 6 列的表格。
② 表格第一列的第 4～6 行合并。
③ 表格第二列的第 4～6 行合并。
④ 表格第四列的第 4 和 5 行合并。
⑤ 表格第五列的第 4 和 5 行合并。
⑥ 表格第四列的第 8 和 9 行合并。
⑦ 表格第五列的第 8 和 9 行合并。
⑧ 表格第六列的第 4～11 行合并。
⑨ 表格的第三行第三列拆分。

操作步骤

1．基本编辑技术

（1）绘制自由表格

① 单击“插入”选项卡“表格”组中的“表格”按钮，在弹出的下拉列表框中单击“绘制表格”按钮，此时鼠标指针变为一支笔的形状。

② 将“笔”移动到需要插入表格的位置，按下鼠标左键并拖动，便可在窗口中画出一个表格框，当表格框大小合适后，释放鼠标左键，即可在窗口中画出一个空表框，再用“笔”在空表框内画横线即可添加行，画竖线即可添加列，如图 3.16.2 和图 3.16.3 所示。

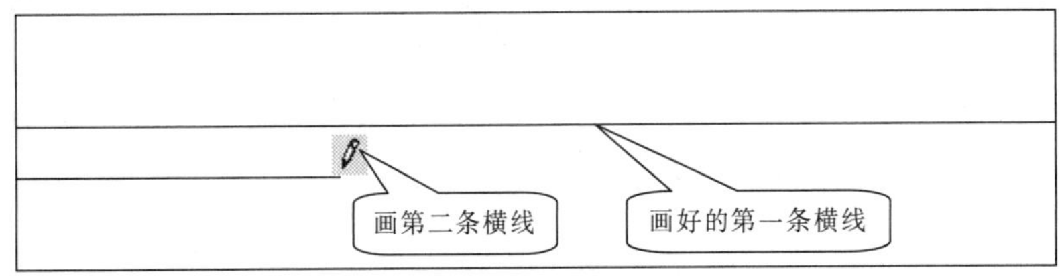

图 3.16.2　画出表格方框后再画表格横线

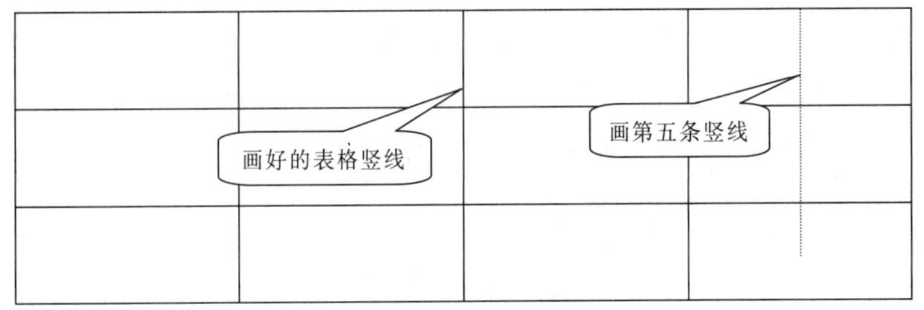

图 3.16.3　添加表格竖线

③ 表格绘制完成以后，单击“表格工具-设计”选项卡中的“绘制表格”按钮，退出绘制命令，同时鼠标指针变成编辑状态，此时单击即可在表格中添加内容。

④ 若想删除某一条线，则单击“表格工具-设计”选项卡中的“擦除”按钮，同时鼠标指针变为“橡皮擦”形状，拖动橡皮擦经过要删除的线即可将其清除。

（2）将文本转换为表格

将文本转换成表格的方法是：选定要转换为表格的文本，再单击“插入”选项卡“表格”组中“表格”下拉列表框中的“文本转换成表格”按钮，弹出“将文本转换成表格”对话框，从中设定文本的分隔符和表格的列数后即可。

（3）选定单元格

① 选定一个单元格：将鼠标指针指向单元格左边界，指针变成向右上的箭头时单击。

② 选定一行：将鼠标指针指向该行的左侧，指针变成向右上的箭头时单击。

③ 选定一列：鼠标指针指向该列顶端，指针变成向下的箭头时单击。

④ 选定连续多个单元格、多行或多列：在要选定的单元格、行或列上拖动鼠标；或者，先选定某一单元格、行或列，然后在按住【Shift】键的同时单击其他单元格、行或列。

⑤ 选定整张表格：关闭“数字键区”（按【Num Lock】键），单击表格，按【Alt+5】组合键（位于数字键盘上的）。

另外，单击表格内任意位置，再单击“表格工具-布局”选项卡“表”组中“选择”下拉列表框中的“选定行”“选定列”“选定表格”按钮也可以进行选定操作。利用快捷键进行操作效率更高。

（4）调整表格

① 将鼠标指针对准表格的列格线或行格线，鼠标指针变为一个夹子状的指针，按住鼠标左键，拖动鼠标即可调整表格的行高或列宽。

如果在拖动标尺上的列标记上按下鼠标左键的同时按住【Alt】键，Word 将显示列宽数值。如果在拖动标尺上的列标记或列边框上按下鼠标左键的同时按住【Shift】键，还可以同时改变表格的宽度。

② 切换到页面视图模式，出现水平标尺和垂直标尺，将光标插入点移动到表格内，标尺上出现表格分隔符。

将鼠标指针移动到表格分隔处，指针变为双向箭头，按住鼠标左键并拖动鼠标，待拖到适当位置后释放左键，即可调整列宽和行高。

（5）插入行或列

① 将光标移动到需要插入行或列的位置。

② 若要插入行，则单击“表格工具-布局”选项卡“行和列”组中的“在上方插入”按钮，则光标所在行前面增加一行。若要插入列，选定某列后，单击“表格工具-布局”选项卡“行和列”组中的“在左侧插入”按钮，则 Word 会在光标所在列左侧增加一列。“插入行”“插入列”按钮也可通过右击表格，在弹出的快捷菜单中选择。

（6）删除行或列

将单元格中的行或列删除，只需将其选定，然后单击“表格工具-布局”选项卡“行和列”组中的“删除”下拉列表框中的“删除行”“删除列”按钮。

2. 具体操作步骤

① 输入文本“我学院正在招收如下专业的学生”后，按【Enter】键，此时光标所在位置是需要插入表格的位置。

② 单击“插入”选项卡“表格”组中“表格”下拉列表框中的“插入表格”按钮，弹出图 3.16.4 所示的“插入表格”对话框，输入列数 6、行数 11。单击“确定”按钮后，表格出现在光标位置；单击“插入”选项卡“表格”组中的“表格”下拉按钮，弹出图 3.16.5 所示的下拉列表框。在下拉列表框中向下拖动鼠标选择所需的行数、列数，再释放鼠标左键，也可以在文档光标插入点处插入空表。

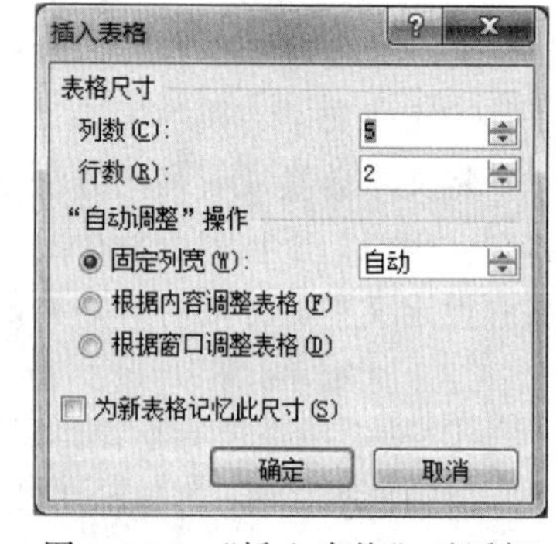

图 3.16.4 “插入表格”对话框

③ 选中第一列第 4、5、6 行，单击“表格工具-布局”选项卡“合并”组中的“合并单元格”按钮即可；或右击选中表格，在弹出的快捷菜单中选择“合并单元格”命令。

④ 选中第二列第 4、5、6 行，单击“表格工具-布局”选项卡“合并”组中的“合并单元格”按钮即可选中表格；或右击选中表格，在弹出的快捷菜单中选择“合并单元格”命令。

⑤ 选中第四列第 4、5 行，单击“表格工具-布局”选项卡“合并”组中的“合并单元格”按钮即可；或右击选中表格，在弹出的快捷菜单中选择“合并单元格”命令。

⑥ 选中第五列第 4、5 行，单击“表格工具–布局”选项卡“合并”组中的“合并单元格”按钮即可；或右击选中表格，在弹出的快捷菜单中选择“合并单元格”命令。

⑦ 选中第四列第 8、9 行，单击“表格工具–布局”选项卡“合并”组中的“合并单元格”按钮即可；或右击选中表格，在弹出的快捷菜单中选择“合并单元格”命令。

⑧ 选中第五列第 8、9 行，单击“表格工具–布局”选项卡“合并”组中的“合并单元格”按钮即可；或右击选中表格，在弹出的快捷菜单中选择“合并单元格”命令。

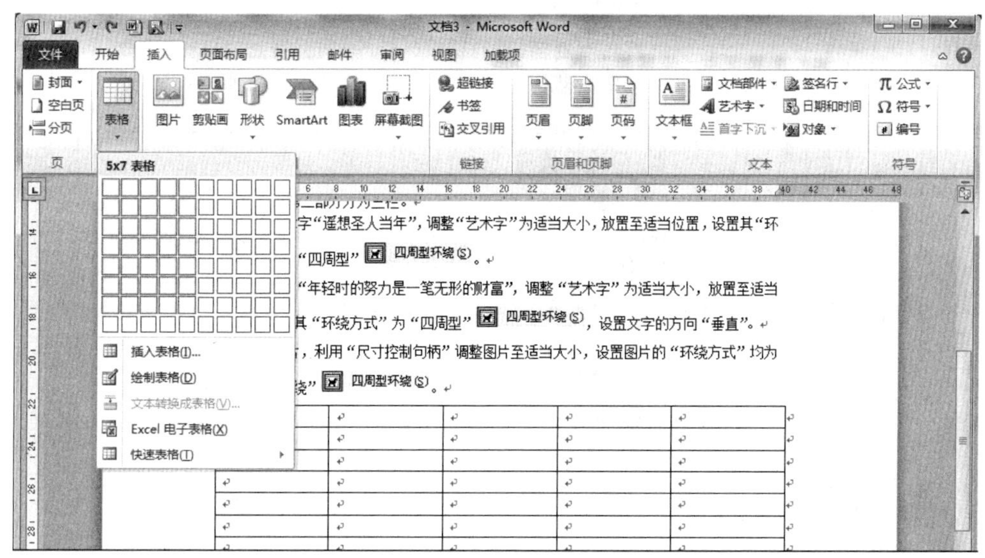

图 3.16.5　“表格”下拉列表框

⑨ 选中第六列第 4～11 行，单击“表格工具–布局”选项卡“合并”组中的“合并单元格”按钮即可；或右击选中表格，在弹出的快捷菜单中选择“合并单元格”命令。

图 3.16.6　“拆分单元格”对话框

⑩ 选定第三行第三列，单击“表格工具–布局”选项卡“表格”组中的“拆分单元格”按钮，弹出“拆分单元格”对话框，如图 3.16.6 所示。在“列数”微调框中设置“1”，在“行数”微调框中设置“2”，单击“确定”按钮即可。

⑪ 在表格中输入文本：将光标移动到要输入文本的表格中单击，当表格中出现编辑状态的光标时，输入文本即可。

实训 17　表格的修饰

掌握表格的基本修饰方法。

在 Word 文档中输入图 3.17.1 所示格式和内容的文档。

<table>
<tr><td colspan="7">多媒体应用技术专业发展规划一览表</td></tr>
<tr><td rowspan="12">多媒体应用技术</td><td>年 度
项 目</td><td>2002</td><td>2003</td><td>2004</td><td>2005</td><td>2010</td></tr>
<tr><td>招生人数</td><td></td><td>40</td><td>80</td><td>80</td><td>80</td></tr>
<tr><td>在校生数</td><td></td><td>40</td><td>120</td><td>200</td><td>240</td></tr>
<tr><td>专业目标</td><td colspan="4">合格专业</td><td>示范专业</td></tr>
<tr><td>学生质量</td><td colspan="4">能胜任专业各岗位工作，100%的学生获得职业技能等级证书</td><td>能胜任专业各岗位工作，100%的学生获得职业技能等级证书</td></tr>
<tr><td>按需求预测的一次就业率</td><td colspan="4">70%</td><td>75%</td></tr>
<tr><td>专业面向</td><td colspan="5">面向省内及全国各广告公司、美术装潢公司、影视制作单位和其他应用多媒体技术的企、事业单位及自主择业</td></tr>
<tr><td>岗 位 群</td><td colspan="5">平面设计人员、动画制作人员、影视编辑制作人员</td></tr>
<tr><td>实 验 室</td><td colspan="4">充实现有多媒体实验室，进一步加强实验室的多媒体化建设</td><td>跟随技术的发展，更新硬件设备，建成多媒体制作中心</td></tr>
<tr><td>实 习
及实训基地</td><td colspan="4">完善校内实训基地建设，开辟1～2个校外实训基地</td><td>在现有条件下逐步形成产、教、研相结合的办学模式</td></tr>
<tr><td>专业办产业</td><td colspan="4">与相关单位协作，开展多媒体制作业务</td><td>进一步扩大业务范围，建立独立的多媒体制作中心</td></tr>
<tr><td>师资队伍建设</td><td colspan="4">专业教师总数 10 人，其中：副教授 6 人，硕士 6 人，双师素质教师 6 人</td><td>专业教师总数 18 人，其中：副教授 10 人，硕士 12 人，双师素质教师达 90%以上</td></tr>
</table>

图 3.17.1 实训内容

实训要求

① 插入 12 行、7 列的表格。

② 第 1 列合并为一行。

③ 第 2 列第 1 行画斜线表头。

④ 分别合并第 4 行的第 3、4、5、6 列，第 5 行的第 3、4、5、6 列，第 6 行的 3、4、5、6 列，第 9 行的第 3、4、5、6 列，第 10 行的第 3、4、5、6 列，第 11 行的 3、4、5、6 列，第 12 行的第 3、4、5、6 列。

⑤ 合并第 7 行的第 3、4、5、6、7 列，合并第 8 行的第 3、4、5、6、7 列。

⑥ 调整第 1 列、第 2 列的列宽。

⑦ 调整第 4 行、第 5 行、第 6 行、第 9 行、第 10 行、第 11 行、第 12 行的最后一列列宽。

⑧ 在表格内输入文本。

⑨ 设置第 1 列、第 2 列文本、第 1～4 行及第 6 行文本水平方向和垂直方向均居中。

⑩ 设置其他文本水平方向左对齐、垂直方向居中。

操作步骤

1. 基本编辑技术

（1）删除表格或清空表格内容

① 如果要删除整张表格，可选中表格中的任何一个单元格，然后单击“表格工具-布局”选项卡“行和列”组中“删除”下拉列表框中的“删除表格”按钮即可。

② 如果要清空表格中的部分文本内容，可选中要清除的一个或多个单元格，按【Delete】键即可。

③ 如果要清空整张表格的内容，则选中整张表格，按【Delete】键即可。

（2）添加边框和底纹

选中要修改边框的表格，然后单击“表格工具-设计”选项卡“表格样式”组中的“边框”或“底纹”按钮，弹出“边框和底纹”对话框，进行设置即可。

2. 具体操作步骤

① 单击“插入”选项卡“表格”组中的“表格”下拉按钮，在弹出的下拉列表框中通过鼠标拖动将行数设置为 12 行、列数设置为 7 列。

② 选中第 1 列，右击或单击“表格工具-布局”选项卡“合并”组中的“合并单元格”按钮即可；或右击选中表格，在弹出的快捷菜单中选择“合并单元格”命令。

③ 与步骤 2 方法相同，合并第 4 行的第 3、4、5、6 列，第 5 行的第 3、4、5、6 列，第 6 行的 3、4、5、6 列，第 9 行的第 3、4、5、6 列，第 10 行的第 3、4、5、6 列，第 11 行的 3、4、5、6 列，第 12 行的第 3、4、5、6 列，合并第 7 行的第 3、4、5、6、7 列，合并第 8 行的第 3、4、5、6、7 列。

④ 将鼠标指针对准表格中第 1 列的列格线，鼠标指针变为一个夹子状的指针，按住鼠标左键，拖动鼠标调整第 1 列的列宽。

⑤ 与步骤 4 方法相同，调整第 2 列、第 4 行的最后一列、第 5 行的最后一列、第 6 行的最后一列、第 9 行的最后一列、第 10 行的最后一列、第 11 行的最后一列及第 12 行的最后一列列宽。

⑥ 单击“插入”选项卡“表格”组中“表格”下拉列表框中的“绘制表格”按钮，在第二列第一行绘制斜线表头。

⑦ 在表格内输入文本。输入第 2 列第 1 行文本时，输入文本“年度”后按【Enter】键再输入文本“项目”，将插入点移动到文本“年度”之前，输入适当的空格。

⑧ 选中第 1 列和第 2 列文本并右击，在弹出的快捷菜单中选择“单元格对齐方式”中的 按钮，如图 3.18.2 所示，将选定文本设置为水平、垂直居中。

⑨ 与步骤 8 方法相同，设置第 1～4 行及第 6 行文本的对齐方式为水平、垂直居中。

⑩ 选中其余文本并右击，在弹出的快捷菜单中选择“单元格对齐方式”中的 按钮，将选定文本设置为水平方向左对齐，垂直方向居中。

⑪ 选中第 1 列并右击，在弹出的快捷菜单中选择“文字方向”命令（见图 3.17.2），弹出图 3.17.3 所示的“文字方向-表格单元格”对话框，选择中间的选项，单击“确定”按钮，完成设置。

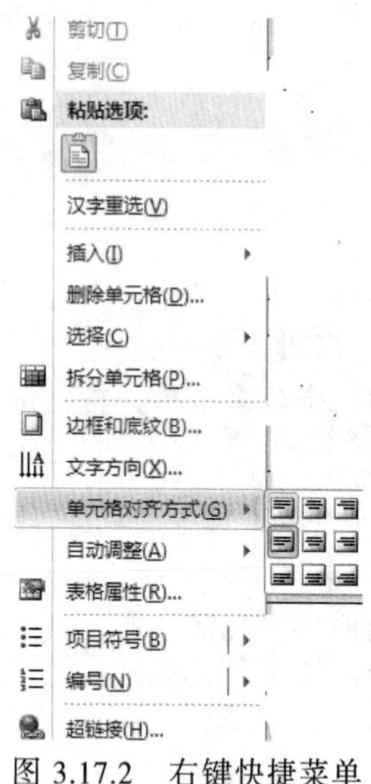

图 3.17.2　右键快捷菜单

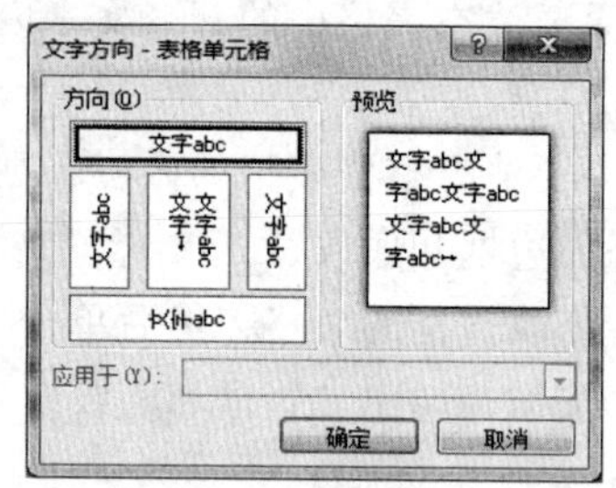

图 3.17.3　“文字方向-表格单元格”对话框

实训 18　插入 SmartArt 图形

实训目的

掌握 SmartArt 使用方法。

实训内容

在 Word 文档中输入图 3.18.1 所示内容的文档。

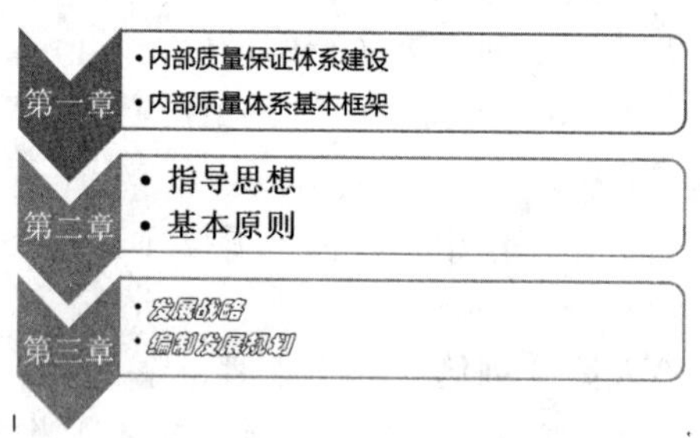

图 3.18.1　实训内容

实训要求

① 插入图中 SmartArt。

② 输入章节目录：第一章、第二章、第三章，字体宋体，字号 20。

③ 输入第一章子目录内容：“内部质量保证体系建设”“内部质量体系基本框架”，字体微软雅黑，字号 15。

④ 输入第二章子目录内容：“指导思想”“基本原则”，字体宋体，字号 20，加粗。

⑤ 输入第三章子目录内容：“发展战略”“编制发展规划”，字体华文彩云，字号 15，倾斜。

⑥ 更改颜色，彩色—彩色范围—强调文字颜色 5-6。

操作步骤

1．插入图中 SmartArt

① 单击“插入”选项卡“插图”组中的 SmartArt 按钮，如图 3.18.2 所示。

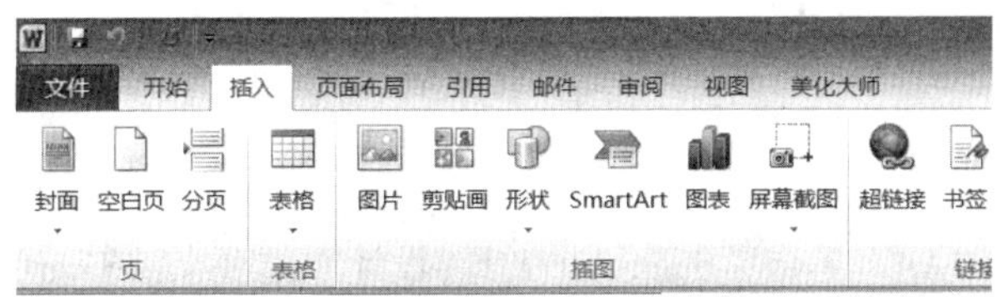

图 3.18.2　单击 SmartArt 按钮

② 在弹出的“选择 SmartArt 图形”对话框中选择“列表”，选择“垂直 V 形列表”，单击“确定”按钮，如图 3.18.3 所示。

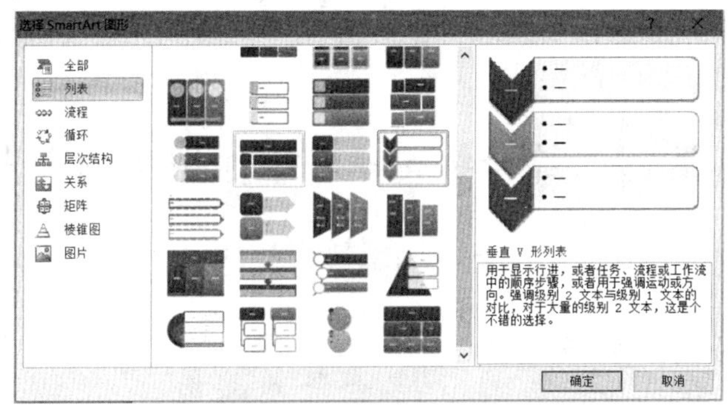

图 3.18.3　插入垂直 V 形列表

2．输入内容

① 输入章节目录：第一章、第二章、第三章，字体宋体，字号 20，如图 3.18.4 所示。

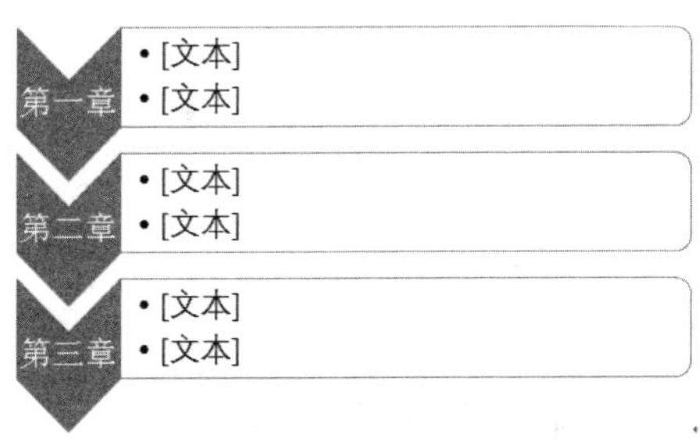

图 3.18.4　输入内容

② 输入第一章子目录内容：“内部质量保证体系建设”“内部质量体系基本框架”，字体微软雅黑，字号 15。

③ 输入第二章子目录内容：“指导思想”“基本原则”，字体宋体，字号 20，加粗。

④ 输入第三章子目录内容：“发展战略”“编制发展规划”，字体华文彩云，字号 15，倾斜。设置效果如图 3.18.5 所示。

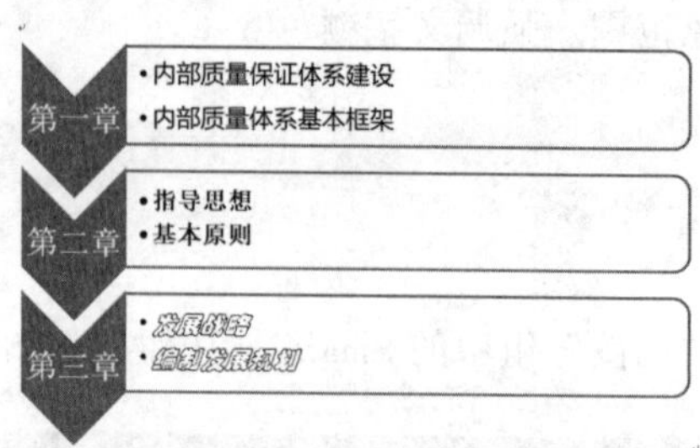

图 3.18.5 完成字体设置

3. 更改颜色

双击编辑好的 SmartArt，单击“SmartArt 工具-设计”选项卡“SmartArt 样式”组中的“更改颜色”按钮（见图 3.18.6），在弹出的下拉列表框中找到“彩色—彩色范围—强调文字颜色 5-6”选项，完成编辑。

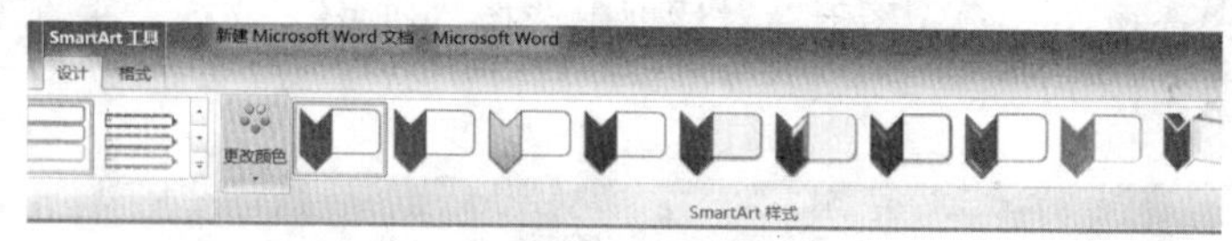

图 3.18.6 单击“更改颜色”按钮

实训 19 综合练习——制作用眼调查表

实训目的

综合练习 Word 2010 的排版功能。

实训内容

在 Word 文档中输入图 3.19.1 所示格式和内容的文档。

用眼调查表

1. 你经常玩电脑超过一小时吗？
   A. 经常 B. 有时 C. 从不
2. 你经常坐在正在行驶的车上看书吗？
   A. 经常 B. 有时 C. 从不
3. 你有躺着看书的习惯吗？
   A. 有 B. 没有
4. 你经常连续看电脑超过一小时吗？
   A. 经常 B. 有时 C. 从不
5. 你经常在灯光较暗的环境下看书吗？
   A. 经常 B. 有时 C. 从不
6. 看书或写字时你的眼睛离书本的距离大约有：
   A. 20厘米以内 B. 30厘米左右 C. 40厘米左右
7. 你是否在学习或看电视后到室外进行适度的活动？
   A. 是 B. 不是
8. 当你发现自己视力不好时，是否及时检查和佩戴眼镜？
   A. 是 B. 不是
9. 你认为在教室或家里学习时光线是否充足？
   A. 光线太强 B. 合适 C. 光线太弱
10. 你知道多吃含维生素B的食物对眼睛有利吗？
    A. 知道 B. 知道，但没注意过 C. 不知道
11. 你经常在被窝里看书吗？

图 3.19.1 实训内容

实训要求

在 Word 程序中，建立图 3.19.1 所示的文档，标题文本用艺术字表示。

操作步骤

略。

实训 20　综合练习——制作读书报告单

实训目的

综合练习 Word 2010 的排版功能。

实训内容

在 Word 文档中输入图 3.20.1 所示格式和内容的文档。

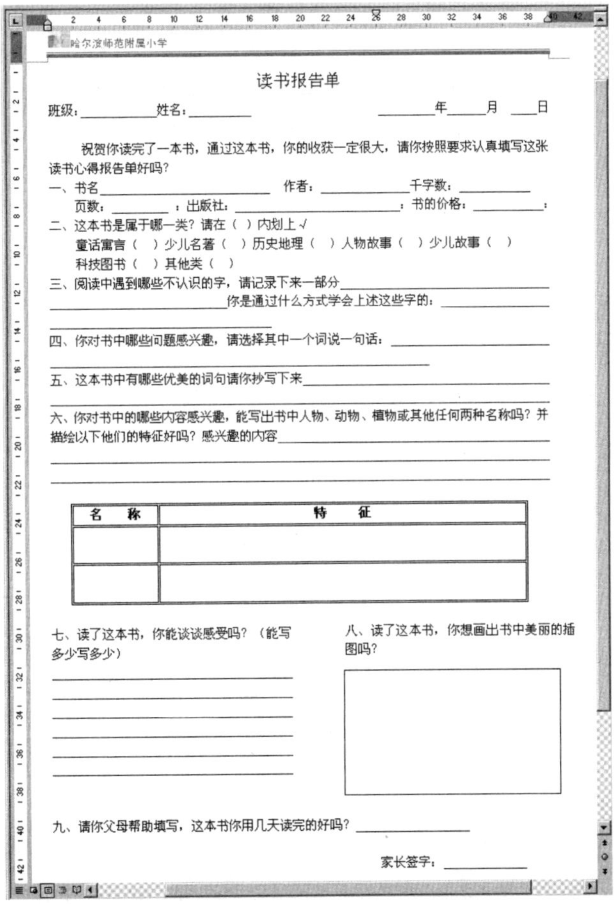

哈尔滨师范附属小学

读书报告单

班级：__________姓名：__________　　　　________年_____月____日

祝贺你读完了一本书，通过这本书，你的收获一定很大，请你按照要求认真填写这张读书心得报告单好吗？

一、书名____________________　作者：____________千字数：__________

页数：________；出版社：____________________；书的价格：__________；

二、这本书是属于哪一类？请在（ ）内划上√

童话寓言（ ）少儿名著（ ）历史地理（ ）人物故事（ ）少儿故事（ ）

科技图书（ ）其他类（ ）

三、阅读中遇到哪些不认识的字，请记录下来一部分____你是通过什么方式学会上述这些字的：__________________________________

四、你对书中哪些问题感兴趣，请选择其中一个词说一句话：______________________________________

五、这本书中有哪些优美的词句请你抄写下来______________________________________

六、你对书中的哪些内容感兴趣，能写出书中人物、动物、植物或其他任何两种名称吗？并描绘以下他们的特征好吗？感兴趣的内容______________________________________

名　称	特　征

七、读了这本书，你能谈谈感受吗？（能写多少写多少）

八、读了这本书，你想画出书中美丽的插图吗？

九、请你父母帮助填写，这本书你用几天读完的好吗？____________

家长签字：__________

图 3.20.1　实训内容

① 在 Word 程序中，建立图 3.20.1 所示的文档，纸张大小为 A4。
② 页眉处插入图片，在图片后面输入文字“哈尔滨师范附属小学”，文字和图片左对齐。
③ 页眉处下画线改为下粗上细的双线。

略。

实训 21 综合练习——制作试卷

实训目的

综合练习 Word 2010 的排版功能。

实训内容

在 Word 文档中输入图 3.21.1 所示格式和内容的文档。

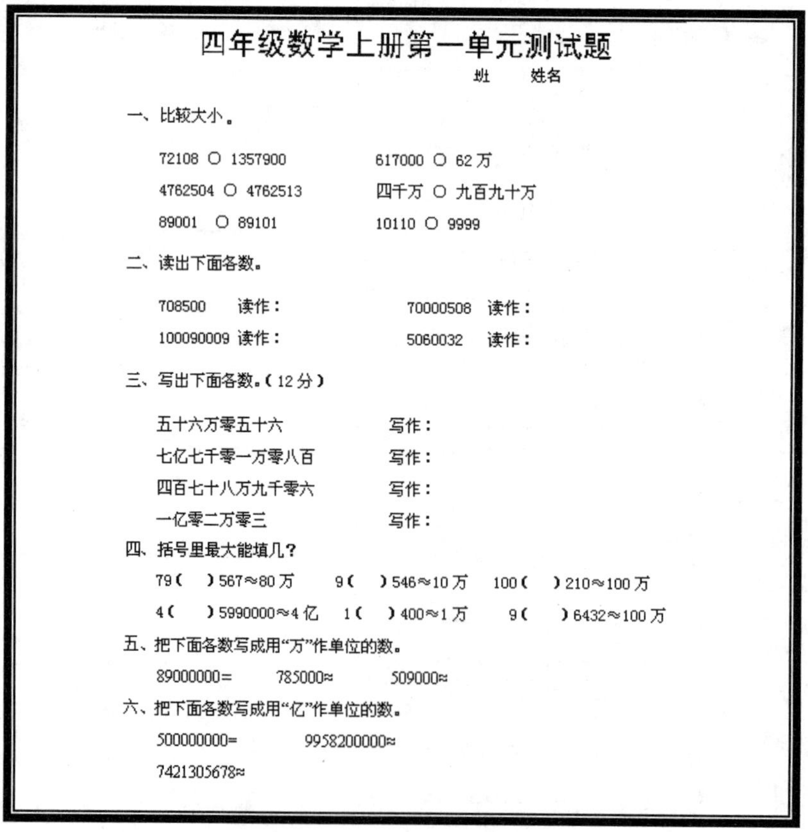

四年级数学上册第一单元测试题

班 姓名

一、比较大小。

72108 ○ 1357900　　617000 ○ 62 万
4762504 ○ 4762513　　四千万 ○ 九百九十万
89001 ○ 89101　　10110 ○ 9999

二、读出下面各数。

708500 读作：　　70000508 读作：
100090009 读作：　　5060032 读作：

三、写出下面各数。（12 分）

五十六万零五十六　　写作：
七亿七千零一万零八百　　写作：
四百七十八万九千零六　　写作：
一亿零二万零三　　写作：

四、括号里最大能填几？

79（ ）567≈80 万　　9（ ）546≈10 万　　100（ ）210≈100 万
4（ ）5990000≈4 亿　　1（ ）400≈1 万　　9（ ）6432≈100 万

五、把下面各数写成用“万”作单位的数。

89000000=　　785000≈　　509000≈

六、把下面各数写成用“亿”作单位的数。

500000000=　　9958200000≈
7421305678≈

图 3.21.1 实训内容

实训要求

在 Word 程序中，建立图 3.21.1 所示的文档。

操作步骤

略。

实训 22　综合练习——制作横版试卷

实训目的

综合练习 Word 2010 的排版功能。

实训内容

在 Word 文档中输入图 3.22.1 所示格式和内容的文档。

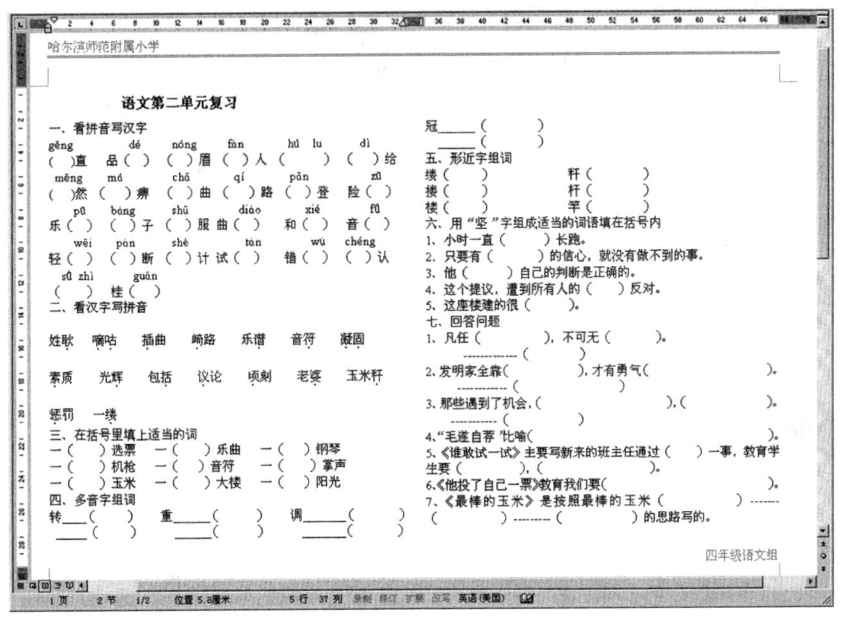

哈尔滨师范附属小学

语文第二单元复习

一、看拼音写汉字

gēng　dé　nóng　fàn　hú lu　dì
(　)直　品(　)　(　)眉　(　)人　(　　)　(　)给
měng　má　chā　qí　pān　zū
(　)然　(　)痹　(　)曲　(　)路　(　)登　险(　)
pǔ　bàng　shū　diào　xié　fú
乐(　)　(　)子　(　)服　曲(　)　和(　)　音(　)
wēi　pán　shé　tàn　wù　chéng
轻(　)　(　)断　(　)计　试(　)　错(　)　(　)认
sǔ zhì　guān
(　)　桂(　)

二、看汉字写拼音

姓耿　嘀咕　插曲　崎路　乐谱　音符　凝固

素质　光辉　包括　议论　顷刻　老婆　玉米秆

惩罚　一缕

三、在括号里填上适当的词

一(　)选票　一(　)乐曲　一(　)钢琴
一(　)机枪　一(　)音符　一(　)掌声
一(　)玉米　一(　)大楼　一(　)阳光

四、多音字组词

转____(　)　重____(　)　调____(　)
____(　)　____(　)　____(　)
冠____(　)
____(　)

五、形近字组词

缕(　)　秆(　)
搂(　)　杆(　)
楼(　)　竿(　)

六、用“坚”字组成适当的词语填在括号内

1、小时一直(　)长跑。
2．只要有(　)的信心，就没有做不到的事。
3、他(　)自己的判断是正确的。
4、这个提议，遭到所有人的(　)反对。
5、这座楼建的很(　)。

七、回答问题

1、凡任(　)，不可无(　)。
------------(　)
2、发明家全靠(　)，才有勇气(　)。
------------(　)
3、那些遇到了机会，(　)，(　)。
----------(　)
4、“毛遂自荐”比喻(　)。
5、《谁敢试一试》主要写新来的班主任通过(　)一事，教育学生要(　)，(　)。
6、《他投了自己一票》教育我们要(　)。
7、《最棒的玉米》是按照最棒的玉米(　)------(　)--------(　)的思路写的。

四年级语文组

图 3.22.1　实训内容

实训要求

在 Word 程序中，建立图 3.22.1 所示的文档。

操作步骤

略。

实训 23 综合练习——板报设计

实训目的

综合练习 Word 2010 的排版功能。

实训内容

在 Word 文档中输入图 3.23.1 所示格式和内容的文档。

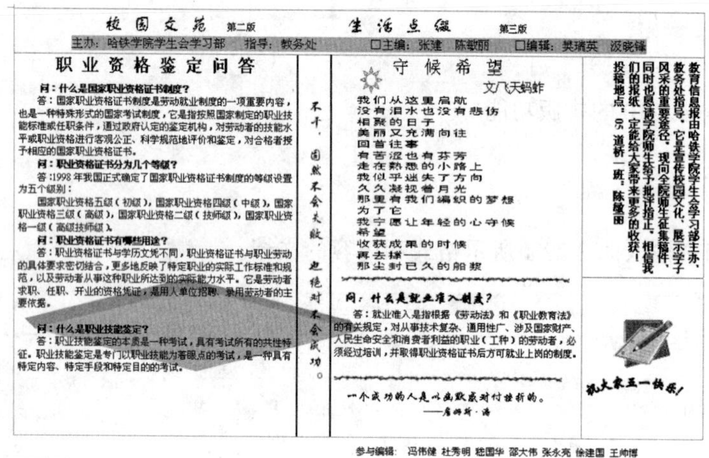

校园文苑 第二版

主办：哈铁学院学生会学习部 指导：教务处

生活点缀 第三版

□主编：张建 陈敏丽 □编辑：樊瑞英 汲晓锋

职业资格鉴定问答

问：什么是国家职业资格证书制度？

答：国家职业资格证书制度是劳动就业制度的一项重要内容，也是一种特殊形式的国家考试制度，它是指按照国家制定的职业技能标准或任职条件，通过政府认定的鉴定机构，对劳动者的技能水平或职业资格进行客观公正、科学规范地评价和鉴定，对合格者授予相应的国家职业资格证书。

问：职业资格证书分为几个等级？

答：1998 年我国正式确定了国家职业资格证书制度的等级设置为五个级别：

国家职业资格五级（初级），国家职业资格四级（中级），国家职业资格三级（高级），国家职业资格二级（技师级），国家职业资格一级（高级技师级）。

问：职业资格证书有哪些用途？

答：职业资格证书与学历文凭不同，职业资格证书与职业劳动的具体要求密切结合，更多地反映了特定职业的实际工作标准和规范，以及劳动者从事这种职业所达到的实际能力水平。它是劳动者求职、任职、开业的资格凭证，是用人单位招聘、录用劳动者的主要依据。

问：什么是职业技能鉴定？

答：职业技能鉴定的本质是一种考试，具有考试所有的共性特征。职业技能鉴定是专门以职业技能为着眼点的考试，是一种具有特定内容、特定手段和特定目的的考试。

不干，固然不会失败，也绝对不会成功。

守候希望

文/飞天蚂蚱

我们从这里启航
没有泪水也没有悲伤
相聚的日子
美丽又充满向往
回首往事
有苦涩也有芬芳
走在熟悉的小路上
我似乎迷失了方向
久久凝视着月光
那里有我们编织的梦想
为了它
我宁愿让年轻的心守候
希望
收获成果的时候
再去採——
那尘封已久的船浆

问：什么是就业准入制度？

答：就业准入是指根据《劳动法》和《职业教育法》的有关规定，对从事技术复杂、通用性广、涉及国家财产、人民生命安全和消费者利益的职业（工种）的劳动者，必须经过培训，并取得职业资格证书后方可就业上岗的制度。

一个成功的人是以幽默感对付挫折的。

——詹姆斯·海

教育信息报由哈铁学院学生会学习部主办、教务处指导，它是宣传校园文化、展示学子风采的重要途径，现向全院师生征集稿件，同时也恳请学院师生给予批评指正，相信我们的报纸一定能给大家带来更多的收获！投稿地点：(5) 道桥一班：陈敏丽

祝大家五一快乐！

参与编辑：冯伟健 杜秀明 嵇国华 邵大伟 张永亮 徐建国 王帅博

图 3.23.1 实训内容

实训要求

在 Word 程序中，建立图 3.23.1 所示的文档，纸张大小为 A3。

操作步骤

略。

实训 24 综合练习——毕业论文排版设计

实训目的

综合练习 Word 2010 的排版功能。

实训内容

在 Word 文档中输入图 3.24.1～图 3.24.14 所示格式和内容的文档，是实际毕业设计论文内容的删减版。

工程硕士学位论文

机器视觉与铁路货车超限监测的研究与应用

李□□

哈尔滨工业大学

2010 年 6 月

图 3.24.1　封面

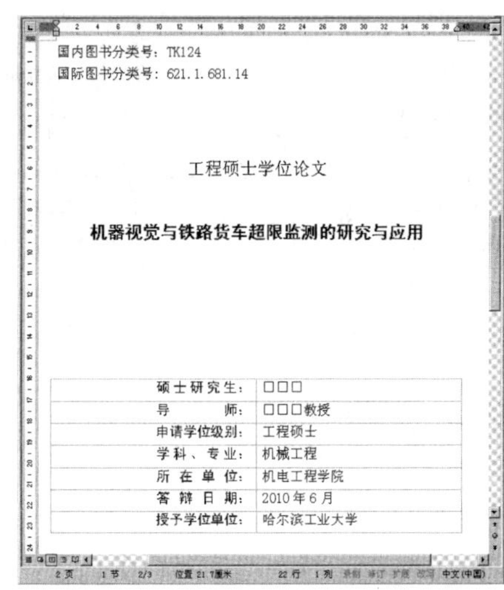

国内图书分类号：TK124
国际图书分类号：621.1.681.14

工程硕士学位论文

机器视觉与铁路货车超限监测的研究与应用

硕士研究生：	□□□
导　　师：	□□□教授
申请学位级别：	工程硕士
学科、专业：	机械工程
所在单位：	机电工程学院
答辩日期：	2010 年 6 月
授予学位单位：	哈尔滨工业大学

图 3.24.2　中文版内封

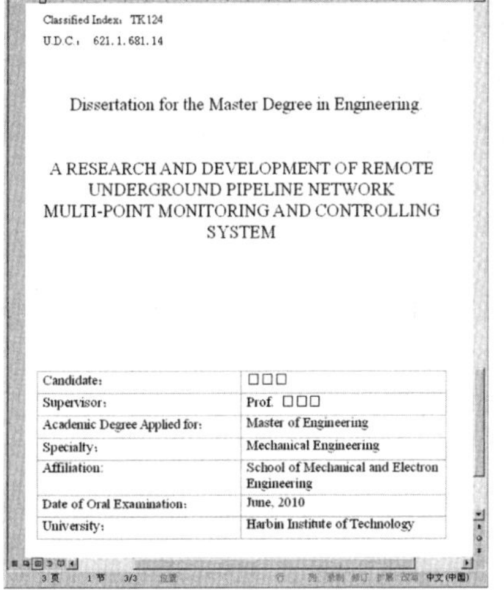

Classified Index: TK124
U.D.C.: 621.1.681.14

Dissertation for the Master Degree in Engineering

A RESEARCH AND DEVELOPMENT OF REMOTE UNDERGROUND PIPELINE NETWORK MULTI-POINT MONITORING AND CONTROLLING SYSTEM

Candidate:	□□□
Supervisor:	Prof. □□□
Academic Degree Applied for:	Master of Engineering
Specialty:	Mechanical Engineering
Affiliation:	School of Mechanical and Electron Engineering
Date of Oral Examination:	June, 2010
University:	Harbin Institute of Technology

图 3.24.3　英文版内封

图 3.24.4　中文版摘要

哈尔滨工业大学工学硕士学位论文

Abstract

Currently, In the process of freight train's loading and transporting groups, whether the vehicle is overloaded for the detection mainly through artificial measurement to complete. Commodity inspection personnel only use lever or sliding scale to measure loading width and height or even the visual experience after the vehicle came to a complete stop. Electrification is unable to check vehicles top, poor accuracy and missed large rate, can not meet the needs of cargo examination operation. Therefore, the application of trucks loading overloaded condition monitoring system in cargo inspection stations, and the use of advanced scientific and technological means to be fast, dynamic operation of the vehicle cargo loading process of the real-time status monitoring, timely find and treat potential safety problems, and ensure security in cargo transportation.

The paper researches the early two parts of Machine Vision——low level and middle level, which bases on Machine Vision, combines with image processing and image analysis. In the first part, it presents a threshold segmentation algorithm with image processing technology, to separate the target from the background and give the edge detection result of the target. In the second part, the main aim is to find the target's coordinate value in the World Coordinate System with some coordinate transforms. Two different methods are brought forward——camera emendation and coordinate transform. The later method is verified by the railway cargo monitoring experiments, it is proved that there is dispersion between the calculated value and the actual value because of the experimental condition, it should be improved further.

Because the condition of experiment interdicted, the theories that the goods of three's outline calculation value and actual monitor of the value margin, the accuracy can't be satisfied of the actual needing. So we must carry on the theories, the calculate way and the system improvements.

Keywords railway cargo, gauge-exceeding monitoring, Machine Vision, edge detection, coordinate transform

- II -

图 3.24.5　英文版摘要

图 3.24.6　目录

图 3.24.7　正文第一页

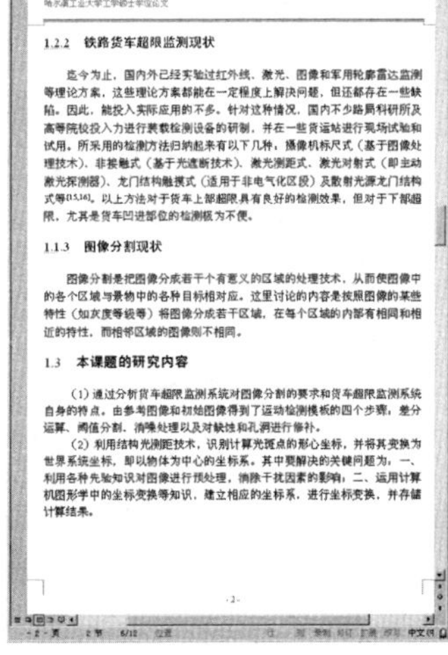

哈尔滨工业大学工学硕士学位论文

1.2.2　铁路货车超限监测现状

迄今为止，国内外已经实验过红外线、激光、图像和军用轮廓雷达监测等理论方案，这些理论方案都能在一定程度上解决问题，但还都存在一些缺陷。因此，能投入实际应用的不多。针对这种情况，国内不少路局科研所及高等院校投入力进行装载检测设备的研制，并在一些货运站进行现场试验和试用。所采用的检测方法归纳起来有以下几种：摄像机标尺式（基于图像处理技术）、非接触式（基于光遮断技术）、激光测距式、激光对射式（即主动激光探测器）、龙门结构触摸式（适用于非电气化区段）及散射光源龙门结构式等[15,16]。以上方法对于货车上部超限具有良好的检测效果，但对于下部超限，尤其是货车凹进部位的检测极为不便。

1.1.3　图像分割现状

图像分割是把图像分成若干个有意义的区域的处理技术，从而使图像中的各个区域与景物中的各种目标相对应。这里讨论的内容是按照图像的某些特性（如灰度等级等）将图像分成若干区域，在每个区域的内部有相同和相近的特性，而相邻区域的图像则不相同。

1.3　本课题的研究内容

（1）通过分析货车超限监测系统对图像分割的要求和货车超限监测系统自身的特点，由参考图像和初始图像得到了运动检测模板的四个步骤：差分运算、阈值分割、消噪处理以及对缺蚀和孔洞进行修补。

（2）利用结构光测距技术，识别计算光斑点的形心坐标，并将其变换为世界系统坐标，即以物体为中心的坐标系。其中要解决的关键问题为，一、利用各种先验知识对图像进行预处理，消除干扰因素的影响；二、运用计算机图形学中的坐标变换等知识，建立相应的坐标系，进行坐标变换，并存储计算结果。

- 2 -

图 3.24.8　正文第二页

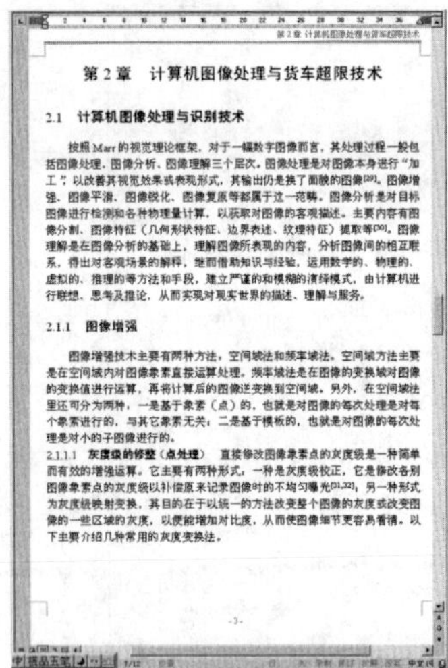

第2章 计算机图像处理与货车超限技术

第2章 计算机图像处理与货车超限技术

2.1 计算机图像处理与识别技术

按照 Marr 的视觉理论框架，对于一幅数字图像而言，其处理过程一般包括图像处理、图像分析、图像理解三个层次。图像处理是对图像本身进行“加工”，以改善其视觉效果或表现形式，其输出仍是换了面貌的图像[29]。图像增强、图像平滑、图像锐化、图像复原等都属于这一范畴。图像分析是对目标图像进行检测和各种物理量计算，以获取对图像的客观描述。主要内容有图像分割、图像特征（几何形状特征、边界表述、纹理特征）提取等[30]。图像理解是在图像分析的基础上，理解图像所表现的内容，分析图像间的相互联系，得出对客观场景的解释，继而借助知识与经验，运用数学的、物理的、虚拟的、推理的等方法和手段，建立严谨的和模糊的演绎模式，由计算机进行联想、思考及推论，从而实现对现实世界的描述、理解与服务。

2.1.1 图像增强

图像增强技术主要有两种方法，空间域法和频率域法。空间域方法主要是在空间域内对图像象素直接运算处理。频率域法是在图像的变换域对图像的变换值进行运算，再将计算后的图像逆变换到空间域。另外，在空间域法里还可分为两种，一是基于象素（点）的，也就是对图像的每次处理是对每个象素进行的，与其它象素无关；二是基于模板的，也就是对图像的每次处理是对小的子图像进行的。

2.1.1.1 **灰度级的修整（点处理）** 直接修改图像象素点的灰度级是一种简单而有效的增强运算。它主要有两种形式：一种是灰度级校正，它是修改各别图像象素点的灰度级以补偿原来记录图像时的不均匀曝光[31,32]；另一种形式为灰度级映射变换，其目的在于以统一的方法改变整个图像的灰度或改变图像的一些区域的灰度，以便能增加对比度，从而使图像细节更容易看清。以下主要介绍几种常用的灰度变换法。

-3-

图 3.24.9 正文第三页

哈尔滨工业大学工学硕士学位论文

2.1.2 二值形态学图像处理

二值形态学图像处理是从数学形态学下的集合论方法发展起来的。尽管它的基本运算很简单，但它们推广结合起来可以产生复杂得多的结果，并且它们适合于用相应的硬件构造查找表的方式，实现快速流水线处理。这种方法通常用于二值图像，但也可以扩展到灰度级图像的处理。

2.2 铁路货车超限的基本技术要求

为了确保机车车辆的运行安全，防止机车车辆在运行中与建筑物或设备相接触，铁路规定了各种限界，铁路限界主要包括：机车车辆限界，建筑接近限界（包括直线建筑限界、隧道建筑限界、桥梁建筑限界），《铁路超限货物运输规程》中采用的建筑接近限界和特定区域装载限界。其中，机车车辆限界和建筑接近限界是铁路的基本限界，属于国家标准，是铁路各业务部门必须共同遵循的基本技术标准。

2.2.1 机车车辆限界

机车车辆限界是机车车辆横断面的最大轮廓尺寸，也就是机车车辆在设计制造时，各部位距钢轨平面最高和距线路中心线所在垂直平面最宽尺寸的轮廓图[39]。使用敞车或平车装载货物时，除超限货物，以及特殊情况外，一般货物不得超出此轮廓线，所以机车车辆限界又是货物的装载限界。

2.2.2 建筑接近限界

为了保证机车车辆安全运行，线路附近的建筑物和设备在修建安装时，规定距轨面最低和距线路中心线最窄的标准，称为建筑接近限界。车和机车车辆必须有直接接触的设备（脱轨器、减速器、授受机、电力接触网等）之外，靠近线路的其他建筑物及设备进步的侵入该限界。我国铁路建筑接近限界（净空）尺寸是 1959 年 GB146-59 国家标准公布施行的（1983 年以 GB146·2-83 再次确认）。

-4-

图 3.24.10 正文第四页

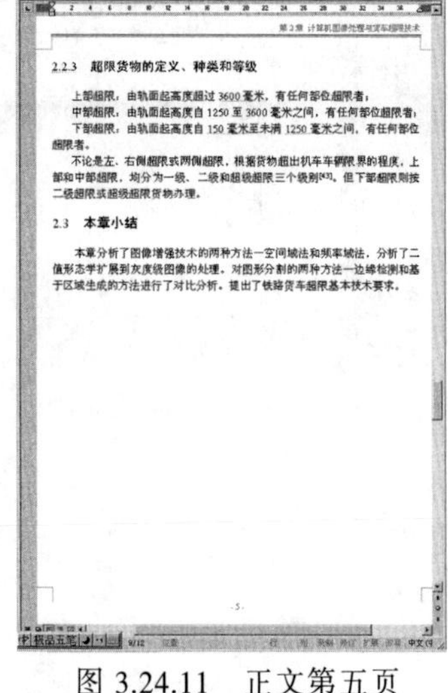

第2章 计算机图像处理与货车超限技术

2.2.3 超限货物的定义、种类和等级

上部超限：由轨面起高度超过 3600 毫米，有任何部位超限者；

中部超限：由轨面起高度自 1250 至 3600 毫米之间，有任何部位超限者；

下部超限：由轨面起高度自 150 毫米至未满 1250 毫米之间，有任何部位超限者。

不论是左、右侧超限或两侧超限，根据货物超出机车车辆限界的程度，上部和中部超限，均分为一级、二级和超级超限三个级别[43]。但下部超限则按二级超限或超级超限货物办理。

2.3 本章小结

本章分析了图像增强技术的两种方法—空间域法和频率域法，分析了二值形态学扩展到灰度级图像的处理。对图形分割的两种方法—边缘检测和基于区域生成的方法进行了对比分析。提出了铁路货车超限基本技术要求。

-5-

图 3.24.11 正文第五页

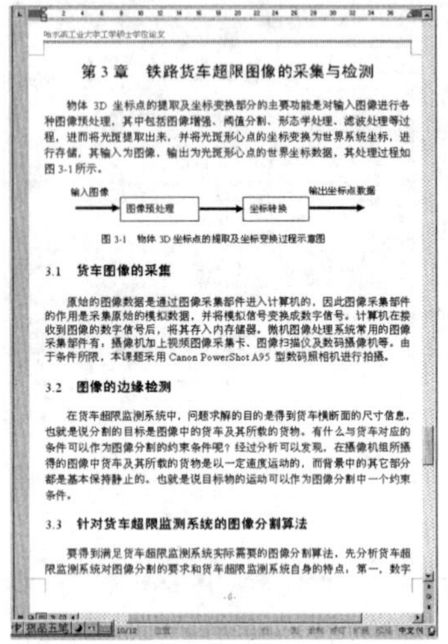

哈尔滨工业大学工学硕士学位论文

第3章 铁路货车超限图像的采集与检测

物体 3D 坐标点的提取及坐标变换部分的主要功能是对输入图像进行各种图像预处理，其中包括图像增强、阈值分割、形态学处理、滤波处理等过程，进而将光斑提取出来，并将光斑形心点的坐标变换为世界系统坐标，进行存储，其输入为图像，输出为光斑形心点的世界坐标数据，其处理过程如图 3-1 所示。

图 3-1 物体 3D 坐标点的提取及坐标变换过程示意图

3.1 货车图像的采集

原始的图像数据是通过图像采集部件进入计算机的，因此图像采集部件的作用是采集原始的模拟数据，并将模拟信号变换成数字信号。计算机在接收到图像的数字信号后，将其存入内存储器。微机图像处理系统常用的图像采集部件有：摄像机加上视频图像采集卡、图像扫描仪及数码摄像机等。由于条件所限，本课题采用 Canon PowerShot A95 型数码照相机进行拍摄。

3.2 图像的边缘检测

在货车超限监测系统中，问题求解的目的是得到货车横断面的尺寸信息，也就是说分割的目标是图像中的货车及其所载的货物。有什么与货车对应的条件可以作为图像分割的约束条件呢？经过分析可以发现，在摄像机组所摄得的图像中货车及其所载的货物是以一定速度运动的，而背景中的其它部分都是基本保持静止的。也就是说目标物的运动可以作为图像分割中一个约束条件。

3.3 针对货车超限监测系统的图像分割算法

要得到满足货车超限监测系统实际需要的图像分割算法，先分析货车超限监测系统对图像分割的要求和货车超限监测系统自身的特点，第一，数字

-6-

图 3.24.12 正文第六页

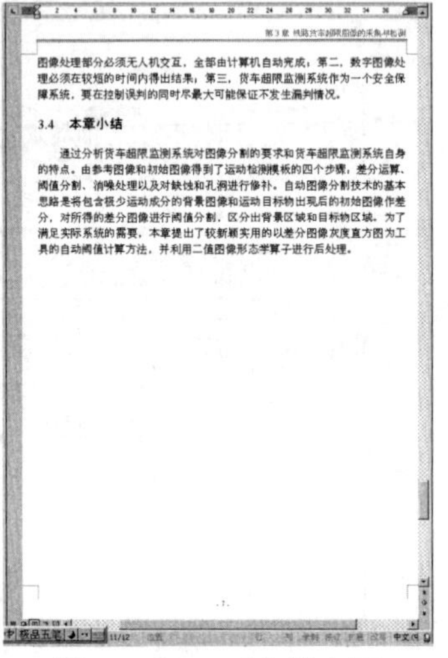

第3章 铁路货车超限图像的采集与检测

图像处理部分必须无人机交互，全部由计算机自动完成；第二，数字图像处理必须在较短的时间内得出结果；第三，货车超限监测系统作为一个安全保障系统，要在控制误判的同时尽最大可能保证不发生漏判情况。

3.4 本章小结

通过分析货车超限监测系统对图像分割的要求和货车超限监测系统自身的特点。由参考图像和初始图像得到了运动检测模板的四个步骤：差分运算、阈值分割、消噪处理以及对缺蚀和孔洞进行修补。自动图像分割技术的基本思路是将包含极少运动成分的背景图像和运动目标物出现后的初始图像作差分，对所得的差分图像进行阈值分割，区分出背景区域和目标物区域。为了满足实际系统的需要，本章提出了较新颖实用的以差分图像灰度直方图为工具的自动阈值计算方法，并利用二值图像形态学算子进行后处理。

-7-

图 3.24.13 正文第七页

哈尔滨工业大学工学硕士学位论文

结 论

本论文以新兴的机器视觉理论为基础，提出了基于有色结构光和图像处理相结合的铁路货车超限监测技术思想，以实现列车货物装载限界的计算机自动监测与判定为应用背景，研究了相关的计算机数字图像处理、图像分析等知识与算法，介绍了部分关键算法的 MATLAB 程序。为提高图像的处理速度，一些函数采用 Visual C++6.0 进行编制，再将其链接到原 MATLAB 主程序中。

1. 通过分析货车超限监测系统对图像分割的要求和货车超限监测系统自身的特点。由参考图像和初始图像得到了运动检测模板的四个步骤：差分运算、阈值分割、消噪处理以及对缺蚀和孔洞进行修补。为了满足实际系统的需要，本文提出了较新颖实用的以差分图像灰度直方图为工具的自动阈值计算方法，并利用二值图像形态学算子进行后处理。

2. 在机器中层视觉研究部分，总结出两种变换方法，一是按照摄像机标定的基本原理，通过一系列的矩阵运算得到各个变换参数，这可作为通用的处理方法，用在含有一组共面基准点的图像坐标变换中；

3. 根据本课题中图片拍摄的实际情况采用了一种更为简捷的方法，即坐标系变换法进行变换。实验证明，用该方法得到的物体 3D 坐标与实际测量坐标基本符合。

研究表明利用阵列点光源照射货车，利用三角布置摄像主轴的 CCD 摄像头获得照射到货车轮廓表面上的光斑阵列数字图像，提取光斑阵列形心坐标，按照机器视觉原理，重构光点对应货车外轮廓真实 3D 坐标，并进一步重构货车轮廓曲面，其技术思想是可行的，对于解决货车超限监测难题提供了一种可行技术途径，值得深入研究。

机器视觉作为一门相对较新的还不太成熟的学科，势必会引起越来越多的关注，应用也会日趋广泛。而本文只对机器视觉的前两个阶段进行研究，还未涉及机器高层视觉研究部分。

-8-

图 3.24.14 正文第八页

实训要求

（1）字体

全文所用字体要求为宋体。

（2）字号

章标题：小二号黑体。

节标题：小三号黑体。

条标题：四号黑体。

款、项标题：小四号黑体。

正　文：小四号宋体。

（3）封面格式

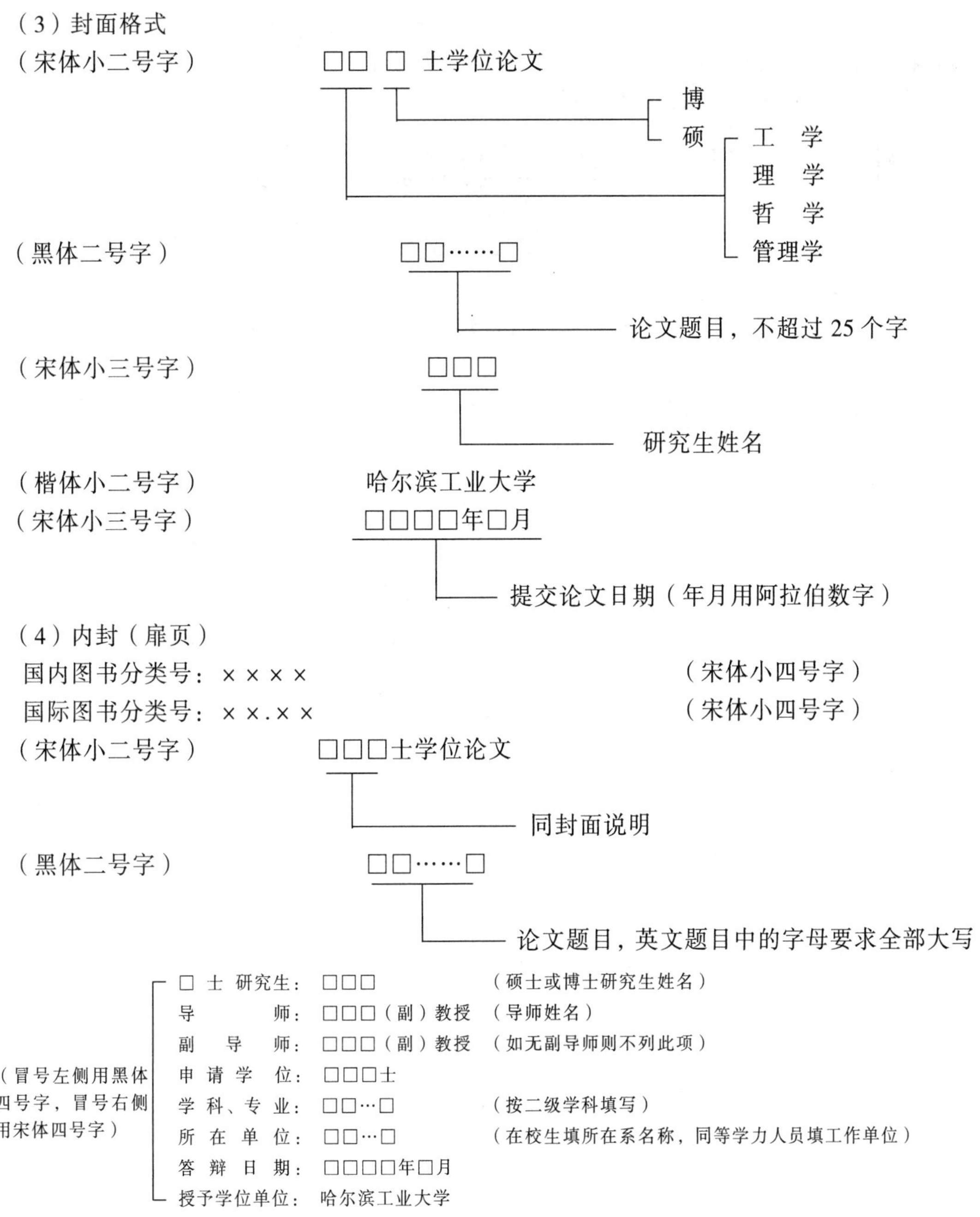

（5）页眉

学位论文除封面及内封外，各页均应加页眉，在版心上边线隔一行加粗、细双线（粗线在上，宽 0.8 mm）。奇数页眉为本章的题序及标题，偶数页眉为“哈尔滨工业大学工学硕士学位论文”。奇数页在右，偶数页在左。

（6）摘要及关键词

摘要题头应居中，字样如下：

摘　　要　　（小二号黑体）

然后隔行书写摘要的正文部分。摘要正文之后隔一行顶格书写：

关键词└┘（词）；（词）；…；（词）

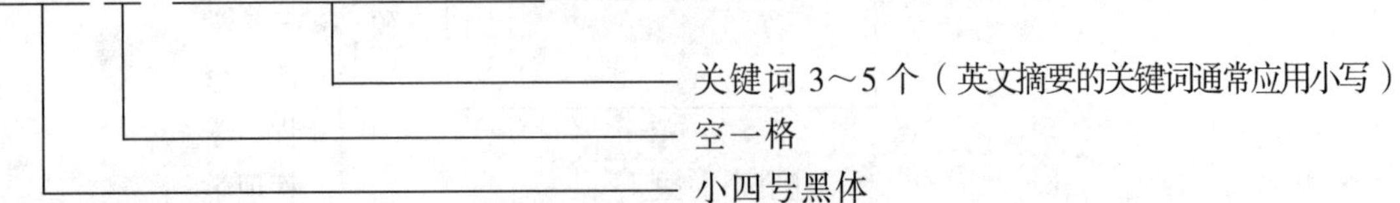

（7）目录

目录自动生成，各章题序及标题用小四号黑体，其余用小四号宋体。

（8）正文层次

正文层次的编排建议用表 3.24.1 所示的格式。

表 3.24.1　层次代号及说明

层次名称	示　　例	说　　明
章	第 1 章　□□……□	章序及章名居中排，章序用阿拉伯数字
节	1.1 └┘ □□……□	题序顶格书写，与标题间空一格，下面阐述内容另起一段
条	1.1.1 └┘ □□……□	
款	1.1.1.1 └┘ □□……□ └┘ □□……□□□……	题序顶格书写，与标题间空一格，下面阐述内容在标题后空一格接排
项	└┘ └┘（1）□□…□ └┘ □□…□□…□□□□……	题序空两格书写，以下内容接排
	↑ 版心左边线	↑ 版心右边线

注：各层次题序及标题不得置于页面的最后一行（孤行）。

略。

实训 25　制作工程试验用表

掌握工程试验用表的制作。

实训内容

在 Word 中制作工程试验用表 3.25.1～表 3.25.7。

表 3.25.1　水泥实训记录一

表号：铁建试录 001

批准文号：铁建设函〔2020〕27 号

样品编号__________　记录编号__________

品种等级__________　包装种类__________

出厂编号__________　厂名牌号__________

出厂日期__________　代表数量__________

委托编号__________　委托日期__________

仪器设备及环境条件	仪器设备名称	型号	管理编号	示值范围	分辨力	温度（℃）	相对湿度（%）
样品状态描述				采用标准			

（1）细度

测定日期	测定方法	序号	试样质量 W（g）	筛余物质量 R_s（g）	筛余百分数 F（%）	修正系数 C	修正后筛余百分数 F_c（%）	
							单 值	平均值
		1						
		2						

（2）密度

测定日期	序号	水泥试样质量 G（g）	李氏瓶中未加试样时无水煤油弯月面第一次读数 V_1（mL）	李氏瓶中加入试样后无水煤油弯月面第二次读数 V_2（mL）	水泥密度 ρ（g/cm^3） $\rho=G/(V_2-V_1)$	
					单 值	平均值
	1					
	2					

（3）比表面积

测定日期	序号	试料层体积 V（cm^3）	试样质量 W（g）	标准试样比表面积 S_S（cm^2/kg）	标准试样试验时间 T_S（s）	被测试样试验时间 T（s）	标准试样试验温度 t_s（℃）	被测试样试验温度 t（℃）	标准试样试验温度空气黏度 η_s（μPa·s）	被测试样试验温度空气黏度 η（μPa·s）	比表面积 S（cm^2/kg）		试验湿度（%）
											单值	平均值	
	1												
	2												

（4）标准稠度用水量

测定日期	测定方法	试样质量 W（g）	拌和水量（mL）	试杆距底版距离 S（mm）	试杆下沉深度 S（mm）	标准稠度用水量 P（%）

（5）凝结时间

测定日期	水泥全部加入水中时刻（h：min）	初凝时刻（h：min）	初凝时间（min）	终凝时刻（h：min）	终凝时间（min）

附注：

试验______　计算______　复核______

表 3.25.2 水泥实训记录二

表号：铁建试录 002

批准文号：铁建设函〔2020〕27 号

样品编号________ 记录编号________

品种等级________ 包装种类________

出厂编号________ 厂名牌号________

出厂日期________ 代表数量________

委托编号________ 委托日期________

（6）安定性

<table>
<tr><td>测定方法</td><td>制件日期</td><td>测定日期</td><td colspan="5">试件蒸煮/压蒸前后情况</td><td>测定结果</td></tr>
<tr><td>试饼法</td><td></td><td></td><td colspan="5"></td><td></td></tr>
<tr><td>压蒸法</td><td></td><td></td><td colspan="5"></td><td></td></tr>
<tr><td rowspan="4">雷氏法</td><td rowspan="4"></td><td rowspan="4"></td><td rowspan="2">试件号</td><td rowspan="2">A 值（mm）</td><td rowspan="2">C 值（mm）</td><td colspan="2">C−A 值（mm）</td><td rowspan="4"></td></tr>
<tr><td>单值</td><td>平均值</td></tr>
<tr><td>1</td><td></td><td></td><td></td><td rowspan="2"></td></tr>
<tr><td>2</td><td></td><td></td><td></td></tr>
</table>

（7）胶砂流动度

试验日期	水泥质量（g）	标准砂质量（g）	用水量（mL）	胶砂流动度（mm）

（8）胶砂抗折强度

<table>
<tr><td rowspan="2">制件
日期</td><td rowspan="2">试验
日期</td><td rowspan="2">龄期
（d）</td><td rowspan="2">棱柱体正方形截面边长 b（mm）</td><td rowspan="2">支撑圆柱之间距离 L（mm）</td><td rowspan="2">荷载 F_f（kN）</td><td colspan="2">抗折强度（MPa）
$R_f=1.5F_fL/b^3$</td></tr>
<tr><td>单块值</td><td>组值</td></tr>
<tr><td rowspan="3"></td><td rowspan="3"></td><td rowspan="3"></td><td rowspan="3"></td><td rowspan="3"></td><td></td><td></td><td rowspan="3"></td></tr>
<tr><td></td><td></td></tr>
<tr><td></td><td></td></tr>
<tr><td rowspan="3"></td><td rowspan="3"></td><td rowspan="3"></td><td rowspan="3"></td><td rowspan="3"></td><td></td><td></td><td rowspan="3"></td></tr>
<tr><td></td><td></td></tr>
<tr><td></td><td></td></tr>
</table>

（9）胶砂抗压强度

<table>
<tr><td rowspan="2">制件
日期</td><td rowspan="2">试验
日期</td><td rowspan="2">龄期
（d）</td><td rowspan="2">受压面积 A（mm^2）</td><td rowspan="2">荷载 F_c（kN）</td><td colspan="2">抗压强度 R_c（MPa）
$R_c=F_c/A$</td></tr>
<tr><td>单块值</td><td>组值</td></tr>
<tr><td rowspan="6"></td><td rowspan="6"></td><td rowspan="6"></td><td rowspan="6"></td><td></td><td></td><td rowspan="6"></td></tr>
<tr><td></td><td></td></tr>
<tr><td></td><td></td></tr>
<tr><td></td><td></td></tr>
<tr><td></td><td></td></tr>
<tr><td></td><td></td></tr>
</table>

附注：

试验________ 计算________ 复核________

表 3.25.3　水泥实训记录三

表号：铁建试录 003

批准文号：铁建设函〔2020〕27 号

样品编号________　记录编号________

品种等级________　包装种类________

出厂编号________　厂名牌号________

出厂日期________　代表数量________

委托编号________　委托日期________

（10）烧失量

测定日期	水泥试样质量 m（g）	灼烧后试样质量 m_1（g）	烧失量 X（%） $X=[(m-m_1)/m]\times 100$	矿渣水泥时修正为： X+吸收空气中氧的百分数

（11）三氧化硫含量

测定日期	试样质量 m（g）	灼烧后沉淀的质量 m_1(g)	三氧化硫含量 X_{SO_3}(%) $X_{SO_3}=(m_1\times 0.343/m)\times 100$	
			单 值	平均值

（12）氧化镁含量

测定日期	测定溶液中氧化镁的浓度 c_1（mg/mL）	测定溶液的体积 V（mL）	水泥试样质量 m（g）	全部试样溶液与所分取试样溶液的体积比 n	氧化镁的质量百分数 X_{MgO}（%） $X_{MgO}=(c_1\times V\times n\times 0.1)/m$	
					单值	平均值

（13）氯离子含量

测定日期	水泥试样质量 m（g）	每 1mL 硝酸汞准溶液相当于氯的毫克数 T_{Cl}（mg/mL）	空白试验消耗硝酸汞标准溶液的体积 V_1（mL）	滴定时消耗硝酸汞标准溶液的体积 V_2（mL）	氯离子含量 X_{Cl}（%） $X_{Cl}=T_{Cl}(V_2-V_1)\times 0.1/m$	
					单值	平均值
1						
2						

（14）游离氧化钙含量

测定日期	水泥试样质量 m（g）	每 1mL 盐酸标准滴定溶液相当于氧化钙的毫克数 T_{CaO}（mg/mL）	滴定时消耗盐酸标准滴定溶液的体积 V（mL）	游离氧化钙含量 X_{fCaO}(%) $X_{fCaO}=(T_{CaO}\times V\times 0.1)/m$	
				单值	平均值
1					
2					

（15）碱含量

测定日期	水泥试样质量 m（g）	按火焰光度计使用规程进行测定，在工作曲线上查出 100 mL 测定溶液中氧化钾的含量 m_1（g）	按火焰光度计使用规程进行测定，在工作曲线上查出 100 mL 测定溶液中氧化钠的含量 m_2（g）	氧化钾含量 X_{K_2O}（%） $X_{K_2O}=(m_1\times 0.1)/m$		氧化钠含量 X_{Na_2O}（%） $X_{Na_2O}=(m_2\times 0.1)/m$		碱含量 X（%） $X=X_{Na_2O}+0.658X_{K_2O}$
				单值	平均值	单值	平均值	
1								
2								

附注：

试验________　计算________　复核________

表 3.25.4 水泥试验报告

表号：铁建试报 01

批准文号：铁建设函〔2020〕27 号

委托单位		报告编号	
工程名称		委托编号	
施工部位		记录编号	
厂名牌号		品种等级	
包装种类		出厂编号	
代表数量		报告日期	

<table>
<tr><td colspan="2">试验项目</td><td>标准规定值</td><td>试验结果</td></tr>
<tr><td colspan="2">细度 F_c（%）</td><td></td><td></td></tr>
<tr><td colspan="2">密度 ρ（g/cm^3）</td><td></td><td></td></tr>
<tr><td colspan="2">比表面积 S（m^2/kg）</td><td></td><td></td></tr>
<tr><td colspan="2">标准稠度用水量 P（%）</td><td></td><td></td></tr>
<tr><td rowspan="2">凝结时间</td><td>初凝（min）</td><td></td><td></td></tr>
<tr><td>终凝（min）</td><td></td><td></td></tr>
<tr><td colspan="2">安定性</td><td></td><td></td></tr>
<tr><td colspan="2">胶砂流动度（mm）</td><td></td><td></td></tr>
<tr><td colspan="2">烧失量 X（%）</td><td></td><td></td></tr>
<tr><td colspan="2">三氧化硫含量 X_{SO_3}（%）</td><td></td><td></td></tr>
<tr><td colspan="2">氧化镁 X_{MgO}（%）</td><td></td><td></td></tr>
<tr><td colspan="2">氯离子含量 X_{Cl}（%）</td><td></td><td></td></tr>
<tr><td colspan="2">游离氧化钙 X_{CaO}（%）</td><td></td><td></td></tr>
<tr><td colspan="2">碱含量 X（%）</td><td></td><td></td></tr>
</table>

<table>
<tr><td rowspan="5">胶砂强度</td><td rowspan="3">项目
龄期</td><td colspan="5">抗折强度 R_f（MPa）</td><td colspan="8">抗压强度 R_c（MPa）</td></tr>
<tr><td rowspan="2">规定值</td><td colspan="3">单块值</td><td rowspan="2">实测组值</td><td rowspan="2">规定值</td><td colspan="6">单块值</td><td rowspan="2">实测组值</td></tr>
<tr><td>1</td><td>2</td><td>3</td><td>1</td><td>2</td><td>3</td><td>4</td><td>5</td><td>6</td></tr>
<tr><td>3 d</td><td></td><td></td><td></td><td></td><td></td><td></td><td></td><td></td><td></td><td></td><td></td><td></td><td></td></tr>
<tr><td>28 d</td><td></td><td></td><td></td><td></td><td></td><td></td><td></td><td></td><td></td><td></td><td></td><td></td><td></td></tr>
</table>

检测评定依据：	试验结论：

试验________ 复核________ 批准________ 单位（章）________

表 3.25.5　粗骨料实验报告

表号：铁建试报 02

批准文号：铁建设函〔2020〕27 号

委托单位＿＿＿＿＿＿＿＿＿＿　报告编号＿＿＿＿＿＿＿＿＿＿

工程名称＿＿＿＿＿＿＿＿＿＿　委托编号＿＿＿＿＿＿＿＿＿＿

施工部位＿＿＿＿＿＿＿＿＿＿　记录编号＿＿＿＿＿＿＿＿＿＿

样品产地＿＿＿＿＿＿＿＿＿＿　规格种类＿＿＿＿＿＿＿＿＿＿

代表数量＿＿＿＿＿＿＿＿＿＿　报告日期＿＿＿＿＿＿＿＿＿＿

试验项目		标准规定值	试验结果
表观密度 ρ（kg/m^3）			
堆积密度 ρ_L（kg/m^3）			
堆积空隙率 v_L（%）			
紧密密度 ρ_C（kg/m^3）			
紧密空隙率 v_c（%）			
含泥量 ω_c（%）			
泥块含量 $\omega_{c,1}$（%）			
针、片状颗粒含量（%）			
坚固性指标 δ_j（%）			
含水率 ω_{wc}（%）			
吸水率 ω_{wa}（%）			
三氧化硫含量 ω_{SO_3}（%）			
有机物含量判定			
压碎指标值 δa（%）	碎石		
	卵石		
岩石抗压强度 f（MPa）			

试验项目		标准规定值								试验结果			
颗粒级配	筛孔尺寸（mm）												
	标准规定累计筛余（%）												
	实际累计筛余（%）												
	符合公称粒级							最大粒径（mm）					

检测评定依据：	试验结论：

试验＿＿＿＿　复核＿＿＿＿　批准＿＿＿＿　单位（章）＿＿＿＿

表 3.25.6 混凝土用骨料碱活性试验报告

表号：铁建试报 03

批准文号：铁建设函〔2020〕27 号

委托单位________________ 报告编号________________

工程名称________________ 委托编号________________

施工部位________________ 记录编号________________

样品产地________________ 规格种类________________

代表数量________________ 报告日期________________

<table>
<tr><td>试验方法</td><td colspan="5">试验结果</td></tr>
<tr><td rowspan="7">岩相法</td><td colspan="2">主要矿物</td><td colspan="2">碱活性矿物</td><td rowspan="2">显微照片及说明</td></tr>
<tr><td>成分</td><td>含量（%）</td><td>名称</td><td>占样品总质量百分率（%）</td></tr>
<tr><td></td><td></td><td></td><td></td><td rowspan="2"></td></tr>
<tr><td></td><td></td><td></td><td></td></tr>
<tr><td></td><td></td><td></td><td></td><td rowspan="3"></td></tr>
<tr><td></td><td></td><td></td><td></td></tr>
<tr><td></td><td></td><td></td><td></td></tr>
<tr><td rowspan="5">砂浆棒法</td><td>水泥碱含量（%）</td><td>砂浆水灰比 W/C</td><td>试件龄期（d）</td><td>试件膨胀率（%）</td><td>外观变化情况</td></tr>
<tr><td rowspan="4"></td><td rowspan="4"></td><td></td><td></td><td></td></tr>
<tr><td></td><td></td><td></td></tr>
<tr><td></td><td></td><td></td></tr>
<tr><td></td><td></td><td></td></tr>
<tr><td rowspan="2">化学法</td><td colspan="3">碱活性骨料判定条件</td><td>c（SiO₂）（mol/L）</td><td>c（NaOH）（mol/L）</td></tr>
<tr><td colspan="3">① c（NaOH）>0.070mol/L；
且 c（SiO_2）$>c$（NaOH）。
② c（NaOH）<0.070mol/L；
且 c（SiO_2）$>0.035+0.5c$（NaOH）。</td><td></td><td></td></tr>
<tr><td rowspan="5">岩石柱法</td><td colspan="2">试件尺寸（mm）</td><td>试件浸泡龄期（d）</td><td>试件膨胀率（%）</td><td>外观变化情况</td></tr>
<tr><td colspan="2"></td><td></td><td></td><td></td></tr>
<tr><td colspan="2"></td><td></td><td></td><td></td></tr>
<tr><td colspan="2"></td><td></td><td></td><td></td></tr>
<tr><td colspan="2"></td><td></td><td></td><td></td></tr>
<tr><td colspan="3">检测评定依据：</td><td colspan="3">试验结论：</td></tr>
</table>

试验________ 复核________ 批准________ 单位（章）________

表 3.25.7　轻骨料试验报告

表号：铁建试报 04

批准文号：铁建设函〔2020〕27 号

委托单位		报告编号	
工程名称		委托编号	
使用部位		记录编号	
样品产地		规格种类	
代表数量		报告日期	

（1）颗粒级配

筛孔尺寸（mm）	530	375	315	265	190	160	9.50	4.75	2.36	1.18	0.600	0.300	0.150	筛出	散失
标准规定累计筛余（%）															
实际累计筛余（%）															
最大粒径（mm）							细度模数 M_X								

（2）其他指标

试验项目	试验结果	试验项目	试验结果
堆积密度 ρ_s（kg/m^3）		轻粗骨料黏土块含量 ω_c（%）	
轻粗骨料表观密度 ρ_a（kg/m^3）		轻骨料烧失量 ω_s（%）	
轻粗骨料空隙 v（%）		平均粒型系数 $\bar{Ke}$	
轻粗骨料干燥筒压强度 f_a（MPa）		轻骨料吸水率 ω_a（%）	
轻粗骨料浸水 1h 筒压强度 f_t（MPa）		轻粗骨料煮沸质量损失 ω_f（%）	
软化系数 ψ		轻骨料中三氧化硫含量 ω_{SO_3}（%）	
轻粗骨料含泥量 ω_c(%)		轻骨料中有机物含量判定	
检测评定依据		试验结论：	

试验________　复核________　批准________　单位（章）________

实训要求

各表格纸张大小均为 A4。表标题用小三号方正姚体；表中用字为宋体五号。

操作步骤

略。

第4章 电子表格处理软件Excel 2010

实训1　Excel的基本操作

实训目的

① 掌握 Excel 的启动和退出方法。
② 掌握 Excel 文件的新建、打开和保存方法。
③ 熟悉 Excel 的基本界面。
④ 掌握 Excel 数据的输入方法。
⑤ 掌握 Excel 工作表的编辑方法。

实训内容

输入如表 4.1.1 所示的数据。

表 4.1.1　实 训 内 容

编号	职工姓名	职　务	基本工资	加班金额	失业保险金	养老保险金	扣款合计	实发金额
1	李辉	部门经理	5,000.00	0.00	50.00	70.00		
2	梁宗昆	项目经理	4,000.00	0.00	40.00	56.00		
3	王旭东	项目经理	4,000.00	0.00	40.00	56.00		
4	郝艳芬	工程师	3,000.00	100.00	30.00	42.00		
5	卢强	工程师	3,000.00	160.00	30.00	42.00		
6	李日源	工程师	3,000.00	0.00	30.00	42.00		
7	王岗	工程师	3,000.00	80.00	30.00	42.00		

实训要求

① 在 Excel 中输入数据。

② 在 Excel 中输入文本。

③ 保存 Excel 文件。

操作步骤

1. Excel 的启动和退出

Excel 的启动和 Word 的启动是一样的，可以通过快捷方式，也可以通过双击一个 Excel 文件启动。

单击“开始”按钮，选择“所有程序”→“Microsoft Office”→“Microsoft Excel 2010”命令，即可启动 Excel。

退出 Excel 有两种方法：

① 单击 Excel 窗口的“关闭”按钮。

② 选择“文件”选项卡中的“退出”命令。

2. 熟悉 Excel 工作界面

Excel 的工作界面如图 4.1.1 所示，它包括以下几个部分：

① 标题栏：显示当前 Excel 工作簿的文件名。

② 功能区：包括“文件”“开始”“插入”“页面布局”“公式”“数据”“审阅”“视图”“加载项”等选项卡。

③ 按钮组：由小图标按钮组成。

④ 名称框/编辑栏：显示当前单元格中输入/编辑的数据。

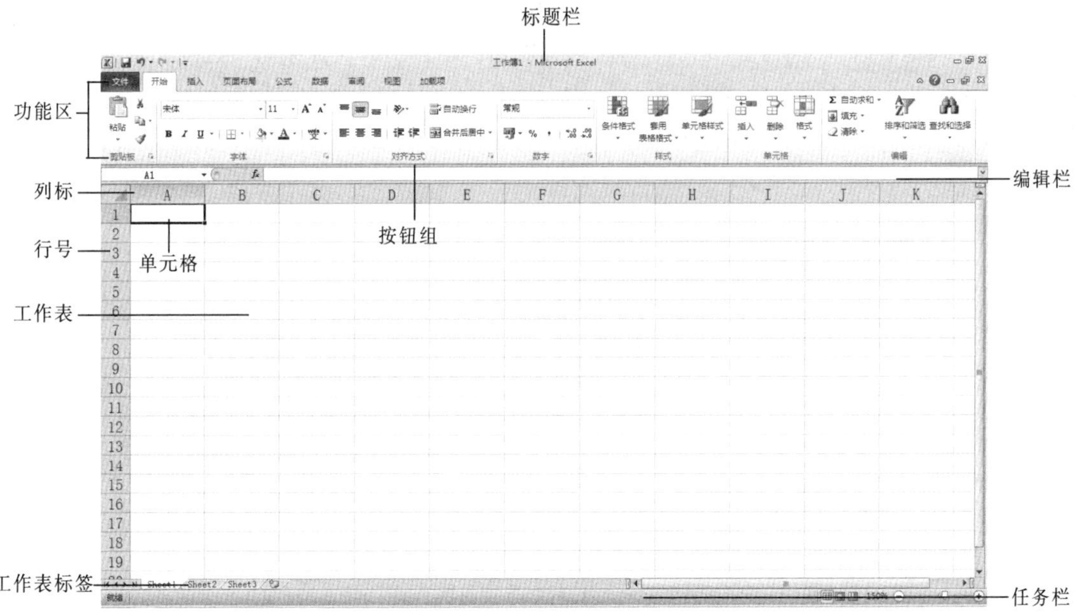

图 4.1.1　Excel 的工作界面

⑤ 任务栏：指导快速创建 Excel 表格。

⑥ 单元格：组成工作表的方格，是存放数据和公式进行运算的基本单元，每个单元格都有唯一的列标和行号，每张工作表的行数最多有 1 048 576 行，列数最多为 16 384 列。

⑦ 列标：标记单元格列的字母。

⑧ 行号：标记单元格行的数字。

⑨ 工作簿：若干个工作表（Sheet）组成的 Excel 文件，每个工作表都有一个选项卡，代表这个工作表的名称，工作表由单元格所组成。

3. Excel 表格的新建、打开和保存

（1）新建工作表

① 选择“文件”选项卡中的“新建”命令，打开默认名为“工作簿 1”的新工作簿。

② 右击 Sheet3 工作表，在弹出的快捷菜单中选择“插入”→“工作表”命令，插入新的工作表。

（2）保存工作表

① 使“工作簿 1”成为当前工作簿，单击“保存”按钮或选择“文件”选项卡中的“保存”命令，弹出“另存为”对话框。

② 使“工作簿 1”成为当前工作簿，选择“文件”选项卡中的“另存为”命令，弹出“另存为”对话框。

（3）打开工作表

单击“打开”按钮或选择“文件”选项卡中的“打开”命令，弹出“打开”对话框，选择一个 Excel 工作簿。

4. 输入数据

① 单击快捷访问工具栏中的“新建”按钮，打开默认名为“工作簿 1”的新工作簿。

② 单击 Sheet1 工作表，使 Sheet1 工作表为当前工作表，即处于可操作状态。

③ 依次单击相应的单元格，输入表 4.1.1 中的数据。

数据输入结束后，选中 D2:G8 单元格区域并右击，在弹出的快捷菜单中选择“设置单元格格式”命令（或单击“开始”选项卡“数字”组右下角的“对话框启动器”按钮），弹出“设置单元格格式”对话框，如图 4.1.2 所示。在“分类”列表框中选择“数值”，“小数位数”下拉框选择默认值“2”，选中“使用千位分隔符”复选框，单击“确定”按钮，完成数据格式的设置。

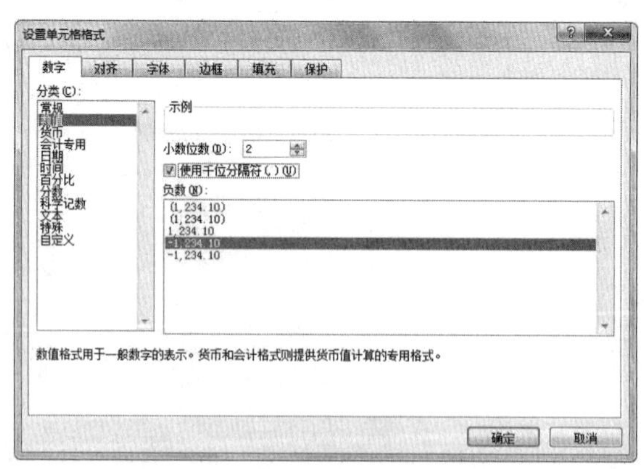

图 4.1.2 “设置单元格格式”对话框

选择“文件”选项卡中的“保存”命令，弹出“另存为”对话框，选择存储目录，输入文件名“基础数据”。

提 示

此数据库以后将用到。

5. 工作表的编辑

在第 3～4 行之间插入一行，然后撤销插入操作；在 C～D 列之间插入一列，然后删除该列。

具体操作如下：

① 右击第 3 行上的任意一个单元格（如 D3），在弹出的快捷菜单中选择“插入”命令，弹出“插入”对话框。

② 选中“整行”单选按钮后单击“确定”按钮，则从原来的第 4 行开始，以后各行的行号自动加 1，插入的行为第 4 行。

③ 单击“取消”按钮，撤销插入操作。

④ 右击 C 列上的任一单元格（如 C3），在弹出的快捷菜单中选择“插入”命令，弹出图 4.1.3 所示的“插入”对话框。

⑤ 选中“整列”单选按钮后单击“确定”按钮，则从原来的第 C 列开始，以后各列的列号自动后移，插入的列为 C 列。

⑥ 右击 C4 单元格，在弹出的快捷菜单中选择“删除”命令，弹出图 4.1.4 所示的“删除”对话框，从中选择一种删除方式后单击“确定”按钮。删除操作正好与插入操作结果相反。

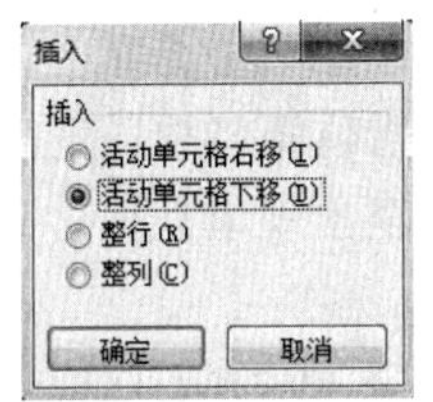

图 4.1.3 “插入”对话框

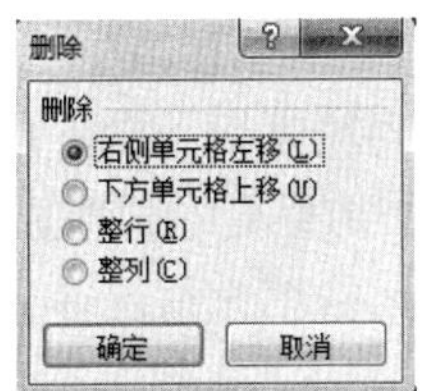

图 4.1.4 “删除”对话框

6. 区域操作

区域操作主要包括单元格的选定、连续区域的选定、不连续区域的选定和三维区域的选定。

选取 A1～B2 以及 C3～D4 单元格，然后取消选择；选择第 3、4 行和第 C、D 列；选择整个 C 列第 3 行左边上部区域即 A1～C3；选择整个 C 列第 3 行右边下部有效区域，即 C3～F5；同时选定 Sheet1 和 Sheet2 的第 3 行。

具体操作如下：

① 单击 A1 单元格并将其拖动到 B2 单元格；按住【Ctrl】键，单击 C3 单元格，并拖动到 D4 单元格。

② 单击其他任意处取消选择。

③ 单击第 3 行行号，用鼠标拖动到第 4 行，选中第 3、4 行，按住【Ctrl】键的同时单击 C 列列标，拖动到 D 列，即同时选中第 3、4 行和第 C、D 列。

④ 单击其他任意处取消选择。

⑤ 单击 C3 单元格，按【Ctrl+Shift】组合键，按【↑】键选定 C1～C3，按【←】键选定 A1～C3。

⑥ 单击 C3 单元格，按住【Shift】的同时，按【→】键选定 C3～A5，再按【↓】键选定 C3～F5。

⑦ 单击其他任意处取消选择。

⑧ 选定第 3 行，按住【Shift】键的同时单击 Sheet2 工作表，则同时选定 Sheet1 和 Sheet2 的第 3 行。

⑨ 要放弃其中某个表的选择，直接单击该表被选中区域外的任意处即可。

7. 编辑单元格

采用多种方法删除“基本工资”“加班金额”“失业保险金”“养老保险金”，分别用“工资1”“工资2”“扣款1”“扣款2”来代替。

具体操作如下：

① 单击“基本工资”单元格，输入“工资1”后按【Enter】键，“工资1”取代“基本工资”。

② 单击“加班金额”单元格，按【Delete】键删除“加班金额”，输入“工资2”后按【Enter】键。

③ 在“失业保险金”单元格中双击，光标定位在该单元格，用【Delete】键或【Backspace】键删除“失业保险金”，输入“扣款1”后按【Enter】键。

④ 单击“养老保险金”单元格后按【Backspace】键删除“养老保险金”，输入“扣款2”后按【Enter】键。

8. 序列填充的应用

① 输入“编号”序列时，可以应用序列填充实现。

输入编号1后，将鼠标移动到该单元格的右下角，光标变成“黑十字”形状，称为“填充柄”，按住【Ctrl】键的同时向下拖动鼠标，在拖动过程中数字递增，递增到7时，释放鼠标即可。

② 在两个连续的空白单元格中，分别输入1、4，选中这两个单元格，将鼠标移动到该选定区域的右下角，出现填充柄，向下或向右拖动鼠标至适当位置释放，观察单元格填充情况。

③ 在空白单元格中输入文本“星期一”，移动鼠标直至出现填充柄，分别向上、下、左、右拖动鼠标，观察单元格填充情况。

④ 自定义序列。选择“文件”选项卡中“选项”命令，弹出“Excel选项”对话框，选择“高级”选项，单击右侧的“编辑自定义列表”按钮，弹出图4.1.5所示的“自定义序列”对话框。在“输入序列”列表框中输入“中国,黑龙江,哈尔滨,平房区,哈南第二大道,哈尔滨铁道职业技术学院”，输入完毕后单击“添加”按钮，输入的序列自动添加到左侧的“自定义序列”列表框中，如图4.1.6所示。单击“确定”按钮完成设置。

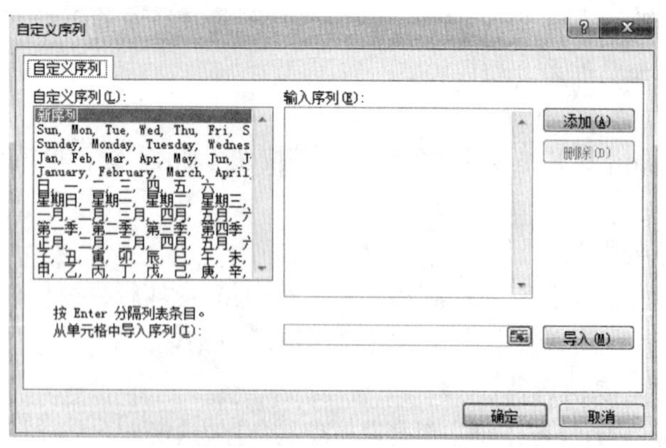

图4.1.5 “自定义序列”对话框

在工作表空白单元格中输入文本“哈尔滨”，移动鼠标直至该单元格的填充柄出现，分别向上、下、左、右拖动鼠标，填充自定义的序列。

注 意

在自定义序列时，输入序列文本过程中，所输入的逗号必须在英文状态下输入，不能是中文逗号。

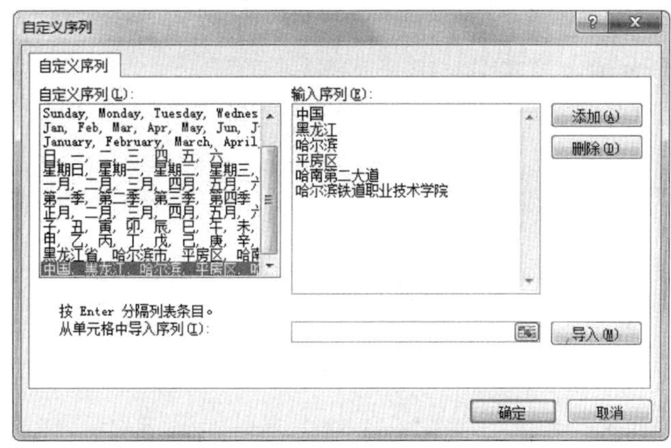

图 4.1.6　添加的自定义序列

实训 2　在 Excel 中运用公式

实训目的

① 掌握 Excel 表格中公式的运用方法。

② 掌握数据的求和及平均值运算方法。

③ 掌握函数的运用方法。

④ 掌握“相对引用”和“绝对引用”的应用。

⑤ 掌握单元格格式的设置。

⑥ 熟悉选择性粘贴的应用。

实训内容

打开本章实训 1 中保存的表格，运算的最终结果如图 4.2.1 所示。

	A	B	C	D	E	F	G	H	I
1	编号	职工姓名	职务	基本工资	加班金额	失业保险金	养老保险金	扣款合计	实发金额
2	1	李辉	部门经理	5,000.00	0.00	50.00	70.00	120.00	4,880.00
3	2	梁宗昆	项目经理	4,000.00	0.00	40.00	56.00	96.00	3,904.00
4	3	王旭东	项目经理	4,000.00	0.00	40.00	56.00	96.00	3,904.00
5	4	郝艳芬	工程师	3,000.00	100.00	30.00	42.00	72.00	3,028.00
6	5	卢强	工程师	3,000.00	160.00	30.00	42.00	72.00	3,088.00
7	6	李日源	工程师	3,000.00	0.00	30.00	42.00	72.00	2,928.00
8	7	王岗	工程师	3,000.00	80.00	30.00	42.00	72.00	3,008.00
9	总计			25,000.00	340.00	250.00	350.00	600.00	24,740.00
10	平均			3,571.43	48.57	35.71	50.00		

图 4.2.1　运算的最终结果

实训要求

① 打开本章实训 1 中保存的表格。

② 合并 A9、B9 单元格，输入文本。

③ 合并 A10、B10 单元格，输入文本。

④ 运用公式计算 H2、I2、D9、D10 中的结果。

⑤ 通过填充求出其他数值。

⑥ 编辑图 4.2.2 所示的表格内容。

⑦ 将 H2～I9 单元格的内容粘贴到 J1 单元格中，以纯文本的形式粘贴到 L1 单元格中。

	A	B	C	D	E	F	G
1	书店售书情况一览表	序号	书名	出版社	定价（元）	售量（本）	销售收入（元）
2		001	尘埃落定	人民文学出版社	22	32	
3		002	长恨歌	作家出版社	20	45	
4		003	策划中国	中国经济出版社	22	18	
5		004	情绪管理	中国物资出版社	20	67	
6		005	物业管理	中国经济出版社	19	82	

图 4.2.2 基本内容的输入

1. 打开“基础表格”

选择“文件”选项卡中的“打开”命令，弹出“打开”对话框，选择本章实训 1 中的“基础表格”，如图 4.2.3 所示。

编号	职工姓名	职务	基本工资	加班金额	失业保险金	养老保险金	扣款合计	实发金额
1	李辉	部门经理	5,000.00	0.00	50.00	70.00		
2	梁宗昆	项目经理	4,000.00	0.00	40.00	56.00		
3	王旭东	项目经理	4,000.00	0.00	40.00	56.00		
4	郝艳芬	工程师	3,000.00	100.00	30.00	42.00		
5	卢强	工程师	3,000.00	160.00	30.00	42.00		
6	李日源	工程师	3,000.00	0.00	30.00	42.00		
7	王岗	工程师	3,000.00	80.00	30.00	42.00		

图 4.2.3 基础表格

选择 A9、B9 单元格，单击“开始”选项卡“单元格”组的“格式”下拉列表框中的“设置单元格格式”按钮，弹出“设置单元格格式”对话框，如图 4.2.4 所示，选择“对齐”选项卡，选中“合并单元格”复选框。此时会把 A9、B9 两个单元格合并为一个单元格，输入“总计”。

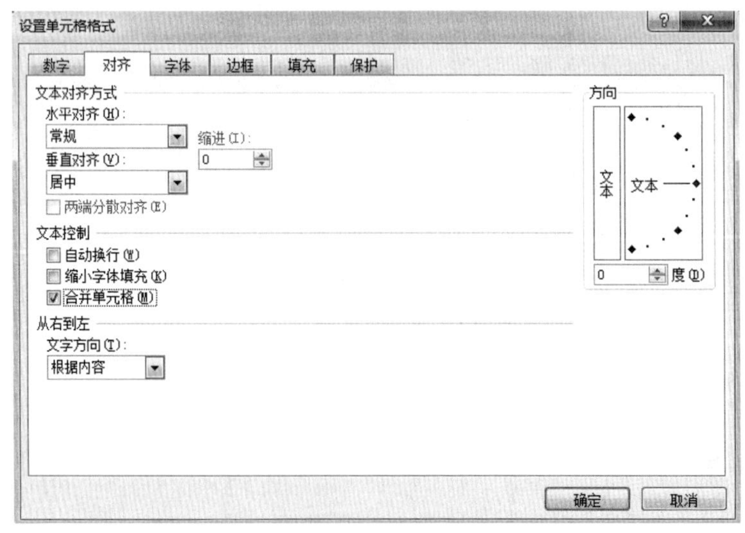

图 4.2.4 “设置单元格格式”对话框

根据上述操作，合并 A10、B10 两个单元格，输入“平均”。

2. 运用公式与常用函数

在“扣款合计”一列上求出扣款数，在“实发金额”一列上求出实发金额（基本工资+加班金额-失业保险金-养老保险金）。在“总计”一行统计对应列上的数据和，在“平均”一行求出基本工资、失业保险金、养老保险金、实发金额的平均值。

（1）按行求“扣款合计”

具体操作如下：

① 选择 H2：I2 单元格区域并右击，在弹出的快捷菜单中选择“设置单元格格式”命令（或单击“开始”选项卡“数字”组右下角的“对话框启动器”按钮），弹出“设置单元格格式”对话框，如图 4.2.4 所示。在“分类”列表框中选择“数值”，“小数位数”选择默认值“2”，选中“使用千位分隔符”复选框，单击“确定”按钮，完成数据格式的设置。

② 选中 H2 单元格，在编辑栏中输入“=F2+G2”，需要注意的是，必须先输入“=”，按【Enter】键，则在 H2 单元格内显示结果。

③ 单击 H2 单元格，拖动填充柄至 H8 单元格，则 H3～H8 单元格显示结果。

分别单击 H3～H8 单元格，从编辑栏观察单元格计算公式的变化。

（2）按行求“实发金额”

具体操作如下：

① 单击 I2 单元格，在编辑栏中输入“=D2+E2-F2-G2”，按【Enter】键，则在 I2 单元格内显示结果。

② 单击 I2 单元格，拖动填充柄至 I8 单元格，则 I3～I8 单元格显示结果。

③ 分别单击 I3～I8 单元格，从编辑栏观察单元格计算公式的变化。

（3）按列求“总计”

具体操作如下：

① 单击 D9 单元格，在编辑栏内输入“=D1+D2+D3+D4+D5+D6+D7+D8”后按【Enter】键或者输入“=SUM(D1:D8)”按【Enter】键，则在 D9 单元格内显示结果。

② 单击 D9 单元格，拖动填充柄至 I9 单元格，则 D9～I9 单元格显示结果。

③ 分别单击 D9～I9 单元格，从编辑栏观察单元格计算公式的变化。

（4）按列求“平均”

具体操作如下：

① 单击 D10 单元格，然后单击“公式”选项卡中的“插入函数”按钮，弹出“插入函数”对话框，如图 4.2.5 所示。

② 在“选择函数”列表框中选择“AVERAGE”函数，单击“确定”按钮，弹出“函数参数”对话框，如图 4.2.6 所示。

③ 在 Number1 栏输入“D2～D8”或者单击按钮，用鼠标选择“D2～D8”，单击“确定”按钮，则 D10 单元格显示函数值。

④ 拖动填充柄至 G10 单元格，则 D10～G10 单元格显示结果。分别单击 D10～G10 单元格，从编辑栏观察单元格计算公式的变化。

最终效果如图 4.2.1 所示。

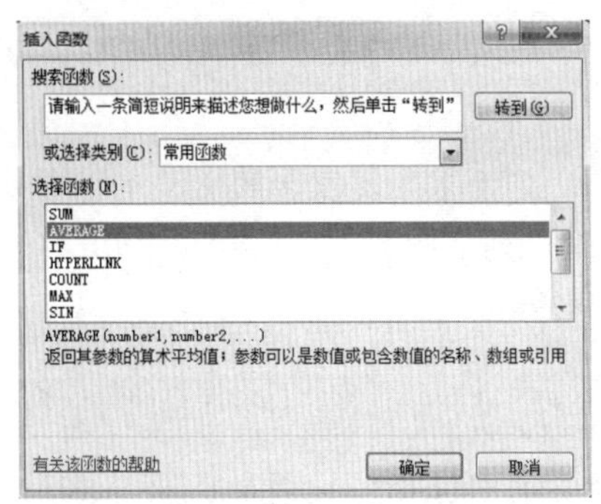

图 4.2.5 “插入函数”对话框

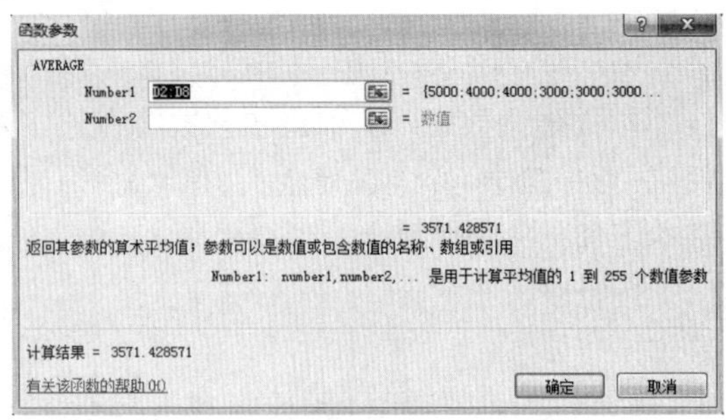

图 4.2.6 “函数参数”对话框

3. 相对引用、绝对引用和混合引用

在基础表格上添加如下数据：基本工资上涨 10%。

① 分别在 J1、K1、L1 中输入“相对引用”“绝对引用”和“混合引用”。

② 相对引用的使用：选中 J2 单元格，输入“=D2*0.1”后按【Enter】键，单击 J2 单元格，拖动填充柄从 J2 至 J8。

③ 绝对引用的使用：选中 K2 单元格，输入“=$D$2*0.1”后按【Enter】键，单击 K2 单元格，拖动填充柄从 K2 至 K8。

④ 混合引用的使用：选中 L2 单元格，输入“=$D2*0.1”后按【Enter】键，单击 L2 单元格，拖动填充柄从 L2 至 L8。结果如图 4.2.7 所示。

⑤ 相对引用和绝对引用的差别。依次单击 J2～J8、K2～K8 单元格，可以发现采用绝对引用后，引用的单元格不会发生变化，而采用相对引用时，被引用的单元格随着目标单元格的变化而变化。

单击 J3 单元格，其中的公式为“=D3*0.1”。

单击 K4 单元格，其中的公式为“=$D$3*0.1”，公式没有变化。

D	E	F	G	H	I	J	K	L
基本工资	加班金额	失业保险金	养老保险金	扣款合计	实发金额	相对引用	绝对引用	混合引用
5,000.00	0.00	50.00	70.00	120.00	4,880.00	500	500	500
4,000.00	0.00	40.00	56.00	96.00	3,904.00	400	500	400
4,000.00	0.00	40.00	56.00	96.00	3,904.00	400	500	400
3,000.00	100.00	30.00	42.00	72.00	3,028.00	300	500	300
3,000.00	160.00	30.00	42.00	72.00	3,088.00	300	500	300
3,000.00	0.00	30.00	42.00	72.00	2,928.00	300	500	300
3,000.00	80.00	30.00	42.00	72.00	3,008.00	300	500	300
25,000.00	340.00	250.00	350.00	600.00	24,740.00			
3,571.43	48.57	35.71	50.00					

图 4.2.7 相对引用、绝对引用和混合引用

4. 单元格格式的应用

输入图 4.2.2 所示的内容，输入完毕后效果如图 4.2.8 所示。

① 设置各单元格的字号和字形。

	A	B	C	D	E	F	G
1	书店售书情况一览表	序号	书名	出版社	定价（元）	售量（本）	销售收入（元）
2		001	尘埃落定	人民文学出版社	22	32	
3		002	长恨歌	作家出版社	20	45	
4		003	策划中国	中国经济出版社	22	18	
5		004	情绪管理	中国物资出版社	20	67	
6		005	物业管理	中国经济出版社	19	82	

图 4.2.8 单元格格式的应用

② 合并 A1～A6 单元格，选中合并后的单元格，单击“开始”选项卡“单元格”组的“格式”下拉列表框中的“设置单元格格式”按钮，弹出“设置单元格格式”对话框，选择“对齐”选项卡，如图 4.2.9 所示。在“方向”选项组中选择竖排文本，在“水平对齐”和“垂直对齐”下拉列表框中均选择“居中”，单击“确定”按钮完成设置。

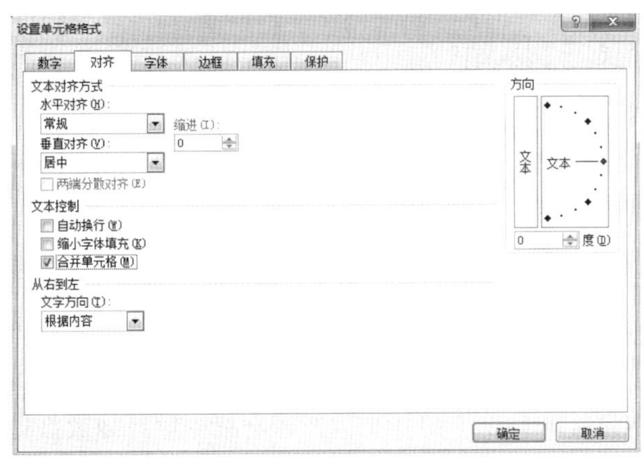

图 4.2.9　“对齐”选项卡

③ 选中 E1、F1、G1 单元格，重复执行步骤②，打开“设置单元格格式”对话框，如图 4.2.9 所示。选中“文本控制”选项组中的“自动换行”复选框，单击“确定”按钮完成设置。

④ 选中 B2、B3、B4、B5、B6 单元格，重复执行步骤②，打开“设置单元格格式”对话框，如图 4.2.9 所示。设置“方向”中的“度”为“20”，单击“确定”按钮完成设置。

5. 粘贴与选择性粘贴的应用

进行复制操作时，可以只复制单元格的格式、批注等。对此只需在执行粘贴操作时选择“选择性粘贴”命令。右击目标单元格，在弹出的快捷菜单中选择“选择性粘贴”命令，如图 4.2.10 所示。

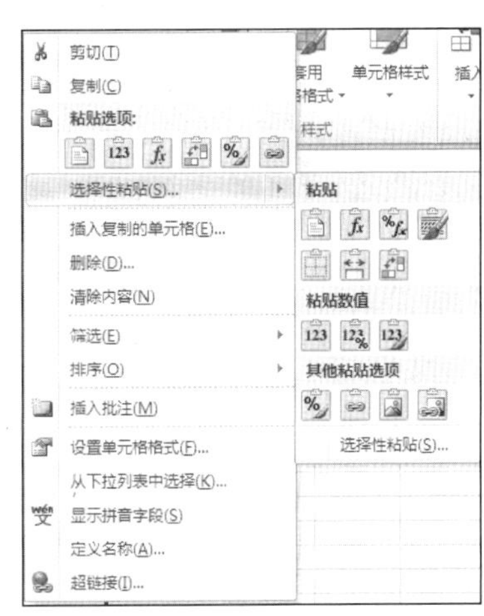

图 4.2.10　选择“选择性粘贴”命令

快捷菜单中的粘贴选项通常有 15 项，当鼠标指针悬停在某个粘贴选项上时，Excel 会给出其名称提示。各粘贴选项的功能简介如下：

- 粘贴：将源区域中的所有内容、格式、条件格式、数据有效性、批注等全部粘贴到目标区域。
- 公式：仅粘贴源区域中的文本、数值、日期及公式等内容。
- 公式和数字格式：除粘贴源区域内容外，还包含源区域的数字格式。数字格式包括货币样式、百分比样式、小数点位数等。
- 保留源格式：复制源区域的所有内容和格式，这个选项似乎与直接粘贴没有什么不同。但有一点值得注意，当源区域中包含用公式设置的条件格式时，在同一工作簿中的不同工作表之间用这种方法粘贴后，目标区域条件格式中的公式会引用源工作表中对应的单元格区域。
- 无边框：粘贴全部内容，仅去掉源区域中的边框。

- 保留源列宽：与保留源格式选项类似，但同时还复制源区域中的列宽。这与“选择性粘贴”对话框中的“列宽”选项不同，“选择性粘贴”对话框中的“列宽”选项仅复制列宽而不粘贴内容。
- 转置：粘贴时互换行和列。
- 合并条件格式：当源区域中包含条件格式时，粘贴时将源区域与目标区域中的条件格式合并。如果源区域不包含条件格式，该选项不可见。
- 值：将文本、数值、日期及公式结果粘贴到目标区域。
- 值和数字格式：将公式结果粘贴到目标区域，同时还包含数字格式。
- 值和源格式：与保留源格式选项类似，粘贴时将公式结果粘贴到目标区域，同时复制源区域中的格式。
- 格式：仅复制源区域中的格式，而不包括内容。
- 粘贴链接：在目标区域中创建引用源区域的公式。
- 图片：将源区域作为图片进行粘贴。
- 链接的图片：将源区域粘贴为图片，但图片会根据源区域数据的变化而变化。类似于 Excel 中的“照相机”功能。

选中 H2:I9 单元格区域，执行“复制”命令，将该区域的内容复制到剪贴板，选中 J1 单元格，执行“粘贴”命令将 H2:I9 单元格区域的内容全部粘贴到 J1～K9 单元格中。选中 L1 单元格，执行“选择性粘贴”命令，弹出“选择性粘贴”对话框，选择“数值”选项，单击“确定”按钮。通过编辑栏对比 J1 与 L1 单元格中内容的区别。

实训 3　Excel 表格数据的格式化

实训目的

① 掌握自动套用格式的用法。
② 熟练掌握自定义格式化工作表的方法。
③ 掌握常用工作表的编辑方法。
④ 熟练掌握手动格式化的方法。
⑤ 掌握为单元格和区域命名的操作。
⑥ 学会设置单元格的条件格式。

实训内容

打开本章实训 2 中保存的表格，将表格设置为图 4.3.1 所示的格式。

编号	职工姓名	职务	基本工资	加班金额	失业保险金	养老保险金	扣款合计	实发金额
1	李辉	部门经理	5,000.00	0.00	50.00	70.00	120.00	4,880.00
2	梁宗昆	项目经理	4,000.00	0.00	40.00	56.00	96.00	3,904.00
3	王旭东	项目经理	4,000.00	0.00	40.00	56.00	96.00	3,904.00
4	郝艳芬	工程师	3,000.00	100.00	30.00	42.00	72.00	3,028.00
5	卢强	工程师	3,000.00	160.00	30.00	42.00	72.00	3,088.00
6	李日源	工程师	3,000.00	0.00	30.00	42.00	72.00	2,928.00
7	王岗	工程师	3,000.00	80.00	30.00	42.00	72.00	3,008.00
总计			25,000.00	340.00	250.00	350.00	600.00	24,740.00
平均			3,571.43	48.57	35.71	50.00		

图 4.3.1　实训内容

实训要求

① 添加、删除、重命名、移动、复制、隐藏工作表。

② 用“自动套用表格样式”格式化工作表。

③ 用“单元格格式”对话框格式化数据。

④ 将工作表非数字区域的对齐方式设置为“水平居中”。

⑤ 设置边框。

⑥ 将“职务”单元格命名为“职务”，将“职工姓名”至“实发工资”区域每行以职工姓名命名、每列以第一行命名。

⑦ 设置“实发金额”一栏的条件格式，数值大于或等于 3 000 的设置为绿色背景，小于 3 000 的设置为红色背景。

操作步骤

在 Excel 中可以根据不同的需要设置表格的格式，格式类型如下：

① 设置文本和单个字符的格式。若要突出显示文本，可对单元格中的所有文本设置格式，也可以为选定字符设置格式。

② 旋转文本和边框。列中的数据通常较窄，而列标志通常较宽。用户可以旋转文本以及应用边框（边框与文本旋转同样的角度），而无须创建较宽的列。

③ 添加边框、颜色和图案。若要区分工作表中不同类型的信息，可对单元格应用边框，或用背景色给单元格添加阴影，或用彩色图案给单元格添加阴影。

④ 数字格式。可以使用数字格式更改数字（包括日期和时间）的外观，而不更改数字本身。

⑤ 对区域应用自动套用格式。若要设置整张数据清单或具有特殊元素（例如，列标志和行标志、汇总以及明细数据）的其他单元格区域的格式，则可以自动套用格式。此设计将对单元格区域中的各种元素套用不同的格式。

⑥ 相对于自动套用格式，还可以自行创建应用样式，同时还可以对单元格应用“样式”，当然“样式”也可以进行复制操作。

1. 自动格式化数据

打开“基础表格”，将 Sheet1 中的数据复制到 Sheet2 中，进行备份。用“会计 2”中的样式格式化 Sheet2 中的数据。

具体操作如下：

① 选择“文件”选项卡中的“打开”命令，弹出“打开”对话框，将本章实训 2 中的“基础表格”打开。

② 选定 Sheet1 工作表中的数据区域，单击“开始”选项卡“剪贴板”组中的“复制”按钮。

③ 单击 Sheet2 工作表，单击 A1 单元格，单击“开始”选项卡“剪贴板”组中的“粘贴”按钮。

④ 选定 Sheet2 工作表中的数据区域，单击“开始”选项卡“样式”组中的“套用表格格式”按钮，在弹出的下拉列表框中选择一种自己喜欢的样式，如“中等深浅”中的“表样式中等深浅 9”，如图 4.3.2 所示。

⑤ 选择样式后，弹出图 4.3.3 所示的“套用表格式”对话框，如果数据来源无误，单击“确定”按钮即可。

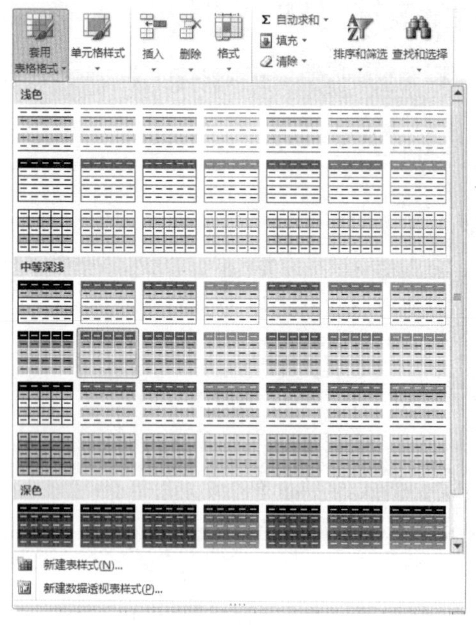

图 4.3.2 “套用表格格式”下拉列表框

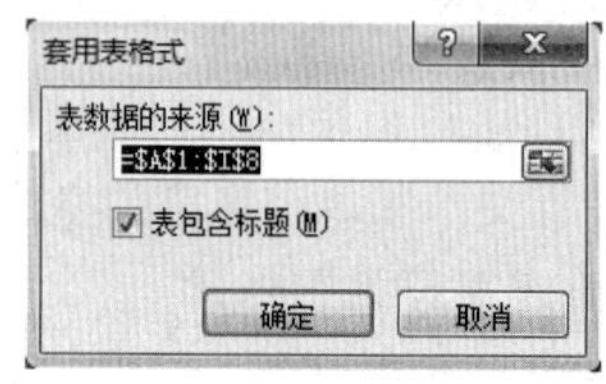

图 4.3.3 “套用表格式”对话框

⑥ 在选定区域标题的位置出现了“自动筛选”按钮，如果不想用此功能，可将其取消。将数据区域选中，单击“数据”选项卡“排序和筛选”组中的“筛选”按钮，可将自动筛选功能取消，如图 4.3.4 所示。

	A	B	C	D	E	F	G	H	I
1	编号	职工姓名	职务	基本工资	加班金额	失业保险金	养老保险金	扣款合计	实发金额
2	1	李辉	部门经理	5,000	0.00	50.00	70.00	120.00	4,880.00
3	2	梁宗昆	项目经理	4,000	0.00	40.00	56.00	96.00	3,904.00
4	3	王旭东	项目经理	4,000	0.00	40.00	56.00	96.00	3,904.00
5	4	郝艳芬	工程师	3,000	100.00	30.00	42.00	72	3,028.00
6	5	卢强	工程师	3,000	160.00	30.00	42.00	72.00	3,088.00
7	6	李日源	工程师	3,000	0.00	30.00	42.00	72.00	2,928.00
8	7	王岗	工程师	3,000	80.00	30.00	42.00	72.00	3,008.00
9	总计			25,000	340.00	250.00	350.00	600.00	24,740.00
10	平均			3,571	48.57	35.71	50.00		

图 4.3.4 取消自动筛选功能

2. 使用“单元格格式”对话框和按钮组格式化数据

（1）改变数字格式

具体操作如下：

① 选定 D2:H10 单元格区域。

② 单击“开始”选项卡“数字”组中的“千位分隔样式”按钮，则数据变为“#,###.##”格式。

③ 选定 I2:I9 单元格区域。

④ 单击“开始”选项卡“数字”组中的“会计数字格式”按钮，则数据变为“￥#,###.##”格式。

提　示

单击“开始”选项卡“数字”组右下角的“对话框启动器”按钮，弹出“设置单元格格式”对话框，在“数字”选项卡中可选择及自定义丰富的数字格式。

（2）改变字体与字号

利用“设置单元格格式”对话框改变标题行的字体为“方正姚体”，字形为“加粗”，字号为“12”号。

利用“开始”选项卡“字体”组，设置“姓名”列的字体为“楷体”，字号为“12”号。

具体操作如下：

① 单击第 1 行行号选定第 1 行。

② 单击“开始”选项卡“字体”组右下角的“对话框启动器”按钮，弹出“设置单元格格式”对话框，选择“字体”选项卡，如图 4.3.5 所示。

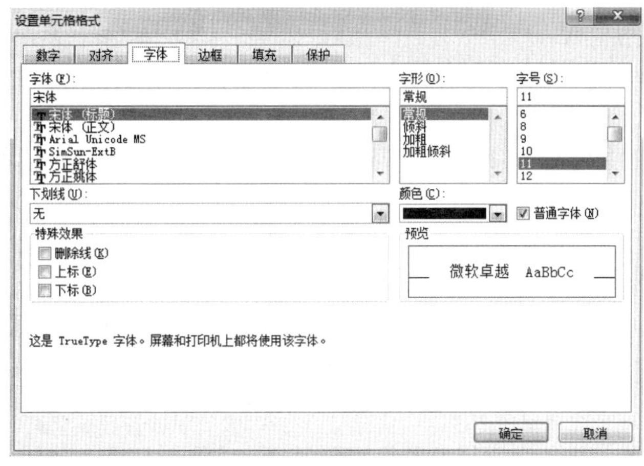

图 4.3.5　“字体”选项卡

③ 在“字体”列表框中选择“方正姚体”，在“字形”列表框中选择“加粗”，在“字号”列表框中选择“12”号，单击“确定”按钮。

④ 选定 B2:B8 单元格区域。

⑤ 在“开始”选项卡“字体”组中选择字体为“楷体”，“字号”为“12”号。

（3）设置单元格对齐方式

将工作表中的非数字区域的对齐方式设置为“水平居中”和“垂直居中”，并分别合并 A9～C9 单元格、A10～C10 单元格。

具体操作如下：

① 选定第 1 行，并按住【Shift】键，同时选定 A2～C8 单元格，单击“开始”选项卡“对齐方式”组中右下角的“对话框启动器”按钮，弹出“设置单元格格式”对话框，选择“对齐”选项卡，如图 4.3.6 所示。

② 在“水平”和“垂直”下拉列表框中分别选择“居中”，单击“确定”按钮。

③ 选定 A9～C9 单元格，打开图 4.3.6 所示的对话框，选中“合并单元格”复选框。

④ 选定 A10～C10 单元格，打开图 4.3.6 所示的对话框，选中“合并单元格”复选框。

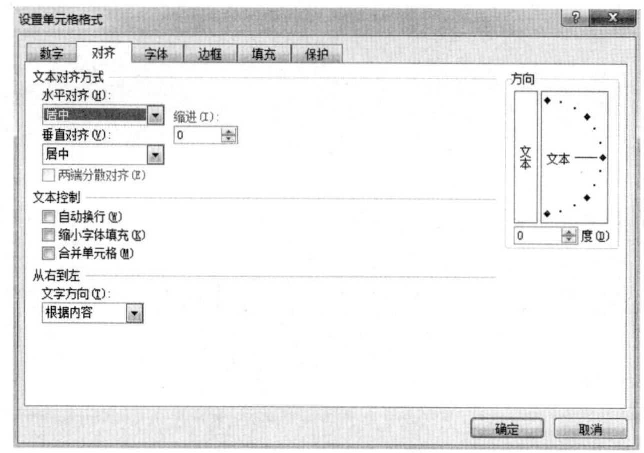

图 4.3.6 “对齐”选项卡

（4）设置单元格边框线

按图 4.3.7 所示的形式设置工作表的边框。

具体操作如下：

① 选取整个工作表，打开图 4.3.7 所示的“设置单元格格式”对话框，选择“边框”选项卡。

② 单击“预置”选项组中的“外边框”按钮，在“线条”选项组的“样式”列表框中选择═══，单击“确定”按钮。

③ 选取 A2:A10 单元格区域，打开“设置单元格格式”对话框，选择“边框”选项卡。

④ 单击“预置”选项组中的“内部”按钮，在“线条”选项组的“样式”列表框中选择———，单击“确定”按钮。

⑤ 选取 D2:I10 单元格区域，打开“设置单元格格式”对话框，选择“边框”选项卡。

⑥ 单击“预置”选项组中的“内部”按钮，在“线条”选项组的“样式”列表框中选择--------，单击“确定”按钮。

⑦ 选取 A2:I8 单元格区域，打开图 4.3.7 所示的“设置单元格格式”对话框，选择“边框”选项卡。

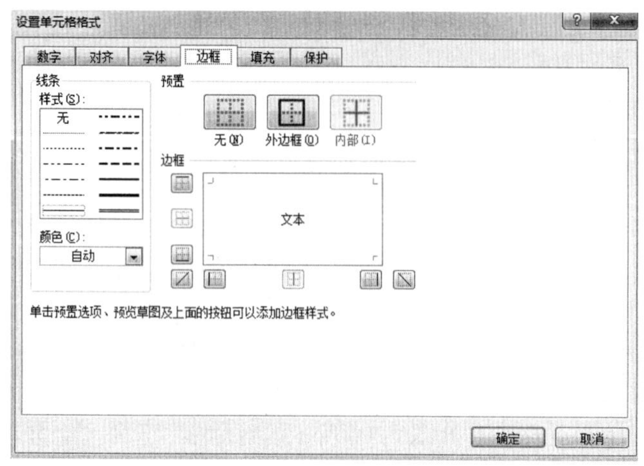

图 4.3.7 “边框”选项卡

⑧ 在“线条”选项组的“样式”列表框中选择——，单击“边框”选项组中的上下边框，使其显示为所选线形，单击“确定”按钮。

⑨ 选取 A2:A10 单元格区域，打开“设置单元格格式”对话框，选择“边框”选项卡。

⑩ 在“线条”选项组的“样式”列表框中选择——，单击“边框”选项组中的左边框使其显示为所选线条，单击“确定”按钮。

提 示

选定单元格后，还可以通过“填充”按钮和“填充文字颜色”按钮设置单元格的颜色和字体的颜色，以美化表格。

3. 设置单元格的条件格式

在上面的例子中，假设在“实发金额”一栏中，如果金额达到 3 000 元以上，需要给该单元格加上绿色背景，如果金额少于 3 000 元，则将该单元格加上红色背景。为了突出显示满足设定条件的数据，可以设置单元格的条件格式。

如果设置了单元格的条件格式，则不管是否有数据满足条件或是否显示了指定的单元格格式，条件格式在被删除前会一直对单元格起作用。

设置单元格的条件格式的操作如下：

① 选定要设置格式的单元格或单元格区域，这里选择 I2:I8 单元格区域。

② 单击“开始”选项卡“样式”组的“条件格式”下拉列表框的“突出显示单元格规则”→“其他规则”按钮，弹出“新建格式规则”对话框，如图 4.3.8 所示。在“编辑规则说明”选项组中设定条件，“格式”按钮规定了当满足条件后要显示的效果。

③ 现在设置“当金额大于或等于 3 000”时的格式，如图 4.3.8 所示。在“编辑规则说明”选项组中分别选择“单元格值”“大于或等于”“3000”，然后单击“格式”按钮，弹出“设置单元格格式”对话框，如图 4.3.9 所示，选择填充颜色为绿色，单击“确定”按钮返回到“新建格式规则”对话框。

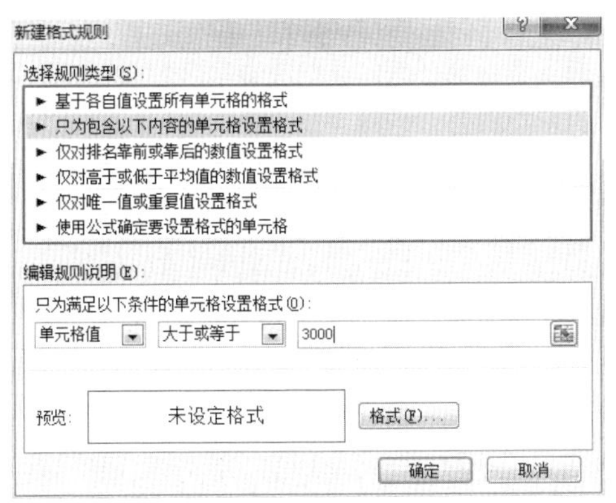

图 4.3.8　“新建格式规则”对话框

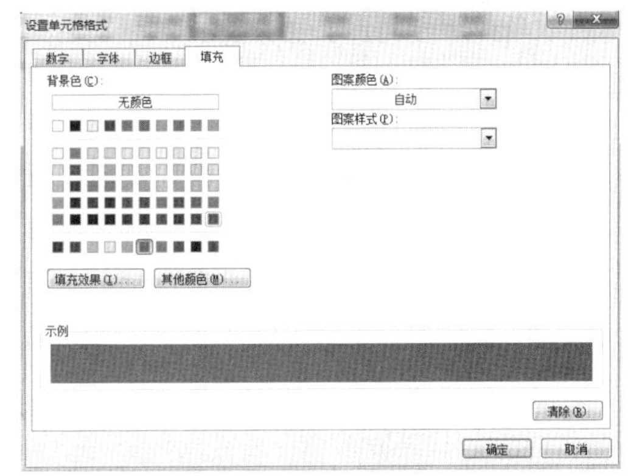

图 4.3.9　“设置单元格格式”对话框

④ 现在设置“当金额小于 3000”时的格式，如图 4.3.10 所示，重复②的操作过程。在“编辑规则说明”选项组中分别选择“单元格值”“小于”“3000”，然后单击“格式”按钮，弹出“设置单元格格式”对话框，选择填充颜色为红色，如图 4.3.11 所示，单击“确定”按钮返回到“新建格式规则”对话框。

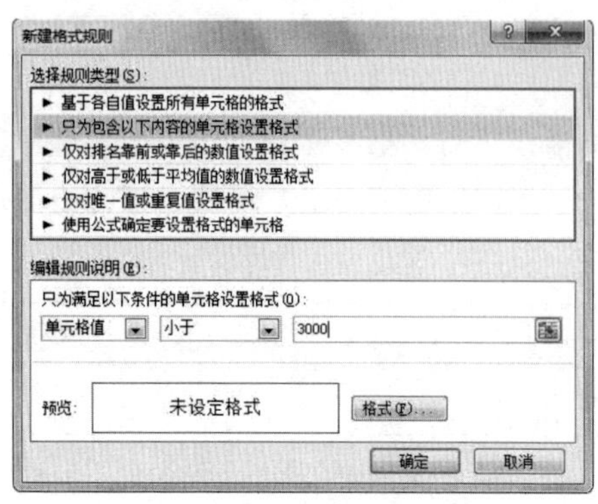

图 4.3.10 “新建格式规则”对话框

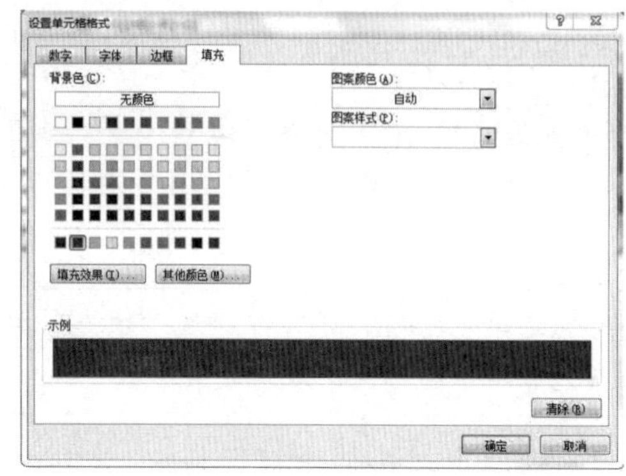

图 4.3.11 “设置单元格格式”对话框

⑤ Excel 最多支持 3 个条件。当完成条件设置后，最后效果如图 4.3.12 所示，工资金额大于或等于 3 000 的变为绿色背景，小于 3 000 的变为红色背景。

	A	B	C	D	E	F	G	H	I
1	编号	职工姓名	职务	基本工资	加班工资	失业保险金	养老保险金	扣款合计	实发金额
2	1	李辉	部门经理	5,000.00	0.00	50.00	70.00	120.00	¥4,880.00
3	2	梁宗昆	项目经理	4,000.00	0.00	40.00	56.00	96.00	¥3,904.00
4	3	王旭东	项目经理	4,000.00	0.00	40.00	56.00	96.00	¥3,904.00
5	4	郝艳芬	工程师	3,000.00	100.00	30.00	42.00	72.00	¥3,028.00
6	5	卢强	工程师	3,000.00	160.00	30.00	42.00	72.00	¥3,088.00
7	6	李日源	工程师	3,000.00	0.00	30.00	42.00	72.00	[illegible]
8	7	王岗	工程师	3,000.00	80.00	30.00	42.00	72.00	¥3,008.00
9	总计			25,000.00	340.00	250.00	350.00	600.00	¥24,740.00
10	平均			3,571.43	48.57	35.71	50.00		

图 4.3.12 设置了格式的工作表

4. 工作表的操作

（1）设置工作表页数

选择“文件”选项卡中的“选项”按钮，弹出“Excel 选项”对话框，选择“常规”选项卡，如图 4.3.13 所示，在“新建工作簿时”选项组的“包含的工作表数”微调框中设定表数为 5，单击“确定”按钮。

再次新建工作簿时，工作簿内默认包含的工作表数是 5 个。

图 4.3.13 “常规”选项卡

（2）添加工作表

① 单击工作表标签中的“插入工作表”按钮。

② 右击工作表标签，在弹出的快捷菜单中选择“插入”命令。

（3）删除工作表

① 单击“开始”选项卡“单元格”组的“删除”下拉列表框中的“删除工作表”按钮。

② 右击要删除的工作表标签，在弹出的快捷菜单中选择“删除”命令。

（4）变更工作表名称

默认情况下工作表的名称是 Sheet1、Sheet2……。

① 选择工作表 Sheet2，单击“开始”选项卡“单元格”组的“格式”下拉列表框中的“重命名工作表”按钮，在工作表标签上输入新的工作表名称即可。

② 双击工作表 Sheet2 标签，输入新的名称。

③ 右击要重命名的工作表标签，在弹出的快捷菜单中选择“重命名”命令。

（5）移动、复制工作表

移动工作表：单击需要移动的工作表标签 Sheet2，将它拖动到工作表 Sheet3 后面，然后释放鼠标左键。

复制工作表：步骤与移动工作表相似，只是在拖动鼠标前按住【Ctrl】键。

（6）隐藏工作表

激活要隐藏的工作表，单击“开始”选项卡“单元格”组的“格式”下拉列表框中的“可见性”→“隐藏和取消隐藏”→“隐藏工作表”按钮。

5. 命名单元格

选定文本内容为“职务”的单元格，在名称框中输入新的名称“职务”，按【Enter】键完成命名。

选定“职工姓名”至“实发金额”区域，单击“公式”选项卡“定义的名称”组中的“根据所选内容创建”按钮，弹出“以选定区域创建名称”对话框，选中“首行”“最左列”复选框，单击“确定”按钮，完成命名。

实训 4　在 Excel 表格中创建图表

实训目的

① 掌握在工作表中创建图表的方法。

② 掌握在图表中创建一般和组合图表的方法。

③ 掌握图表的移动、复制、缩放和删除等操作方法。

④ 掌握图表的编辑和格式化方法。

⑤ 掌握图表类型、数据系列产生方式的更改方法。

实训内容

按照图 4.4.1 所示的工作表创建图 4.4.2 所示的图表。

世界五大城市降雨量表				单位：cm		
城市	一月	三月	五月	七月	九月	十一月
曼谷	1	2	4	20	28	7
香港	3	7	30	36	25	6
华盛顿	5	12	7	3	8	10
伦敦	2	3	12	17	9	3
悉尼	8	12	11	13	8	7

图 4.4.1 降雨量表

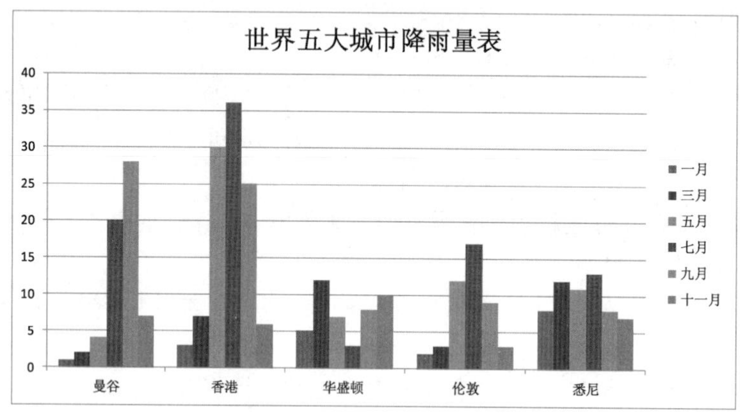

图 4.4.2 降雨量统计表

实训要求

① 图表区域为橙色，强调颜色 6，淡色 80%。

② 绘图区域为浅绿色。

③ 网格线为白色。

④ 图例为黄色。

⑤ 图表放置在新的工作表中。

⑥ 将图表类型更改为“三维簇状条形图”。

⑦ 将数据系列由列更改为行。

操作步骤

1. 创建图表

为了创建图表，先在 Excel 中创建一个名为“降雨量”的工作簿，在 Sheet1 工作表中创建图 4.4.1 所示工作表，然后进行下列操作。

① 选定 A2:G7 单元格区域。

② 单击“插入”选项卡“图表”组右下角的“对话框启动器”按钮，弹出“插入图表”对话框，选择“柱形图”中第一个“簇状柱状图”，如图 4.4.3 所示。

③ 单击“确定”按钮，生成图 4.4.4 所示的图表。

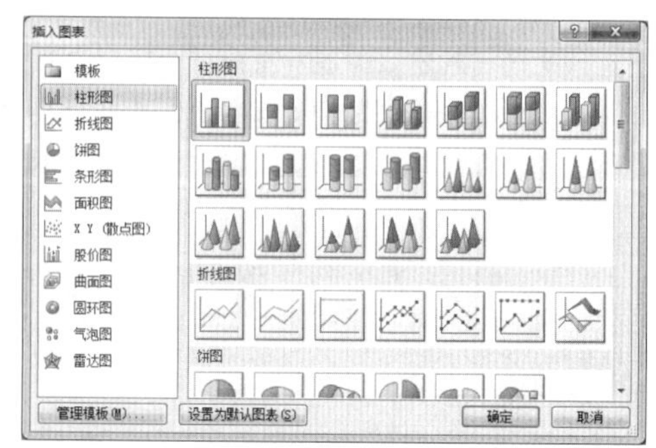

图 4.4.3 “插入图表”对话框

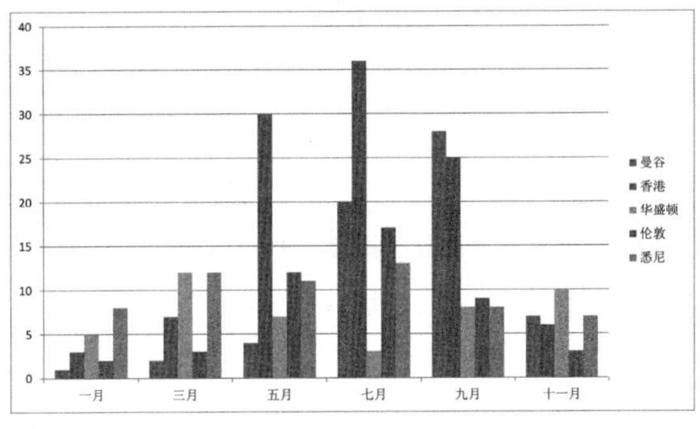

图 4.4.4　初始图表

④ 单击生成的图表，此时选项卡中出现“图表工具”选项卡，如图 4.4.5 所示。

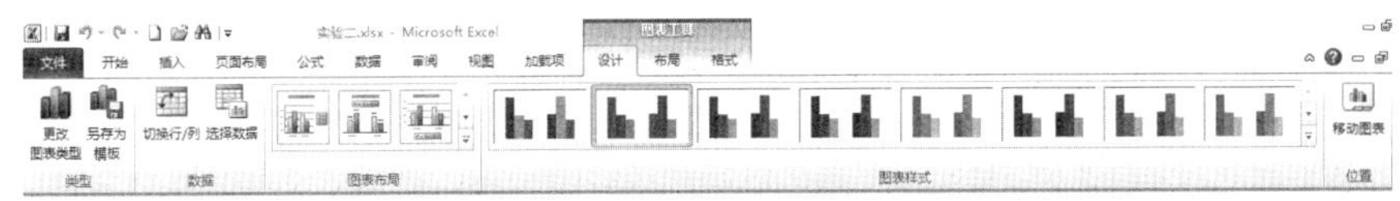

图 4.4.5　“图表工具”选项卡

⑤ 单击“图表工具-设计”选项卡“数据”组中的“切换行/列”按钮，使数据系列产生在行。

⑥ 单击“图表工具-布局”选项卡“标签”组中的“图表标题”按钮，选择“图表上方”选项，此时在图表上会出现“图表标题”文本框，输入“世界五大城市降雨量表”，如图 4.4.6 所示。

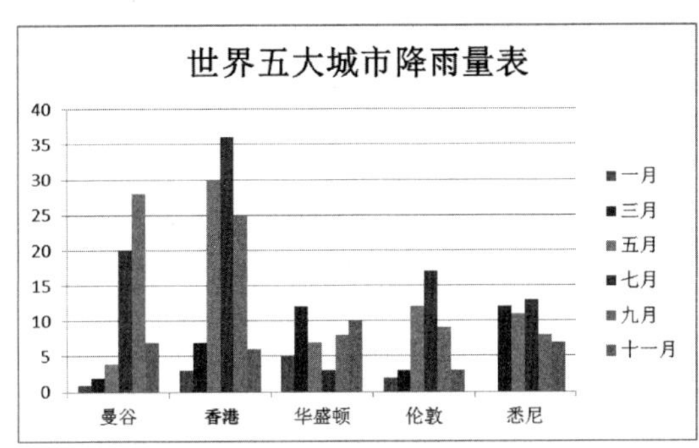

图 4.4.6　图表标题的输入

⑦ 单击“图表工具-设计”选项卡“位置”组中的“移动图表”按钮，弹出“移动图表”对话框，如图 4.4.7 所示。确定图表存放的位置，选中“新工作表”单选按钮，默认表名为 Chart1，单击“确定”按钮。

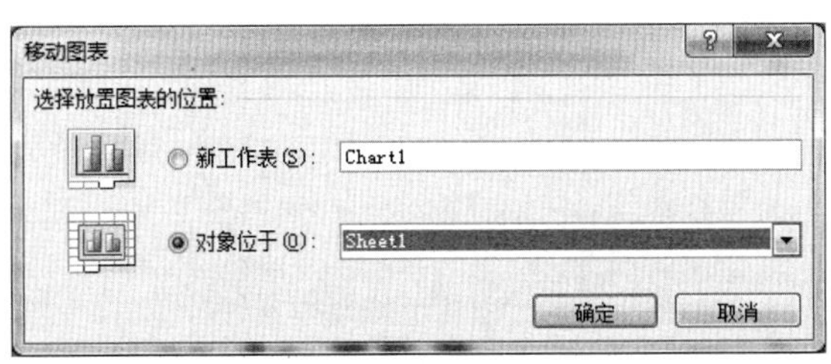

图 4.4.7　图表位置

2．使用“图表工具-格式”选项卡编辑图表

① 单击图表区域，单击“形状样式”组的“形状填充”下拉列表框中的“橙色，强调颜色 6，淡色 80%”。

② 单击绘图区，单击“形状样式”组的“形状填充”下拉列表框中的“浅绿色”。

③ 双击图表网格线，弹出“设置主要网格线格式”对话框，设置线条颜色为“实线”，选择颜色为“白色”，如图 4.4.8 所示。

图 4.4.8　设置主要网格线

④ 单击图表标题，单击“形状样式”组的“形状填充”下拉列表框中的“红色”。

⑤ 单击图例区，单击“形状样式”组的“形状填充”下拉列表框中的“黄色”。

⑥ 单击数值轴，可以改变数字格式。

3．清除图表部分内容

清除图表中“一月”的数据。具体操作如下：

① 单击“一月”系列，所有五大城市的“一月”部分都将被选中。

② 右击选中内容，在弹出的快捷菜单中选择“删除”命令。

4．图表的缩放、移动、复制和删除

① 单击 Chart1 标签，然后单击“复制”按钮。

② 单击 Sheet1 标签，然后单击 A9 单元格，单击“粘贴”按钮。

③ 单击图表区域，图表周围出现编辑点，将鼠标移动到编辑点上，按住鼠标左键拖动，即可改变图表的大小。

④ 单击图表中的“图表区域”，再单击“开始”选项卡中“编辑”组的“清除”下拉列表框中的“全部清除”按钮删除图表。

图 4.4.9 所示为 Sheet1 工作表的内容。

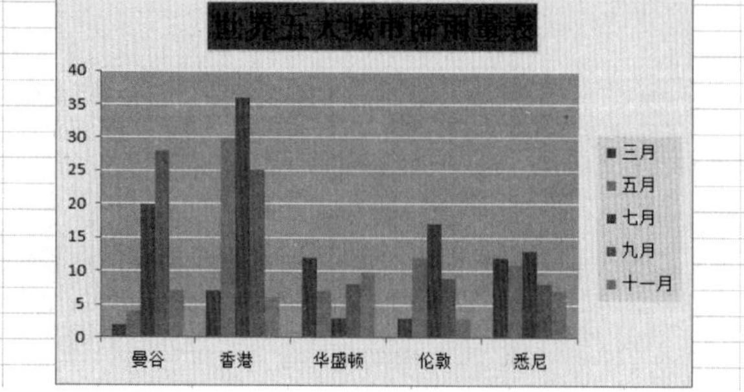

世界五大城市降雨量表　　单位：cm

城市	一月	三月	五月	七月	九月	十一月
曼谷	1	2	4	20	28	7
香港	3	7	30	36	25	6
华盛顿	5	12	7	3	8	10
伦敦	2	3	12	17	9	3
悉尼	0	12	11	13	8	7

图 4.4.9　Sheet1 工作表的内容

5. 在工作表中插入图片

在 Sheet1 工作表中插入一幅图片。具体操作如下：

① 单击“插入”选项卡“插图”组中的“剪贴画”按钮，打开“剪贴画”任务窗格，选择一幅图片，粘贴即可。

② 调整插入图片的大小和位置。

6. 更改图表类型

选定图表，单击“图表工具-设计”选项卡“类型”组中的“更改图表类型”按钮，弹出“更改图表类型”对话框，选择“三维簇状条形图”，单击“确定”按钮即完成更改。

7. 更改数据系列产生方式

选定图表，单击“图表工具-设计”选项卡“数据”组中的“切换行/列”按钮即可。

实训 5　管理数据清单

实训目的

① 掌握工作簿的管理方法。

② 掌握数据清单的建立和编辑方法。

③ 掌握按指定条件对数据清单进行排序的操作方法。

④ 掌握用筛选法查看数据清单中需要的数据的方法。

⑤ 掌握利用选择性粘贴功能确保数据一致性的方法。

实训内容

新建图 4.5.1 所示的“显示器价格”表。

	A	B	C	D	E	F	G
1	显示器价格（元）						
2	品牌	规格	一季度	二季度	三季度	四季度	平均价
3	长虹	1	1900	1800	1500	1200	1600
4	飞利浦	3	2540	2500	2500	2500	2510
5	松下	5	4380	4320	4300	4200	4300
6	松下背投	7	9000	800	8700	8500	6750
7	熊猫	1	1800	1800	1800	1700	1775
8	LG	3	2500	2300	2200	2000	2250
9	LG背投	5	4400	4200	4100	4000	4175
10	飞利浦背投	7	8500	8500	8500	8400	8475

图 4.5.1 “显示器价格”表

实训要求

① 重命名工作表。

② 利用记录单在工作表中添加记录。

③ 按“平均价”排序为“升序”。

④ 按“品牌”升序排序，同时按“平均价”排序为“降序”。

⑤ 使用“自动筛选”筛选出“平均价”大于 3 000 的记录。

⑥ 使用“高级筛选”筛选出 4 个季度的价格都大于 2 500 的记录。

操作步骤

1. 利用记录单对数据库进行增加、删除、修改和查询

在“价格表”工作表中添加表 4.5.1 所示的记录。

表 4.5.1 明基显示器价格

品牌	规格	一季度	二季度	三季度	四季度	平均价
明基	3	1350	1500	1200	1750	

具体操作如下：

① 选择 G3 单元格，在编辑框中输入“=”。此时在左侧名称框中出现“AVERAGE”函数，单击函数，弹出“选择参数”对话框，设定范围为“C3:F3”单元格区域，单击“确定”按钮，计算出“明基”显示器的平均价。使用填充柄填充其他品牌显示器的平均价。

② 选择除第一行以外的所有数据行。

③ 在打开的 Excel 工作簿中选择“文件”选项卡中的“选项”命令，弹出“Excel 选项”对话框，选择“快速访问工具栏”选项卡，在“从下列位置选择命令”下拉列表框中选择“不在功能区的命令”，随后找到“记录单”，将其添加到自动访问工具栏中。此时就可以在快速访问工具栏中找到“记录单”按钮，单击即可弹出图 4.5.2 所示的对话框。

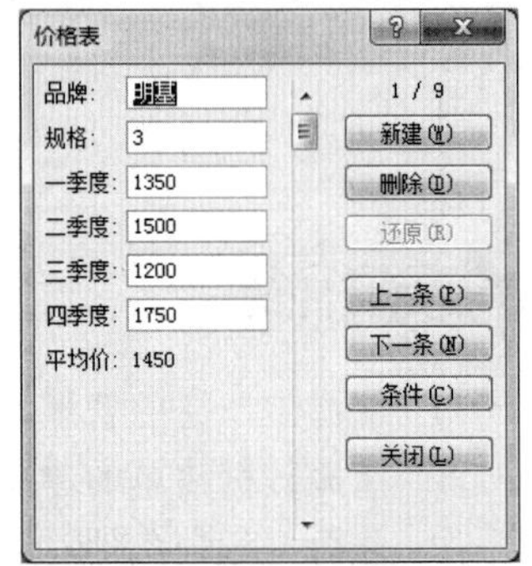

图 4.5.2 记录单对话框

④ 单击“新建”按钮，输入相应的数据，单击“关闭”按钮。

（1）查找与修改记录

查找“价格表”工作表中“品牌”为“LG”的记录，并将“一季度”的数据改为“2300”；查找“一季度”小于 4 000 的记录。

具体操作如下：

① 打开“价格表”记录单对话框。

② 单击“条件”按钮。

③ 在“品牌”栏内输入“LG”。

④ 单击“下一条”按钮，则“品牌”为“LG”的记录内容就显示出来，将“一季度”的数据改为“2300”。

⑤ 再次单击“条件”按钮，在“一季度”文本框中输入“<4000”，并清除其他文本框中的内容。

⑥ 单击“下一条”按钮，则第一条满足“一季度”小于 4 000 的记录内容即可显示出来，连续单击“下一条”按钮，显示其他满足“一季度”小于 4 000 的记录。

（2）删除记录

删除“价格表”中“平均价”小于 2 000 的记录。

具体操作如下：

① 打开“价格表”记录单对话框。

② 单击“条件”按钮，在“平均价”文本框中输入“<2000”。

③ 单击“下一条”按钮，则第一条满足“平均价”小于 2 000 的记录内容即可显示出来，单击“删除”按钮删除记录。

④ 重复上一步操作，直到没有符合条件的记录为止。

注 意

使用删除记录后就不能撤销删除操作。

2. 数据排序

①“价格表”工作表按“平均价”升序排序。

②“价格表”工作表按“品牌”升序排序，按“平均价”降序排序。

操作如下：

① 单击“价格表”工作表，单击“平均价”列中的某个单元格。

② 单击“数据”选项卡“排序和筛选”组中的“升序”按钮，即可得到排序后的数据清单。

③ 单击“品牌”列中的某个单元格。

④ 单击“数据”选项卡“排序和筛选”组中的“排序”按钮，弹出图 4.5.3 所示的“排序”对话框。

图 4.5.3　“排序”对话框

⑤ 在“主要关键字”中选择“品牌”字段，选中“升序”。单击“添加条件”按钮，在“次要关键字”中选择“平均价”字段，选中“降序”。

⑥ 单击“确定”按钮，得到排序结果。

3. 数据的筛选

（1）使用自动筛选

使用“自动筛选”筛选出“价格表”工作表中所有“平均价”大于 3 000 的记录。

具体操作如下：

① 打开“价格表”工作表。

② 单击数据清单中的任意单元格。

③ 单击“数据”选项卡“排序和筛选”组中的“筛选”按钮，则数据清单的所有列标右端出现一个下拉按钮。

④ 单击“平均价”下拉按钮，在弹出的下拉列表框中单击“数字筛选”→“大于”按钮，弹出图 4.5.4 所示的“自定义自动筛选方式”对话框。

⑤ 在右边下拉列表框中输入“3000”。

⑥ 单击“确定”按钮完成操作，数据清单中只显示满足条件的记录。

如果要取消“自动筛选”功能，可以再次单击“筛选”按钮，所有数据清单都会显示出来。

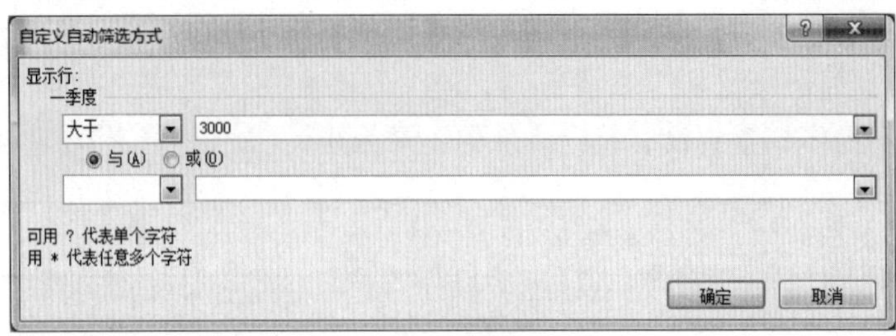

图 4.5.4 “自定义自动筛选方式”对话框

（2）使用高级筛选

使用“高级筛选”筛选出所有 4 个季度的价格都大于 2 500 的记录。

具体操作如下：

① 打开“价格表”工作表。

② 在表中任意地方创建条件区域（该区域与数据区至少间隔一个空行、空列）。

一季度	二季度	三季度	四季度
>=2500	>=2500	>=2500	>=2500

③ 单击“数据”选项卡“排序和筛选”组中的“高级”按钮，弹出图 4.5.5 所示的“高级筛选”对话框。

图 4.5.5 “高级筛选”对话框

④ 单击“列表区域”文本框右侧的按钮，弹出图 4.5.6 所示的“高级筛选-列表区域”对话框，选择筛选区域（所有数据区域），按【Enter】键确定。

⑤ 单击“条件区域”文本框右侧的按钮，弹出图 4.5.7 所示的“高级筛选-条件区域”对话框，选择新建的条件区域，按【Enter】键确定。

图 4.5.6 “高级筛选-列表区域”对话框

图 4.5.7 “高级筛选-条件区域”对话框

⑥ 单击“高级筛选”对话框中的“确定”按钮，完成高级筛选。

⑦ 要恢复数据清单的全部显示，可单击“数据”选项卡“排序和筛选”组中的“清除”按钮，显示数据清单中的全部数据。

实训 6 分类汇总和数据透视表的建立

实训目的

① 掌握创建分类汇总摘要报告的方法。

② 掌握创建数据透视表报告的方法。

实训内容

新建工作簿“成绩单”，如图 4.6.1 所示。

	A	B	C	D	E	F	G
1	二中一年级一班成绩单						
2	科目	王利华	何丽娟	林丽	张明	李风	总分
3	数学	86	97	98	95	70	446
4	数学	90	96	86	90	90	452
5	数学	95	96	96	92	95	474
6	语文	82	96	90	86	85	439
7	语文	90	85	95	96	74	440
8	语文	85	94	85	89	68	421
9	英语	89	93	80	85	89	436
10	英语	90	92	95	80	96	453
11	英语	92	95	98	90	97	472
12							

图 4.6.1 成绩单

实训要求

① 对工作表的“总分”进行“平均值”分类汇总。

② 对“专业”进行均值汇总，再对“总分”进行均值汇总。

③ 创建数据透视表。

操作步骤

1. 分类汇总

（1）分类汇总操作

对“成绩表”工作表的“总分”进行分类汇总，汇总方式为求平均值，汇总结果显示在数据下方。最后删除分类汇总结果。

具体操作如下：

① 选定“成绩单”工作表。

② 单击“数据”选项卡“分级显示”组中的“分类汇总”按钮，弹出图 4.6.2 所示的“分类汇总”对话框。

③ 按图 4.6.2 所示进行设置，单击“确定”按钮。

④ 如果没有进行其他改变工作表的操作，可单击“撤销”按钮撤销分类汇总，否则在图 4.6.2 中单击“全部删除”按钮删除分类汇总结果。

⑤“分类汇总”最终结果如图 4.6.3 所示。

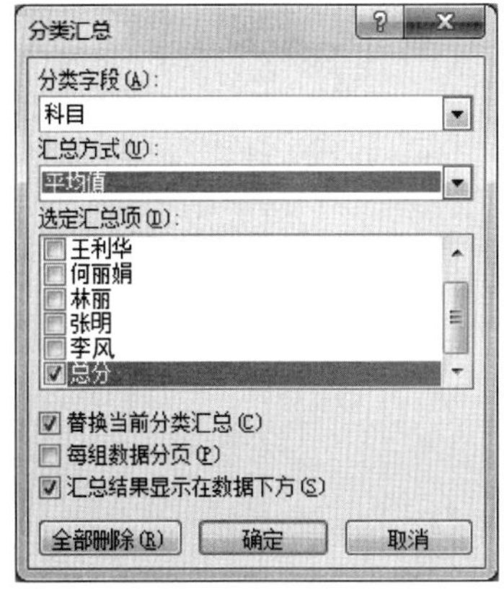

图 4.6.2 “分类汇总”对话框

	A	B	C	D	E	F	G
1	二中一年级一班成绩单						
2	科目	王利华	何丽娟	林丽	张明	李风	总分
3	数学	86	97	98	95	70	446
4	数学	90	96	86	90	90	452
5	数学	95	96	96	92	95	474
6	数学 平均值						457.3333
7	语文	82	96	90	86	85	439
8	语文	90	85	95	96	74	440
9	语文	85	94	85	89	68	421
10	语文 平均值						433.3333
11	英语	89	93	80	85	89	436
12	英语	90	92	95	80	96	453
13	英语	92	95	98	90	97	472
14	英语 平均值						453.6667
15	总计平均值						448.1111

图 4.6.3 “分类汇总”最终结果

（2）分类汇总嵌套

对“成绩单”工作表按“专业”进行均值汇总，汇总数据所在列为各姓名列。然后对各专业“总分”进行均值汇总。

具体操作如下：

① 删除先前的分类汇总。

② 单击“数据”选项卡“分级显示”组中的“分类汇总”按钮，弹出“分类汇总”对话框。

③ 在“分类字段”中选择“科目”，在“汇总方式”中选择“平均值”，在“选定汇总项”中选中“王利华”“何丽娟”“林丽”“张明”“李风”。

④ 取消选中“替换当前分类汇总”复选框。

⑤ 单击“确定”按钮，完成分类汇总

⑥ 再次打开“分类汇总”对话框，在“选定汇总项”列表框中只选中“总分”复选框，其他不变。

⑦ 单击“确定”按钮，完成嵌套的分类汇总，结果如图 4.6.4 所示。

	A	B	C	D	E	F	G
1	二中一年级一班成绩单						
2	科目	王利华	何丽娟	林丽	张明	李风	总分
3	数学	86	97	98	95	70	446
4	数学	90	96	86	90	90	452
5	数学	95	96	96	92	95	474
6	数学 平均值						457.3333
7	数学 平均值	90.333333	96.333333	93.333333	92.333333	85	
8	语文	82	96	90	86	85	439
9	语文	90	85	95	96	74	440
10	语文	85	94	85	89	68	421
11	语文 平均值						433.3333
12	语文 平均值	85.666667	91.666667	90	90.333333	75.666667	
13	英语	89	93	80	85	89	436
14	英语	90	92	95	80	96	453
15	英语	92	95	98	90	97	472
16	英语 平均值						453.6667
17	英语 平均值	90.333333	93.333333	91	85	94	
18	总计平均值						448.1111
19	总计平均值	88.777778	93.777778	91.444444	89.222222	84.888889	

图 4.6.4 嵌套的分类汇总

（3）显示或隐藏明细数据

在图 4.6.3 和图 4.6.4 中，可以看见工作表列号的左边有几个小数字“1”“2”“3”“4”，表示分类汇总后的层次。数字越小，代表的级别越高。图 4.6.3 和图 4.6.4 所示是最低级别显示的情形。分别单击每个级别数字，观察显示结果的变化。图 4.6.5 所示为单击级别“1”后显示的结果。

	A	B	C	D	E	F	G
1	二中一年级一班成绩单						
2	科目	王利华	何丽娟	林丽	张明	李风	总分
18	总计平均值						448.1111
19	总计平均值	88.777778	93.777778	91.444444	89.222222	84.888889	

图 4.6.5 隐藏明细数据

2．创建数据透视表

根据“成绩单”工作表创建如图 4.6.6 所示的数据透视表。

	A	B	C	D	E	F	G
1							
2							
3	行标签	平均值项:王利华	平均值项:何丽娟	平均值项:林丽	平均值项:张明	平均值项:李风	平均值项:总分
4	数学	90.33333333	96.33333333	93.33333333	92.33333333	85	457.3333333
5	英语	90.33333333	93.33333333	91	85	94	453.6666667
6	语文	85.66666667	91.66666667	90	90.33333333	75.66666667	433.3333333
7	总计	88.77777778	93.77777778	91.44444444	89.22222222	84.88888889	448.1111111

图 4.6.6 数据透视表

具体操作如下：

① 选择要创建数据透视表的数据区域。

② 单击“插入”选项卡“表格”组中的“数据透视表”按钮，弹出“创建数据透视表”对话框；选取数据区域，如图 4.6.7 和图 4.6.8 所示。单击“确定”按钮，打开图 4.6.9 所示的窗格。

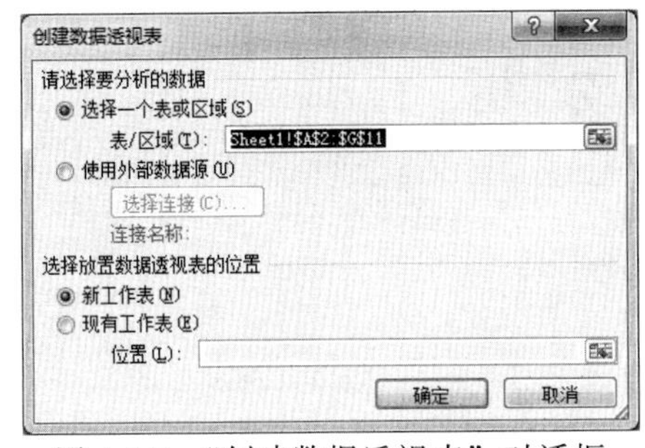

图 4.6.7　“创建数据透视表”对话框

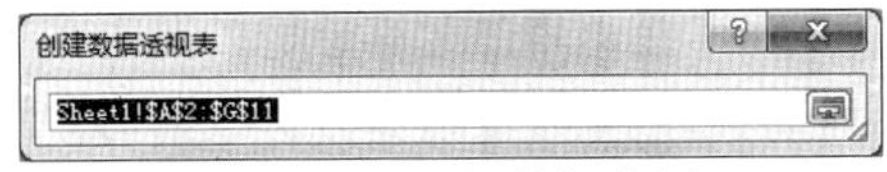

图 4.6.8　选择数据范围

③ 在右侧窗格中，将“科目”拖动到“行标签”，如图 4.6.10 所示。

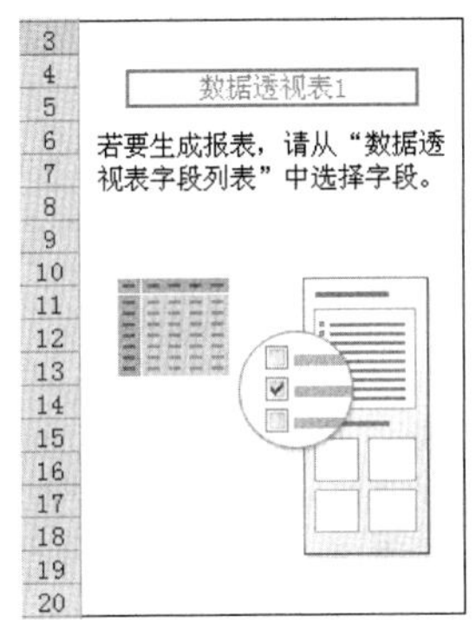

图 4.6.9　数据透视表

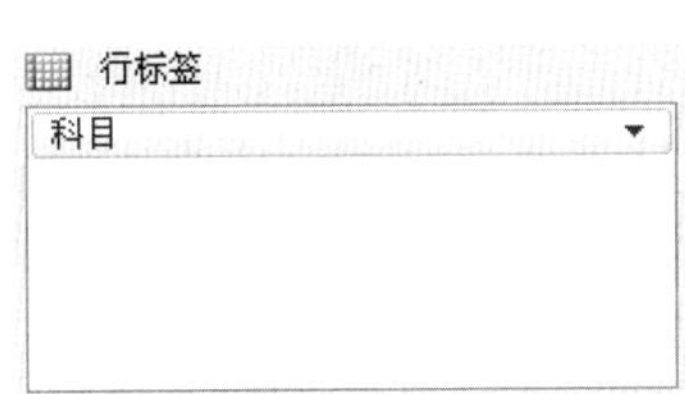

图 4.6.10　行标签

④ 将“王利华”“何丽娟”“林丽”“张明”“李风”“总分”按钮分别拖动到“Σ数值”，如图 4.6.11 所示。

⑤ 在“行标签”的“科目”下拉列表框中选择“字段设置”选项，弹出图 4.6.12 所示的“字段设置”对话框，在“分类汇总”选项组中选中“自定义”单选按钮，在列表框中选择“平均值”，单击“确定”按钮。

图 4.6.11　Σ数值

图 4.6.12　“字段设置”对话框

⑥ 在“王利华”下拉列表框中选择“字段设置”选项，弹出图 4.6.12 所示的“字段设置”对话框，在“分类汇总”选项组中选中“自定义”单选按钮，在列表框中选择“平均值”，单击“确定”按钮。

⑦ 单击“完成”按钮，生成 Sheet4 成绩透视表。

实训 7 数 据 分 析

实训目的

① 掌握单变量运算分析数据的方法。

② 掌握双变量运算分析数据的方法。

③ 掌握创建方案和摘要分析数据的方法。

实训内容

建立图 4.7.1 所示的“抵押贷款分析”工作表。

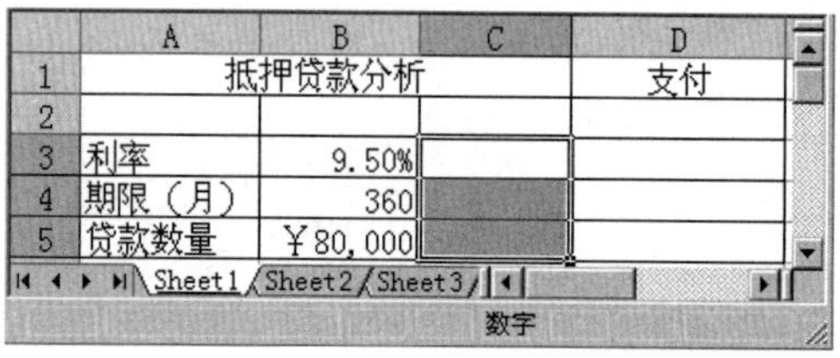

	A	B	C	D
1	抵押贷款分析			支付
2				
3	利率	9.50%		
4	期限（月）	360		
5	贷款数量	￥80,000		

Sheet1 / Sheet2 / Sheet3

数字

图 4.7.1 “抵押贷款分析”工作表

实训要求

① 使用单变量模拟运算表。

② 使用双变量模拟运算表。

③ 建立、显示、保护方案。

④ 建立摘要报告。

操作步骤

1. 模拟运算表的使用

（1）单变量模拟运算表

如图 4.7.1 所示，建立一个“抵押贷款分析”工作表。每月所需支付金额的计算公式为“PMT(利率/12,期限,-货款数量)”，PMT 为利率计算函数。根据表中的数据，试采用模拟运算表分析当利率变化时，对每月所支付金额的影响。

具体操作如下：

① 在 D2 单元格中输入支付金额计算公式“PMT(B3/12,B4,-B5)”。

② 在 C3～C5 单元格中分别输入“9.0%”“9.25%”“9.5%”（利率）。

③ 选定包含公式和需要被替换数值的单元格区域 C2:D5。

单击“数据”选项卡“数据工具”组的“模拟分析”下拉列表框中的“模拟运算表”按钮，弹出图 4.7.2 所示的“模拟运算表”对话框。

④ 将光标移动到“输入引用列的单元格”栏中。

⑤ 选择 B3 单元格。

⑥ 单击“确定”按钮，结果如图 4.7.3 所示。

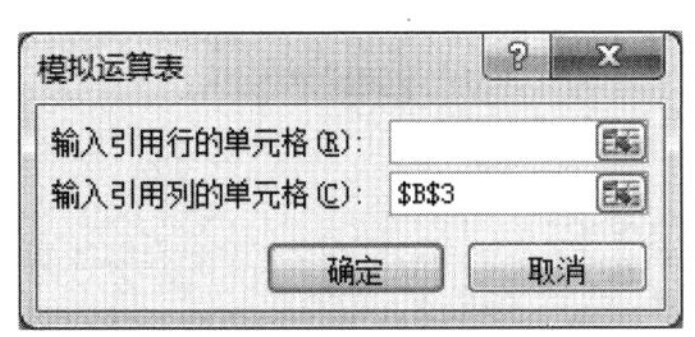

图 4.7.2　“模拟运算表”对话框

D2　　=PMT(B3/12,B4,-B5)

	A	B	C	D
1	抵押贷款分析			支付
2				￥672.68
3	利率	9.50%	9.00%	￥643.70
4	期限（月）	360	9.25%	￥658.14
5	贷款数量	￥80,000	9.50%	￥672.68

图 4.7.3　单变量模拟运算表

（2）双变量模拟运算表

如图 4.7.4 所示，建立一个“抵押贷款分析”工作表。每月所需支付金额的计算公式为“PMT(利率/12,期限,–贷款数量)”，PMT 为利率计算函数。根据表中的数据，试采用双变量模拟运算表分析当利率和期限变化时，对每月所支付金额的影响。具体操作如下：

C2　　=PMT(B3/12,B4,-B5)

	A	B	C	D	E
1	抵押贷款分析			支付	
2			￥672.68	180	360
3	利率	9.50%	9.00%		
4	期限（月）	360	9.25%		
5	贷款数量	￥80,000	9.50%		

图 4.7.4　抵押贷款分析表

① 在 C2 单元格中输入支付金额的计算公式“=PMT(B3/12,B4,–B5)”。

② 在 C3～C5 单元格中分别输入“9.0%”“9.25%”“9.5%”（利率）。

③ 在 D2、E2 单元格中输入期限变化值“180”“360”。

④ 选定包含公式和需要被替换的数值的单元格区域 C2:E5。

⑤ 单击“数据”选项卡“模拟”组中的“模拟运算表”按钮，弹出图 4.7.5 所示的“模拟运算表”对话框。

⑥ 将光标移动到“输入引用列的单元格”栏中。

⑦ 选择 B3 单元格。

⑧ 将光标移动到“输入引用行的单元格”栏中。

⑨ 选择 B4 单元格。

⑩ 单击“确定”按钮，结果如图 4.7.6 所示。

图 4.7.5　“模拟运算表”对话框

	A	B	C	D	E
1	抵押贷款分析			支付	
2			￥672.68	180	360
3	利率	9.50%	9.00%	￥811.41	￥643.70
4	期限（月）	360	9.25%	￥823.35	￥658.14
5	贷款数量	￥80,000	9.50%	￥835.38	￥672.68

图 4.7.6　双变量模拟运算表

2．使用方案分析数据

（1）建立方案

如图 4.7.7 所示，建立“华联超市 2021 年收入表”。利润的计算公式为“销售额×(1+可变率)－固定成本－可变成本×(1+可变率)－费用×(1+可变率)”。试根据图 4.7.7 所示的数据，确定下面两种方案的奖金额：

方案一：销售额的可变率 10%，可变成本 5%，费用 15%。

方案二：销售额的可变率 15%，可变成本 10%，费用 15%。

	A	B	C	D	E	F
1	华联超市2021年收入表					
2		第一季度	第二季度	第三季度	第四季度	可变率
3	销售额	800000	900000	680000	880000	0.1
4	固定成本	8500	9000	8400	9500	0
5	可变成本	5600	5800	8700	7800	0.05
6	费用	4500	6300	5200	5400	0.15
7	利润	860445	967665	724485	944100	

图 4.7.7　华联超市 2021 年收入表

具体操作如下：

① 单击数据区，单击“数据”选项卡“数据工具”组的“模拟分析”下拉列表框中的 “方案管理器”按钮，弹出图 4.7.8 所示的“方案管理器”对话框。

② 单击“添加”按钮，弹出图 4.7.9 所示的“编辑方案”对话框。

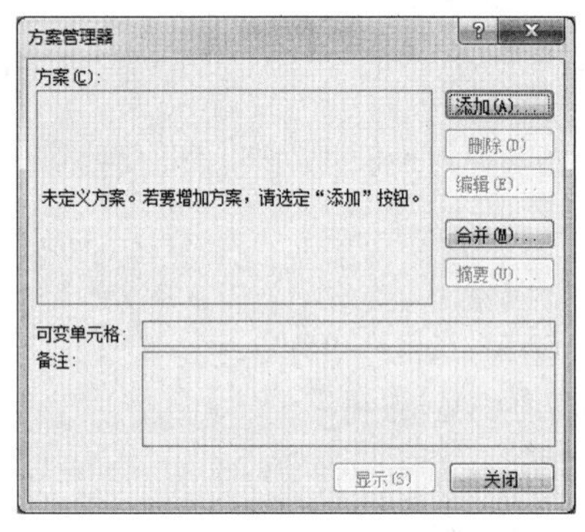

图 4.7.8 “方案管理器”对话框

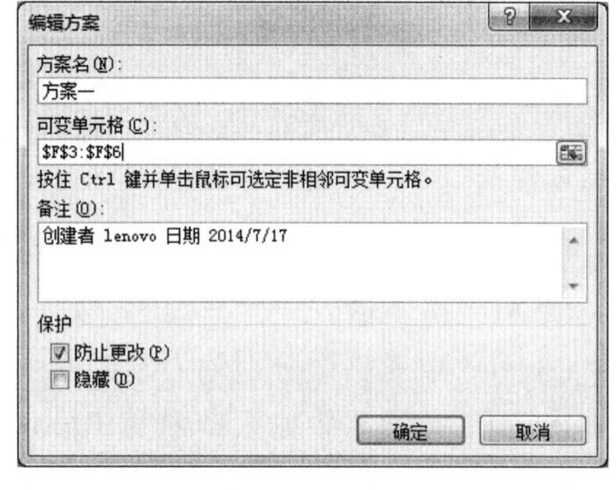

图 4.7.9 “编辑方案”对话框

③ 在“方案名”文本框中输入方案名（如“方案一”）。

④ 单击“可变单元格”文本框右侧的“折叠”按钮，选取“F3:F6”单元格区域后按【Enter】键，弹出如图 4.7.10 所示的“方案变量值”对话框。

⑤ 在第一栏内输入“10%”，第二栏内输入“0”，第三栏内输入“5%”，第四栏内输入“15%”（第二栏为固定成本，所以为 0）。

⑥ 重复上述操作，建立“方案二”。

⑦ 单击“关闭”按钮，完成操作。

（2）显示方案

显示两种方案下利润的变化情况。

具体操作如下：

① 单击“方案一”，单击“显示”按钮，观察“利润”单元格的变化。

② 单击“方案二”，单击“显示”按钮，观察“利润”单元格的变化。

③ 单击“关闭”按钮，完成操作。

（3）保护方案

对上面建立的方案设置保护，密码为“123”。

具体操作如下：

① 选择“文件”选项卡中的“信息”命令，单击右侧“保护工作簿”下拉列表框中的“保护当前工作表”按钮，弹出图 4.7.11 所示的“保护工作表”对话框。

图 4.7.10　“方案变量值”对话框

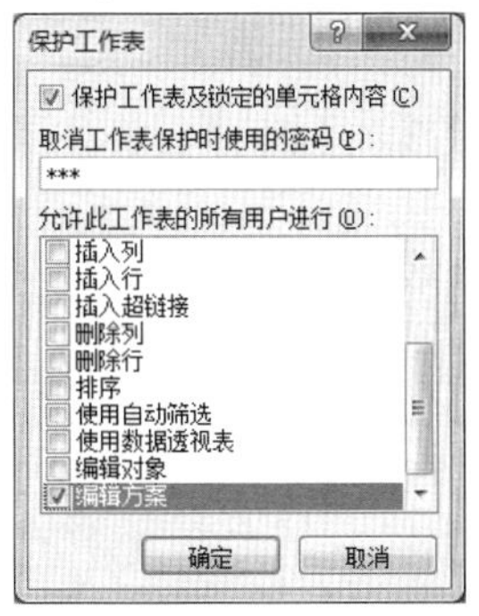

图 4.7.11　“保护工作表”对话框

② 选中“编辑方案”复选框。

③ 在“取消工作表保护时使用的密码”文本框中输入密码“123”，单击“确定”按钮，弹出“确认密码”对话框，确认后单击“确定”按钮即可。

（4）建立摘要报告

为以上方案建立方案总结报告。

具体操作如下：

① 单击数据区，单击“数据”选项卡“数据工具”组的“模拟分析”下拉列表框中的“方案管理器”按钮，弹出图 4.7.8 所示的“方案管理器”对话框。

② 单击“摘要”按钮，弹出图 4.7.12 所示的“方案摘要”对话框。

③ 选中“报表类型”选项组中的“方案摘要”单选按钮。

④ 单击“确定”按钮，在工作簿上自动增加一个“方案摘要”工作表，并显示工作表，如图 4.7.13 所示。

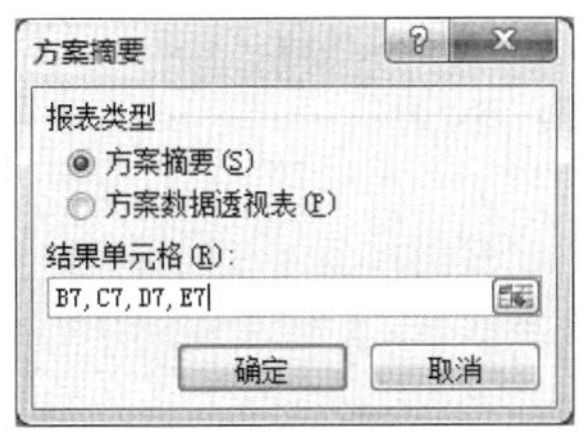

图 4.7.12　“方案摘要”对话框

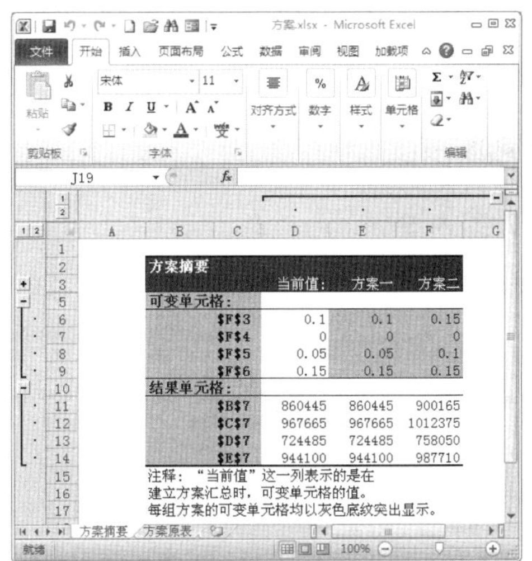

方案摘要	当前值:	方案一	方案二
可变单元格:			
$F$3	0.1	0.1	0.15
$F$4	0	0	0
$F$5	0.05	0.05	0.1
$F$6	0.15	0.15	0.15
结果单元格:			
$B$7	860445	860445	900165
$C$7	967665	967665	1012375
$D$7	724485	724485	758050
$E$7	944100	944100	987710

注释：“当前值”这一列表示的是在建立方案汇总时，可变单元格的值。
每组方案的可变单元格均以灰色底纹突出显示。

图 4.7.13　“方案摘要”工作表

实训8 插入 SmartArt 图形

实训目的

掌握 SmartArt 使用方法。

实训内容

在 Excel 表格中输入图 4.8.1 所示内容的文档。

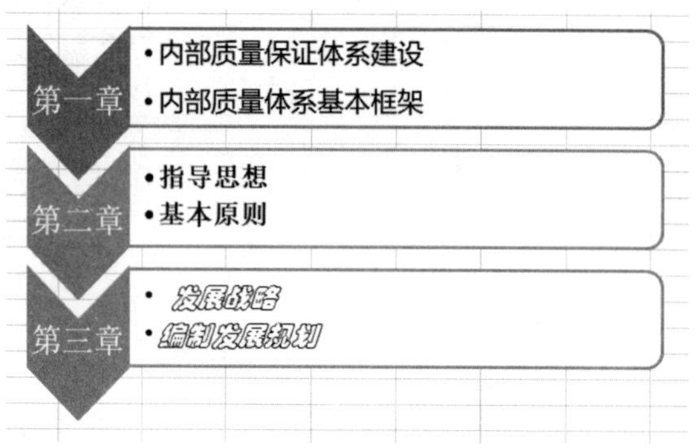

图 4.8.1 实训内容

实训要求

① 插入图 4.8.1 所示的 SmartArt 图形。

② 输入章节目录：第一章、第二章、第三章，字体宋体，字号 20。

③ 输入第一章子目录内容："内部质量保证体系建设""内部质量体系基本框架"，字体微软雅黑，字号 15。

④ 输入第二章子目录内容："指导思想""基本原则"，字体宋体，字号 20，加粗。

⑤ 输入第三章子目录内容："发展战略""编制发展规划"，字体华文彩云，字号 15，倾斜。

⑥ 更改颜色，彩色—彩色范围—强调文字颜色 5-6。

操作步骤

1. 插入图中 SmartArt

① 单击"插入"选项卡"插图"组中的"SmartArt"按钮，如图 4.8.2 所示。

图 4.8.2 单击 SmartArt 按钮

② 在弹出的"选择 SmartArt 图形"对话框中选择"列表"，选择"垂直 V 形列表"，单击

“确定”按钮，如图 4.8.3 所示。

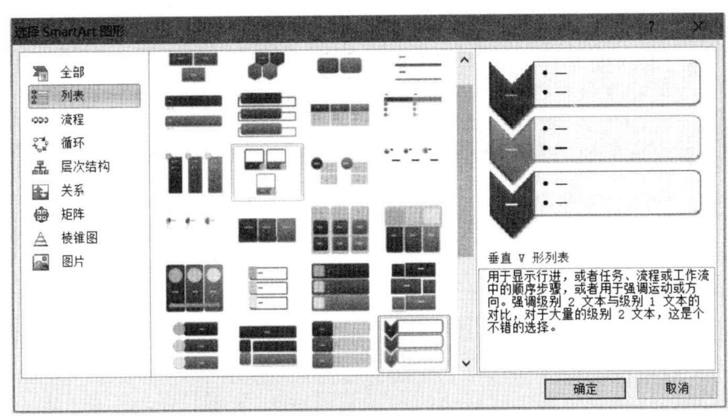

图 4.8.3　插入垂直 V 形列表

2．输入内容

① 输入章节目录：第一章、第二章、第三章，字体宋体，字号 20，如图 4.8.4 所示。

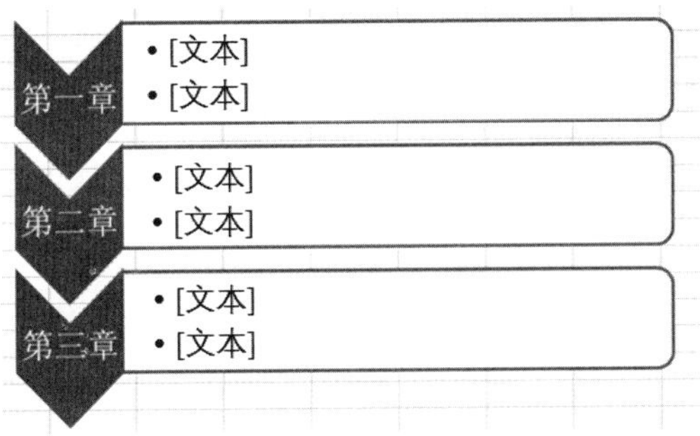

图 4.8.4　输入内容

② 输入第一章子目录内容：“内部质量保证体系建设”“内部质量体系基本框架”，字体微软雅黑，字号 15。

③ 输入第二章子目录内容：“指导思想”“基本原则”，字体宋体，字号 20，加粗。

④ 输入第三章子目录内容：“发展战略”“编制发展规划”，字体华文彩云，字号 15，倾斜。设置效果如图 4.8.5 所示。

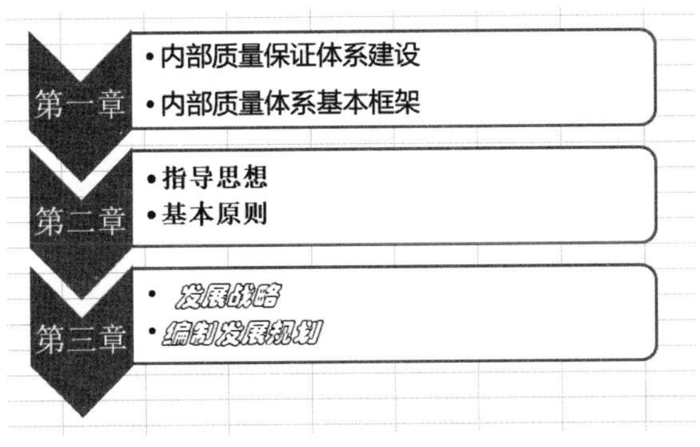

图 4.8.5　完成字体设置

3. 更改颜色

双击编辑好的 SmartArt，单击“SmartArt 工具-设计”选项卡“SmartArt 样式”组中的“更改颜色”按钮（见图 4.8.6），在弹出的下拉列表框中找到“彩色—彩色范围—强调文字颜色 5-6”选项，完成编辑。

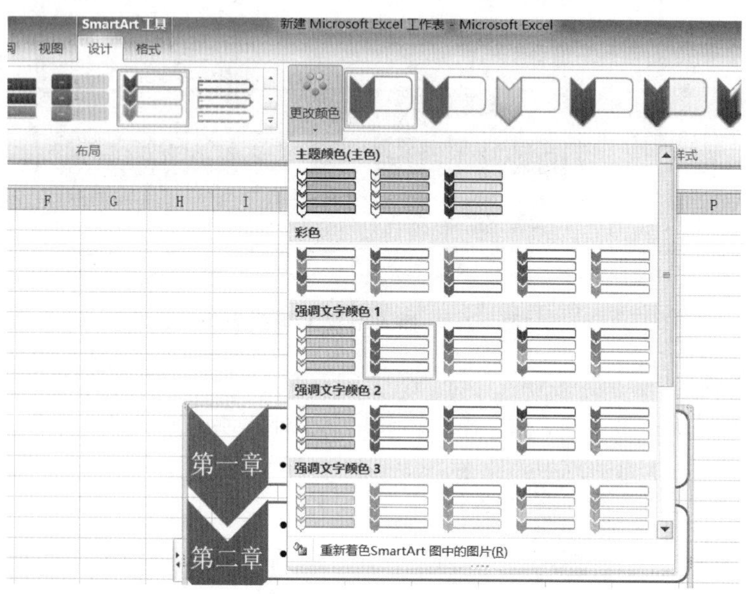

图 4.8.6 设置颜色

第5章 演示文稿制作软件PowerPoint 2010

实训1　幻灯片的基本操作

实训目的

① 掌握建立演示文稿的基本方法。

② 掌握在幻灯片中插入自选图形、图片及艺术字的方法。

③ 掌握为演示文稿应用设计模板及背景的方法。

④ 学会播放与保存演示文稿。

实训内容

建立两张幻灯片，如图 5.1.1 和图 5.1.2 所示。

图 5.1.1　第 1 张幻灯片

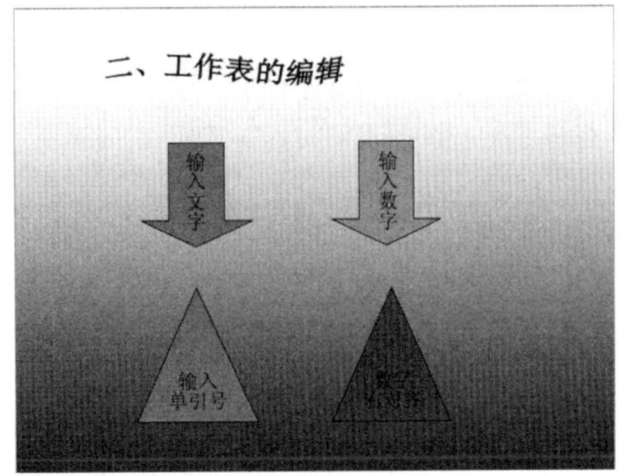

图 5.1.2　第 2 张幻灯片

实训要求

① 创建两张幻灯片。

② 第 1 张幻灯片内容为“教案”“计算机操作基础教程”。

③ 文本分别输入在两个自选图形内，自选图形内填充单色，文字设置为绿色。

④ 第 1 张幻灯片背景为“雨后初晴”。

⑤ 第 2 张幻灯片内容为：艺术字“二、工作表的编辑”，文本“输入文字”“输入单引号”“输入数字”“数字右对齐”。

⑥ 文本分别输入在 4 个自选图形内，不同的自选图形内填充不同的单色，文字设置为不同的颜色。

⑦ 第 2 张幻灯片背景为“渐变填充”。

⑧ 两张幻灯片设置相同的模板。

⑨ 将幻灯片保存。

操作步骤

1. 制作第 1 张幻灯片

① 单击“开始”按钮，选择“所有程序”→“Microsoft Office”→“Microsoft PowerPoint 2010”命令，启动 Microsoft PowerPoint 2010。

② 选择“文件”选项卡中的“新建”命令，在“可用模板和主题”选项组中选择“空白演示文稿”并单击“创建”按钮。单击“开始”选项卡“幻灯片”组中的“版式”按钮，在弹出的“Office 主题”下拉列表框中选择“空白”版式，如图 5.1.3 所示。

图 5.1.3 “空白”版式

③ 单击“开始”选项卡“绘图”组中的“椭圆”按钮，鼠标指针变为十字光标。

④ 将鼠标指针移动到幻灯片中要绘制“椭圆”的开始位置。

⑤ 按住鼠标左键，然后沿对角线方向拖动，直至所绘图形达到要求的大小为止，释放鼠标左键，即可绘制出图形，并且所绘图形处于选定状态，通过拖动尺寸控制句柄调整图形的大小。

注 意

绘制图形时，按住【Shift】键可限定所绘制的图形为特殊形状或角度，例如，绘制椭圆时，椭圆被限定为圆形；绘制直线时，直线角度将被限定 15° 及其倍数角，此时可以完成水平或垂直直线的绘制。

⑥ 在基本图形（椭圆）中没有文本框，不能输入文字，选中自选图形后右击，在弹出的快捷菜单中选择“编辑文字”命令，即可向自选图形中添加文字。

⑦ 单击“开始”选项卡“绘图”组中的“矩形”按钮，鼠标指针变为十字光标。

⑧ 将鼠标指针移动到幻灯片中要绘制“矩形”的开始位置。

⑨ 按住鼠标左键，然后沿对角线方向拖动，直至所绘图形达到要求的大小为止，释放鼠标左键，即可绘制出图形，并且所绘图形处于被选定状态，通过拖动尺寸控制句柄调整图形的大小。

⑩ 与步骤⑥方法相同，在矩形中添加文字。

⑪ 按住【Shift】键的同时分别单击“椭圆”和“矩形”，同时选中这两个图形，设置“填充颜色”和“文字颜色”。

⑫ 单击“设计”选项卡“背景”组的“背景样式”下拉列表框中的“设置背景格式”按钮（或在视图空白位置右击，在弹出的快捷菜单中选择“设置背景格式”命令），弹出“设置背景格式”对话框，选中“渐变填充”单选按钮，在“预设颜色”下拉列表框中选择“雨后初晴”（见图 5.1.4），单击“关闭”按钮。

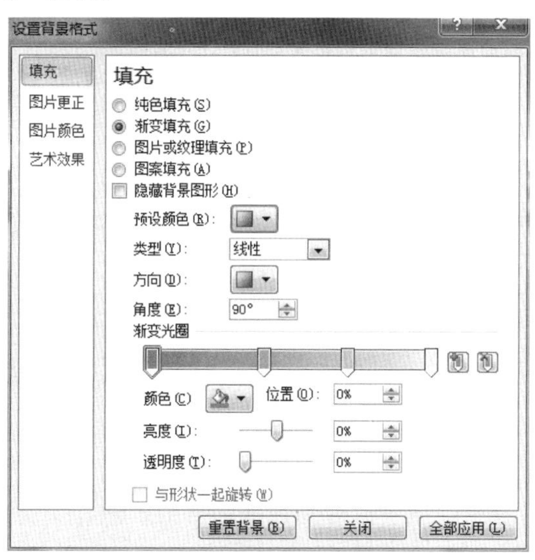

图 5.1.4 “设置背景格式”对话框

注 意

如果单击“全部应用”按钮，则所有幻灯片的背景均为此设置。

2. 制作第 2 张幻灯片

① 单击“开始”选项卡“幻灯片”组中的“新建幻灯片”按钮，在弹出的下拉列表框中选择幻灯片的类型，如图 5.1.5 所示。

② 此时选择“空白”版式。

③ 单击“开始”选项卡“绘图”组下拉列表框中的“箭头总汇”→“下箭头”按钮，鼠

标指针变为十字光标。

④ 将鼠标指针移动到幻灯片中要绘制“下箭头”的开始位置。

⑤ 按住鼠标左键，然后沿对角线方向拖动，直至所绘图形达到要求的大小为止，释放鼠标左键，即可绘制出图形，并且所绘图形处于被选定状态，通过拖动尺寸控制句柄调整图形的大小，选中自选图形后右击，在弹出的快捷菜单中选择“复制”命令，在视图中任意空白位置右击，在弹出的快捷菜单中选择“粘贴”命令，即复制出一个“下箭头”，将其移动到所需位置。

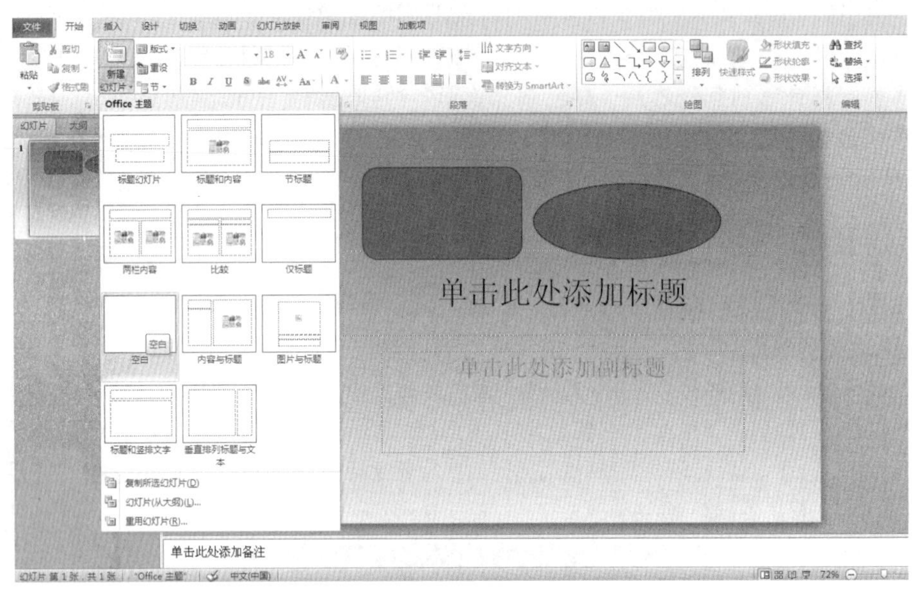

图 5.1.5 选择幻灯片类型

⑥ 在基本图形“下箭头”中没有文本框，不能输入文字，选中自选图形后右击，在弹出的快捷菜单中选择“编辑文字”命令，即可向自选图形中添加文字。

⑦ 分别选中这两个图形，设置“填充颜色”和“文字颜色”。

⑧ 在“开始”选项卡的“绘图”组中，单击图形旁边的下拉按钮，弹出下拉列表框，从中选择“基本形状”→“等腰三角形”选项，鼠标指针变为十字光标。

⑨ 重复上述④～⑦步。

⑩ 单击“设计”选项卡“背景”组的“背景格式”下拉列表框中的“设置背景格式”按钮（或在视图空白位置右击，在弹出的快捷菜单中选择“设置背景格式”命令），弹出“设置背景格式”对话框（见图 5.1.4），选中“渐变填充”单选按钮，单击“添加渐变光圈”按钮，对“渐变光圈”轴上的“停止点”分别选择需要的颜色，单击“关闭”按钮。

⑪ 单击“插入”选项卡“文本组”组的“艺术字”下拉列表框中任意一种需要的“艺术字”式样后，会出现编辑艺术字文本框，输入所需内容，艺术字即插入演示文稿中，这时的艺术字处于被选中状态，根据尺寸控制句柄调整“艺术字”的大小，将“艺术字”放置到所需的位置。

⑫ 在“设计”选项卡中任意选择一种设计模块，并可通过旁边的相关按钮进行设置。

3. 观看幻灯片放映

① 单击“幻灯片放映”选项卡“开始放映幻灯片”组中的“从头开始”按钮，启动放映；或按【F5】键启动放映。

② 转到下一张幻灯片：

- 单击鼠标。
- 按【Space】键或【Enter】键。
- 右击，在弹出的快捷菜单中选择“下一张”命令。

③ 结束放映。按【Esc】键即可；也可以在幻灯片放映时右击，在弹出的快捷菜单中选择“结束放映”命令。

4. 保存演示文稿

① 第 1 次保存演示文稿。选择“文件”选项卡中的“保存”命令，弹出图 5.1.6 所示的“另存为”对话框。

图 5.1.6　“另存为”对话框

② 在“文件名”组合框中输入该演示文稿的文件名“练习 1”。

③ 选择该演示文稿保存的路径。

④ 在“保存类型”下拉列表框中选择保存类型。“PowerPoint 演示文稿”是默认保存类型。

⑤ 单击“保存”按钮，即把该演示文稿以指定的文件名存入到指定的文件夹中。

5. 保存已有演示文稿

单击快速访问工具栏中的“保存”按钮，或选择“文件”选项卡中的“保存”命令。

实训 2　幻灯片的基本编辑

实训目的

① 掌握打开演示文稿的方法。

② 掌握设置动作按钮的基本方法。

③ 掌握如何设置幻灯片切换效果。

④ 掌握为每个对象设置动画效果的方法。

⑤ 学会将演示文稿打包。

实训内容

建立 4 张幻灯片，第 1 张幻灯片如图 5.1.1 所示，第 2 张幻灯片如图 5.2.1 所示，第 3 张幻灯片如图 5.2.2 所示，第 4 张幻灯片如图 5.1.2 所示。

实训要求

① 本实训共 4 张幻灯片，其中第 1 张和最后一张为本章实训 1 中创建好的两张幻灯片。

② 第 2 张和第 3 张幻灯片是本实训新添加的。

③ 打开实训 1 中保存的演示文稿。

④ 在打开的演示文稿中的第 1 张幻灯片后插入一张新的幻灯片作为本实训中的第 2 张幻灯片，如图 5.2.1 所示。将标题“4.1 Excel 2010 的基本操作”设置为艺术字，并设置“文本效果”为“朝鲜鼓”型。下面的 3 个按钮，每个按钮均输入相应文本。设置单击按钮即可打开相应的幻灯片；要求设置“图片”为背景。

⑤ 在新建的幻灯片后（即本实训中的第 2 张幻灯片后，实训 1 中打开的演示文稿的原第 2 张幻灯片前）插入一张新幻灯片，如图 5.2.2 所示，此幻灯片作为本实训的第 3 张幻灯片，幻灯片中 3 个自选图形内均输入文本，其中一处文本加项目符号；再在下方加一个动作按钮，使幻灯片在放映过程中，单击此按钮可以返回到第 2 页。

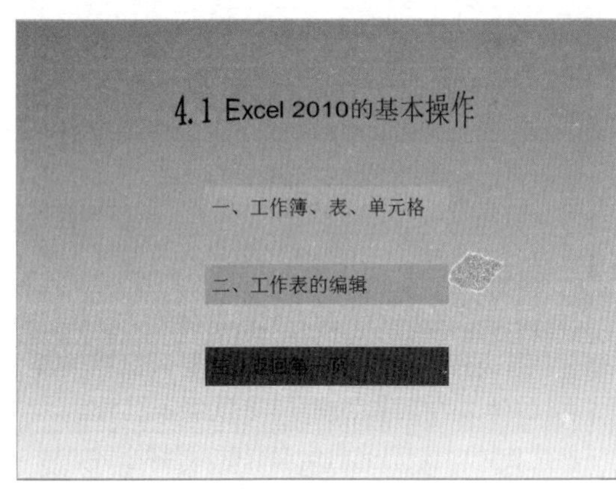

图 5.2.1 第 2 张幻灯片

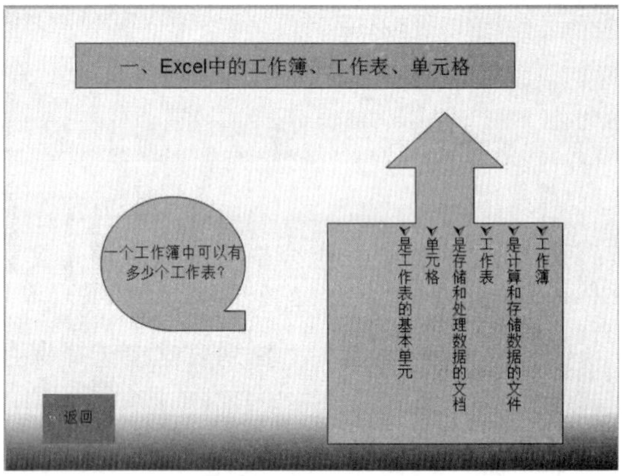

图 5.2.2 第 3 张幻灯片

⑥ 为这 4 张幻灯片的每个对象设置动画效果。

⑦ 为每个动作按钮设置相应的超链接。

⑧ 为每张幻灯片设置切换效果。

⑨ 将演示文稿另存。

⑩ 将演示文稿打包。

操作步骤

1. 打开本章实训 1 中的演示文稿“练习 1”

选择“文件”选项卡中的“打开”命令，弹出“打开”对话框（见图 5.2.3），在此对话框中选择要打开的文档“练习 1”，双击或单击“打开”按钮。

图 5.2.3　“打开”对话框

如果文件“练习 1”不存在，请先按实训 1 的要求创建两张幻灯片。

2. 制作第 2 张幻灯片

① 选中图 5.1.1 中的幻灯片，即本实训中的第 1 张幻灯片，单击“开始”选项卡“幻灯片”组中的“新建幻灯片”按钮，选择新插入幻灯片的类型（见图 5.1.5）。

② 幻灯片类型选择“空白”版式。

③ 单击“插入”选项卡“文本”组的“艺术字”下拉列表框中的“艺术字”式样，在出现的文本框中输入所需的内容“4.1 Excel 2010 的基本操作”，此时艺术字即插入演示文稿中，这时的艺术字处于选中状态，根据尺寸控制句柄调整艺术字的大小，将“艺术字”放置到所需的位置。

选择艺术字，单击“绘图工具-设计”选项卡“艺术字样式”组中的“文本效果”按钮，在弹出的下拉列表框中选择“转换”→“朝鲜鼓”效果。

④ 单击“开始”选项卡“绘图”组的“图形”下拉列表框中的“动作按钮”→“动作按钮自定义”按钮，鼠标指针变为十字光标。

将鼠标指针移到幻灯片中要绘制“动作按钮”的开始位置。

按住鼠标左键，然后沿对角线方向拖动，直至所绘图形达到要求的大小为止，释放鼠标左键，即可绘制出图形，并且所绘图形处于被选定状态，通过拖动尺寸控制句柄调整图形的大小，选中自选图形后右击，在弹出的快捷菜单中选择“复制”命令，在视图中任意空白位置单击，再单击“剪贴板”组中的“粘贴”按钮，即复制出一个动作按钮，再复制一个动作按钮，将其分别移到所需位置。

在基本图形“动作按钮”中添加文本。

分别选中这 3 个“动作按钮”图形，设置“填充颜色”和“文字颜色”。

⑤ 单击“设计”选项卡“背景”组的“背景格式”下拉列表框中的“设置背景格式”按钮（或在视图空白位置右击，在弹出的快捷菜单中选择“设置背景格式”命令），弹出“设置背景格式”对话框，选中“图片或纹理填充”单选按钮，单击“文件”按钮，弹出“插入图

片”对话框，输入相应路径后，选择要应用的图片，单击“插入”按钮，再单击“关闭”按钮即可。

3．制作第 3 张幻灯片

① 选中刚制作好的第 2 张幻灯片，单击“开始”选项卡“幻灯片”组中的“新建幻灯片”按钮，选择新插入幻灯片的类型。

② 幻灯片类型选择“空白”版式。

③ 单击“开始”选项卡“绘图”组下拉列表框中的“矩形”按钮，鼠标指针变为十字光标。将鼠标指针移动到幻灯片中要绘制“矩形”的开始位置。

按住鼠标左键，然后沿对角线方向拖动，直至所绘图形达到要求的大小为止，释放鼠标左键，即可绘制出图形，并且所绘图形处于被选定状态，通过拖动尺寸控制句柄调整图形的大小。

在基本图形（矩形）中添加文本。

选中基本图形（矩形），设置“填充颜色”和“文字颜色”。

④ 单击“开始”选项卡“绘图”组下拉列表框中的“箭头总汇”→“上箭头标注”按钮，鼠标指针变为十字光标。

将鼠标指针移动到幻灯片中要绘制“上箭头标注”的开始位置。

按住鼠标左键，然后沿对角线方向拖动，直至所绘图形达到要求的大小为止，释放鼠标左键，即可绘制出图形，并且所绘图形处于被选定状态，通过拖动尺寸控制句柄调整图形的大小。

在基本图形“上箭头标注”中没有文本框，不能输入文字，选中自选图形后右击，在弹出的快捷菜单中选择“添加文本”命令，即可向自选图形中添加文字。

选中图形，设置“填充颜色”和“文字颜色”。

⑤ 按上述步骤④的方法绘制及编辑自选图形“流程图顺序访问存储器”。

⑥ 按上述绘制自选图形的方法绘制及设置动作按钮。

⑦ 单击“设计”选项卡“背景”组的“背景格式”下拉列表框中的“设置背景格式”按钮（或在视图空白位置右击，在弹出的快捷菜单中选择“设置背景格式”命令），弹出“设置背景格式”对话框，选中“渐变填充”单选按钮，并单击“添加渐变光圈”按钮，对“渐变光圈”中的“停止点”分别选择需要的颜色后，单击“关闭”按钮。

4．设置每张幻灯片的切换效果

分别选中第 1、2、3、4 张幻灯片，在“切换”选项卡“切换到此幻灯片”组中选择一种切换效果（如淡出）（见图 5.2.4）。选中“计时”组中的“设置自动换片时间”复选框，时间可以按需要设置（如“每隔 00:03”），同时选中“单击鼠标时”复选框（在放映幻灯片时，如果不单击鼠标，每隔 3 s 幻灯片会自动播放下一页，在 3 s 内单击鼠标会手动播放到下一页）。

如果想将此切换效果应用于所有幻灯片，则单击“全部应用”按钮。

图 5.2.4　“切换到此幻灯片”组

5. 设置对象的动画效果

① 选中要设置动画的任意对象，在“动画”选项卡“动画”组中选择一种动画效果（见图 5.2.5）。这时，在幻灯片窗格的幻灯片对象上显示动画效果标记 1 。

图 5.2.5 “动画”组

② 如果更改动画效果的开始方式，可以在“计时”组的“开始”下拉列表框中选择一种方式即可。其中各选项的说明如下：

- “单击时”：选择此选项，则当幻灯片放映到动画效果序列中该动画效果时单击鼠标，开始显示幻灯片中的对象，否则将一直停在此位置等待用户单击来触发。
- “与上一动画同时”：选择此选项，则该动画效果与幻灯片的动画效果序列中的前一个动画效果同时发生，这时其序号将和前一个用单击来触发的动画效果的序号相同。
- “上一动画之后”：选择此选项，则该动画效果在幻灯片的动画效果序列中的前一个动画效果播放完毕时发生，这时其序号将和前一个用单击来触发的动画效果的序号相同。

③ 在“效果选项”下拉列表框中选择动画效果的方向。

设置完后，可以单击“幻灯片放映”按钮预览动画效果。

6. 添加动作路径

添加动作路径和添加其他动画效果的方法基本相同。只是在添加后，会出现动作路径的路径控制句柄，通过“尺寸控制句柄”“方向控制句柄”“编辑顶点”按钮等编辑路径。

7. 设置动作按钮

① 将第 2 张幻灯片设置为当前幻灯片。

② 选择需设置超链接的动作按钮后右击。

③ 在弹出的快捷菜单中选择“编辑超链接”命令，弹出图 5.2.6 所示的“动作设置”对话框。

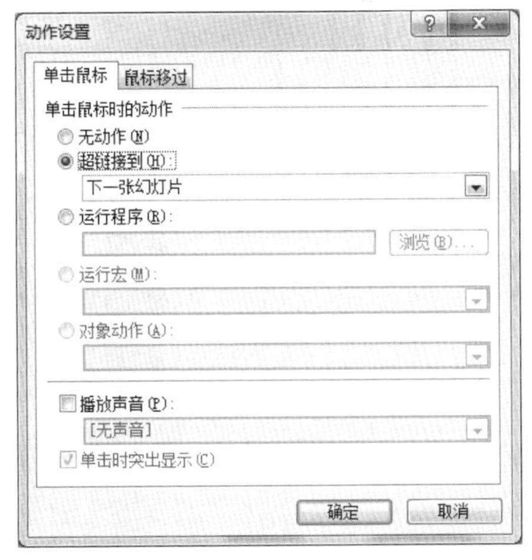

图 5.2.6 “动作设置”对话框

如果希望采用单击鼠标执行动作的方式，可以在“单击鼠标”选项卡中进行设置；如果希望采用鼠标移过执行动作的方式，可以在“鼠标移过”选项卡中进行设置。

④ 选中“超链接到”单选按钮，然后在下拉列表框中选择链接到的目标选项。

⑤ 选择“运行程序”单选按钮，再单击“浏览”按钮，弹出“选择一个要运行的程序”对话框。在该对话框中选择一个程序后，单击“确定”按钮，即可建立一个用来运行外部程序的动作按钮，并返回“动作设置”对话框。

⑥ 单击“确定”按钮，即可完成动作按钮的设置。

实训3 建立相册

实训目的

① 掌握新建相册的方法。

② 掌握进行动作设置的方法。

实训内容

建立如图 5.3.1～图 5.3.5 所示的演示文稿。

图 5.3.1 第 1 张幻灯片

图 5.3.2 第 2 张幻灯片

图 5.3.3　第 3 张幻灯片

图 5.3.4　第 4 张幻灯片

图 5.3.5　第 5 张幻灯片

实训要求

① 利用新建相册建立该组幻灯片。

② 第 1 张幻灯片应用艺术字，设置一个“退出”按钮。

③ 第 2 张幻灯片至最后一张幻灯片设置“返回”按钮。

④ 单击第 1 张幻灯片中目录，进入与其相链接的幻灯片。

操作步骤

1．准备图片

准备好在相册中需要用到的图片，将图片放到指定的文件夹“D:\图片”。

2．新建相册

① 单击“插入”选项卡“图像”组的“相册”下拉列表框中的“新建相册”按钮，弹出图 5.3.6 所示的“相册”对话框。

② 单击“文件/磁盘”按钮，弹出图 5.3.7 所示的“插入新图片”对话框。在路径“D:\图片”中选择需要的 16 张图片，单击“插入”按钮，返回“相册”对话框中。

图 5.3.6 “相册”对话框

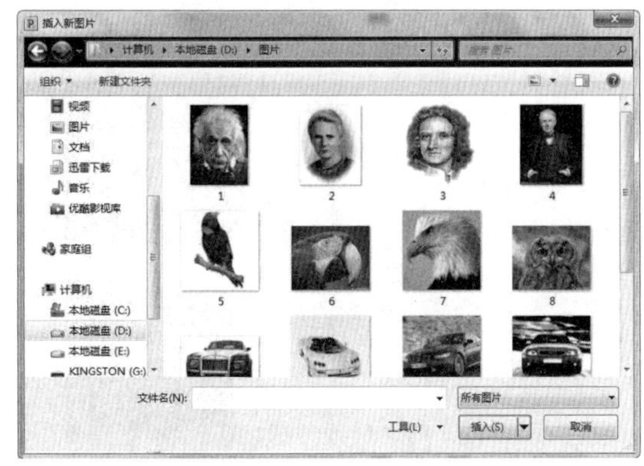

图 5.3.7 “插入新图片”对话框

③ 如图 5.3.8 所示，在“相册中的图片”列表框中出现插入进来的图片，选择图片后，单击“相册中的图片”列表框下方的“向上移动”按钮 和“向下移动”按钮，可以移动图片的位置，单击“删除”按钮，可以删除不需要的图片。

图 5.3.8 插入图片后的“相册”对话框

单击“预览”框下方的各按钮，可以调节图片的亮度、对比度。

④ 在“相册版式”选项组的“图片版式”下拉列表框中选择“4 张图片(带标题)”，在“相框形状”下拉列表框中选择“圆角矩形”，单击“创建”按钮。在演示文稿中创建 5 张幻灯片。

3．编辑第 1 张幻灯片

① 删除第 1 张幻灯片上的文本框，单击“插入”选项卡“文本”组的“艺术字”下拉列表框中第 4 行第 2 列样式。修改艺术字内容，输入文字“我的相册”。在“开始”选项卡“字体”组中设置文字大小为 96，结果如图 5.3.9 所示。

② 选中艺术字“我的相册”后，单击“开始”选项卡“段落”组的“文字方向”下拉列表框中的“竖排”按钮，艺术字变成竖排形式，如图 5.3.10 所示。

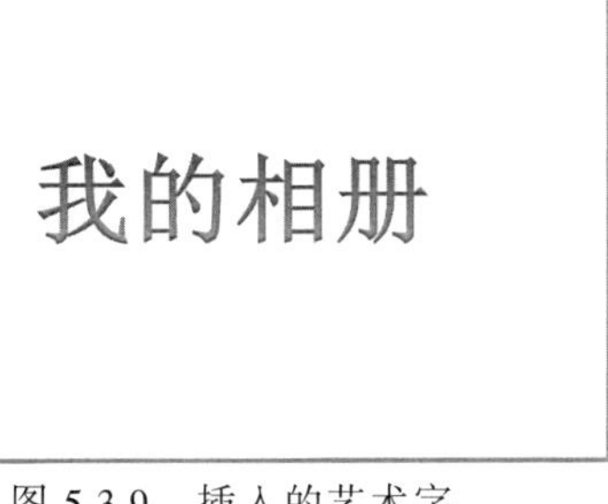

图 5.3.9　插入的艺术字

图 5.3.10　竖排艺术字

③ 单击“绘图工具-格式”选项卡“艺术字样式”组中的“文本效果”下拉按钮，如图 5.3.11 所示。

④ 在下拉列表框中单击“阴影”→“阴影选项”按钮，弹出“设置文本效果格式”对话框，如图 5.3.12 所示。在“预设”中设置“外部”→“右上斜偏移”，“距离”设为“8 磅”。

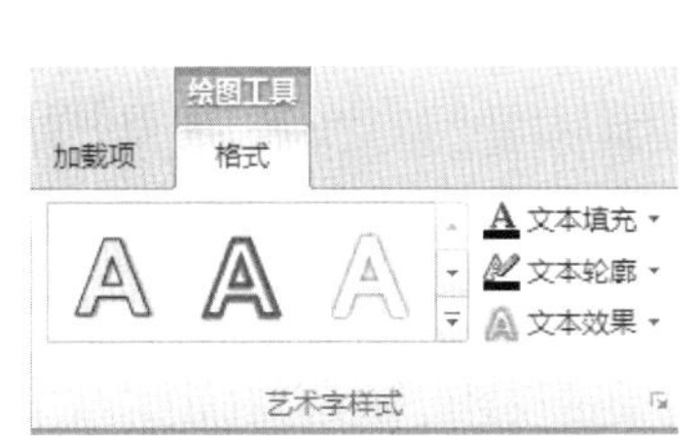

图 5.3.11　单击“文本效果”下拉按钮

图 5.3.12　“设置文本效果格式”对话框

⑤ 最终设置效果如图 5.3.13 所示。

⑥ 重复上述步骤，为其他艺术字“我的偶像”“鸟的世界”“名车欣赏”“秀丽风光”，分别设置“阴影”效果为“透视”→“右上对角透视”。

⑦ 在“开始”选项卡“绘图”组中选择“星与旗帜”→“横卷形”，在第 1 张幻灯片的右下角绘制“退出”按钮，绘制完毕后输入文字“退出”，设置颜色。

图 5.3.13 阴影设置效果

4. 编辑第 2 张至第 5 张幻灯片

分别在第 2 张至第 5 张幻灯片标题文本框中输入“我的偶像”“鸟的世界”“名车欣赏”“秀丽风光”，设置字体为华文新魏。

分别在第 2 张至第 5 张幻灯片中绘制如图 5.3.2～图 5.3.5 所示的“返回”按钮。

5. 动作设置

① 选择第 1 张幻灯片中的艺术字“我的偶像”，单击“插入”选项卡“链接”组中的“动作”按钮，弹出图 5.3.14 所示的“动作设置”对话框。

② 选中“超链接到”单选按钮，在其下拉列表框中选择“下一张幻灯片”，弹出图 5.3.15 所示的“超链接到幻灯片”对话框，选择“2.我的偶像”，单击“确定”按钮，返回到“动作设置”对话框，再次单击“确定”按钮，完成动作设置。

图 5.3.14 “动作设置”对话框

图 5.3.15 “超链接到幻灯片”对话框

③ 同理进行“鸟的世界”“名车欣赏”“秀丽风光”的动作设置。

④ 选择“退出”按钮，在“动作设置”对话框中选择“超链接到”和“结束放映”。

⑤ 设置各“返回”按钮超链接到第 1 张幻灯片。

⑥ 保存该幻灯片，并放映。

实训 4　幻灯片的高级编辑

实训目的

① 掌握使用“样本模板”建立演示文稿的方法。
② 掌握在幻灯片中插入声音和影片的方法。
③ 学会将演示文稿保存为其他方式。

实训内容

建立如图 5.4.1 和图 5.4.2 所示的演示文稿，并插入音乐背景。

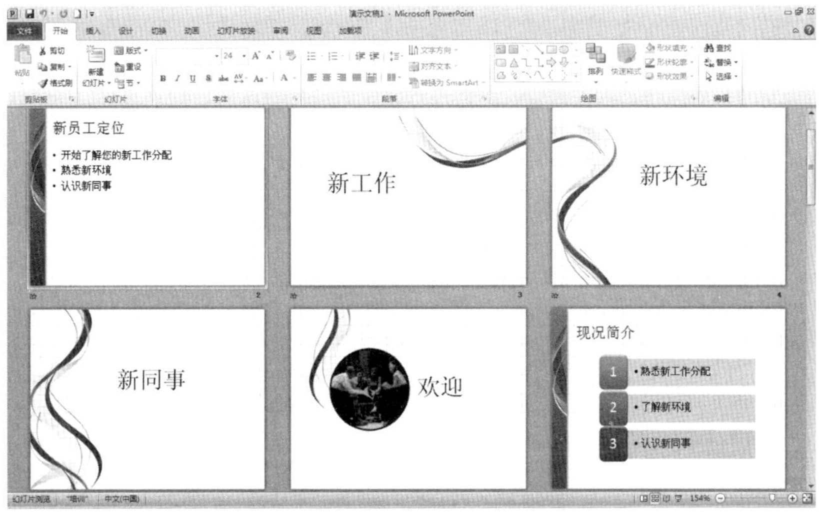

图 5.4.1　实训内容 1

图 5.4.2　实训内容 2

实训要求

① 利用样本模板创建演示文稿。
② 复制、删除、移动幻灯片。
③ 在演示文稿内插入声音。
④ 设置“排练计时”。
⑤ 将演示文稿保存为“幻灯片放映格式”。

操作步骤

1. 利用内容提示向导创建演示文稿

① 启动 PowerPoint 2010 后，选择“文件”选项卡中的“新建”命令，在“可用的模板和主题”中选择“样本模板”，在打开的“样本模板”中选择“培训”，单击右侧的“创建”按钮，如图 5.4.3 和图 5.4.4 所示。

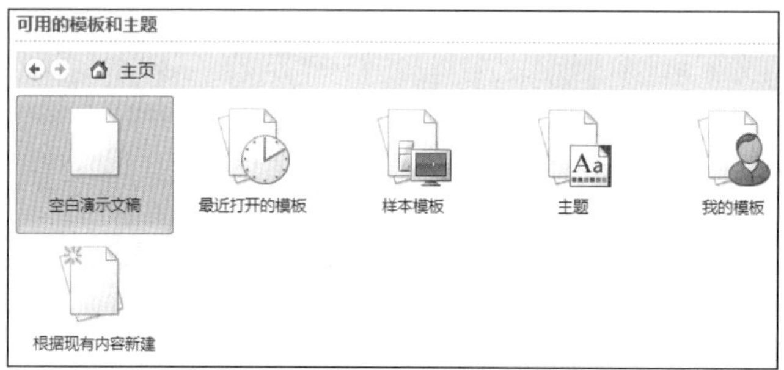

图 5.4.3 可用的模板和主题

图 5.4.4 “样本模板”窗口

② 单击“设计”选项卡“页面设置”组中的“页面设置”按钮，如图 5.4.5 所示。

③ 弹出“页面设置”对话框，在“幻灯片大小”下拉列表框中选择“35 毫米幻灯片”，如图 5.4.6 所示。

图 5.4.5　单击“页面设置”按钮

图 5.4.6　“页面设置”对话框

④ 单击窗口左下角的“幻灯片浏览”按钮，演示文稿即切换到幻灯片浏览视图的显示方式。

2. 复制、删除、移动幻灯片

（1）复制幻灯片

方法一：使用“复制”与“粘贴”按钮复制幻灯片。选中要复制的幻灯片，单击“开始”选项卡“剪贴板”组中的“复制”按钮，将插入点置于要插入幻灯片的位置，然后单击“粘贴”按钮即可。

方法二：使用鼠标拖动复制幻灯片。单击窗口左下方的“幻灯片浏览”按钮，切换到幻灯片浏览视图，选中要复制的幻灯片，按住【Ctrl】键不放，然后按住鼠标并拖动到目标位置，再释放鼠标左键和【Ctrl】键，即可完成幻灯片的复制。

方法三：使用快捷键复制幻灯片。选中所要复制的幻灯片，使用【Ctrl+C】组合键复制，将插入点置于要插入幻灯片的位置，然后使用【Ctrl+V】组合键粘贴即可。

（2）删除幻灯片

在幻灯片浏览视图中，选择要删除的幻灯片，单击“剪切”按钮或选择右键快捷菜单中的“删除幻灯片”命令即可。

（3）移动幻灯片

在幻灯片浏览视图中，选定要移动的幻灯片，按住鼠标左键，并拖动幻灯片到目标位置，拖动时所显示的直线就是插入点，释放鼠标左键，即可将幻灯片移动到新的位置。

提　示

也可以利用“剪切”和“粘贴”功能来移动幻灯片。

3. 在幻灯片中插入声音

在幻灯片窗格中，打开要插入声音的幻灯片；单击“插入”选项卡“媒体”组的“音频”下拉列表框中的“文件中的音频”按钮，弹出“插入音频”对话框；选择要插入声音的文件名，然后单击“插入”按钮；从弹出的对话框中选择是否自动播放声音（在幻灯片中插入影片的方法同插入声音的方法）。

若要删除声音，选择要删除的声音图标后按【Delete】键即可。

如果声音文件大于 100 KB，默认情况下会自动将声音链接到文件，而不是嵌入文件。演示文稿链接到文件后，如果要在另一台计算机上播放此演示文稿，则必须在复制该演示文稿的同时复制它所链接的文件。

4．设置声音的播放方式

① 在幻灯片上，单击声音图标以选中它们，单击“动画”选项卡“计时”组的“开始”下拉列表框中的“上一动画之后”按钮。

② 设置循环播放声音。在幻灯片上，选择声音图标，在“音频工具–播放”选项卡“音频选项”组中选择“循环播放，直到停止”复选框即可。

5．设置排练计时

单击“幻灯片放映”选项卡“设置”组中的“排练计时”按钮，此时会进入放映排练状态，并打开“录制”工具栏，单击工具栏中的“下一项”按钮，可排练下一张幻灯片的时间；单击工具栏中的“暂停”按钮，可以暂停计时，再次单击继续计时；排练结束后，将出现提示用户是否保留新的幻灯片排练时间的对话框，单击“是”按钮，确认应用排练计时。此时会在幻灯片浏览视图中每张幻灯片的左下角显示该幻灯片的放映时间。

6．将演示文稿保存为“幻灯片放映”格式

选择“文件”选项卡中的“另存为”命令，弹出“另存为”对话框，选择保存类型为“PowerPoint 放映”，单击“保存”按钮即可。

这种类型的演示文稿文件在放映时不需进入 PowerPoint 界面，文件扩展名是“.ppsx”，放映完毕后仍返回 Windows 中。

实训 5　插入 SmartArt 图形

掌握 SmartArt 使用方法。

实训内容

在 PowerPoint 演示文稿中输入图 5.5.1 所示内容的文档。

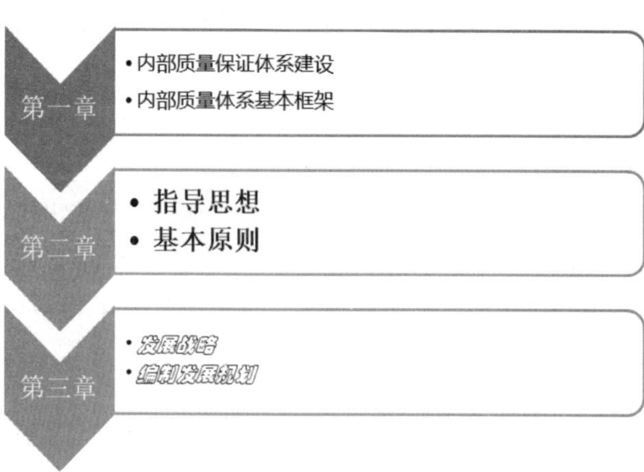

图 5.5.1　实训内容

实训要求

① 插入图中 SmartArt。

② 输入章节目录：第一章、第二章、第三章，字体宋体，字号 20。

③ 输入第一章子目录内容："内部质量保证体系建设""内部质量体系基本框架"，字体微软雅黑，字体大小 15。

④ 输入第二章子目录内容："指导思想""基本原则"，字体宋体，字号 20，加粗。

⑤ 输入第三章子目录内容："发展战略""编制发展规划"，字体华文彩云，字号 15，倾斜。

⑥ 更改颜色，彩色—彩色范围—强调文字颜色 5-6。

操作步骤

1. 插入图中 SmartArt

① 单击"插入"选项卡"插图"组中的"SmartArt"按钮，如图 5.5.2 所示。

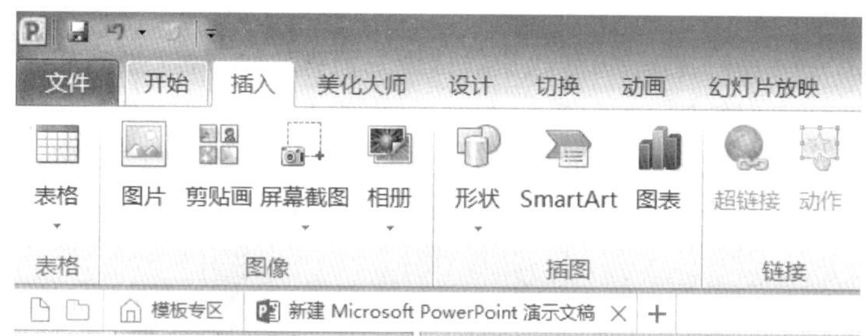

图 5.5.2 单击 SmartArt 按钮

② 在弹出的"选择 SmartArt 图形"对话框中选择"列表"，选择"垂直 V 形列表"，单击"确定"按钮，如图 5.5.3 所示。

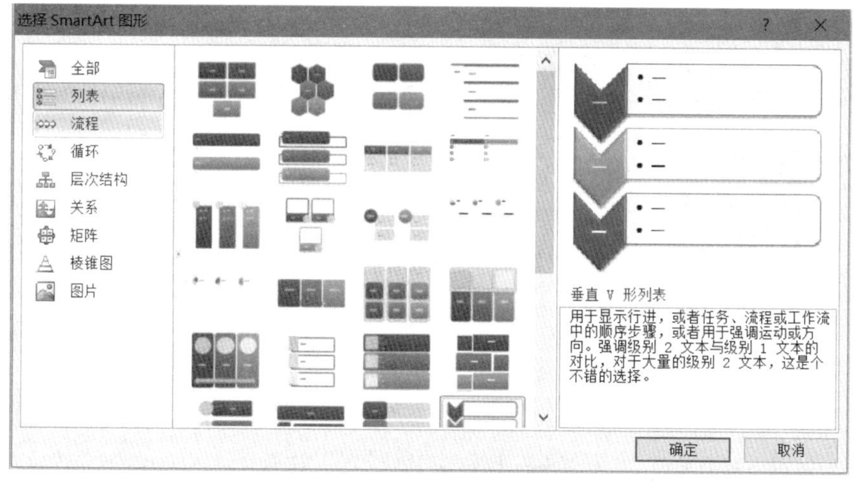

图 5.5.3 插入垂直 V 形列表

2．输入内容

① 输入章节目录：第一章、第二章、第三章，字体宋体，字号 20，如图 5.5.4 所示。

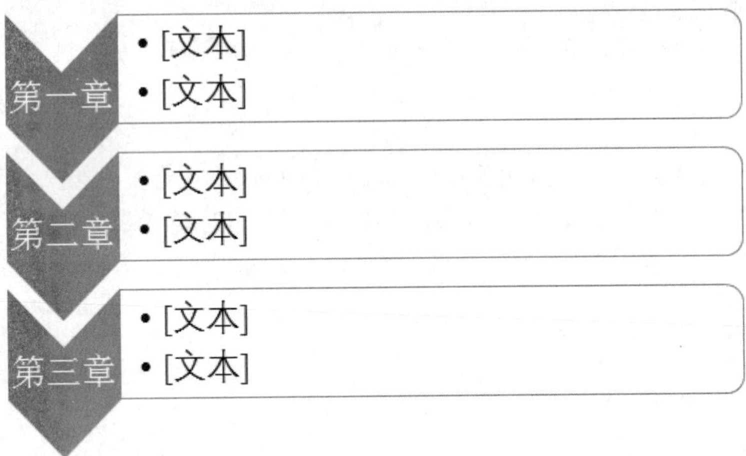

图 5.5.4 输入内容

② 输入第一章子目录内容："内部质量保证体系建设""内部质量体系基本框架"，字体微软雅黑，字号 15。

③ 输入第二章子目录内容："指导思想""基本原则"，字体宋体，字号 20，加粗。

④ 输入第三章子目录内容："发展战略""编制发展规划"，字体华文彩云，字号 15，倾斜。设置效果如图 5.5.5 所示。

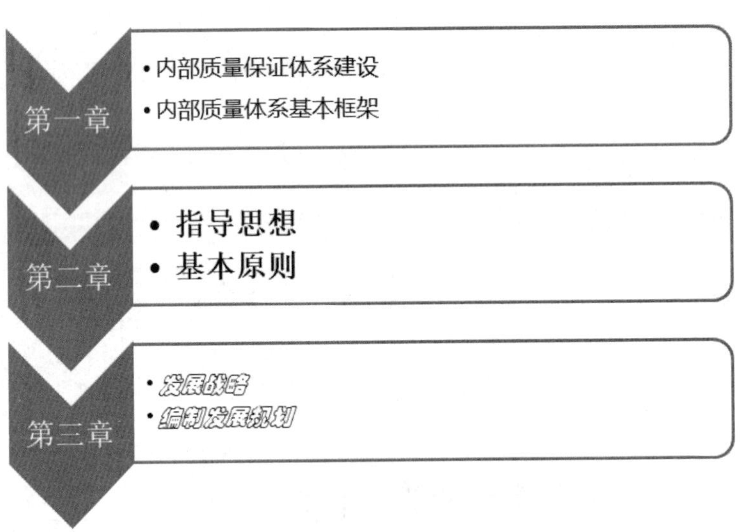

图 5.5.5 完成字体调整

3．更改颜色

双击编辑好的 SmartArt，单击"SmartArt 工具–设计"选项卡"SmartArt 样式"组中的"更改颜色"按钮(见图 5.5.6)，在弹出的下拉列表框中找到"彩色—彩色范围—强调文字颜色 5–6"选项，完成编辑。

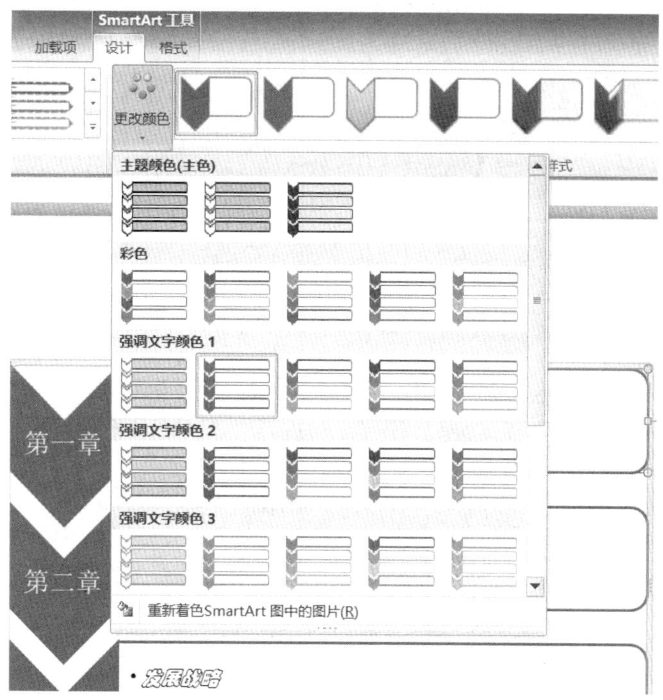

图 5.5.6　设置颜色

实训 6　综合练习——制作课件

实训目的

综合运用演示文稿的各种功能制作与主题相适应的演示文稿。

实训内容

建立如图 5.6.1～图 5.6.9 所示的演示文稿。

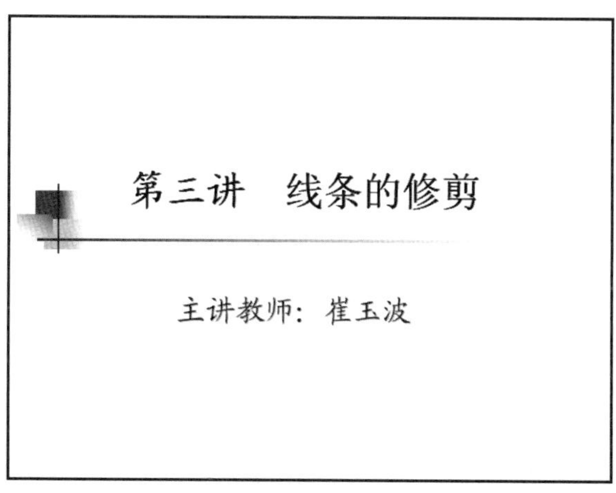

图 5.6.1　第 1 张幻灯片

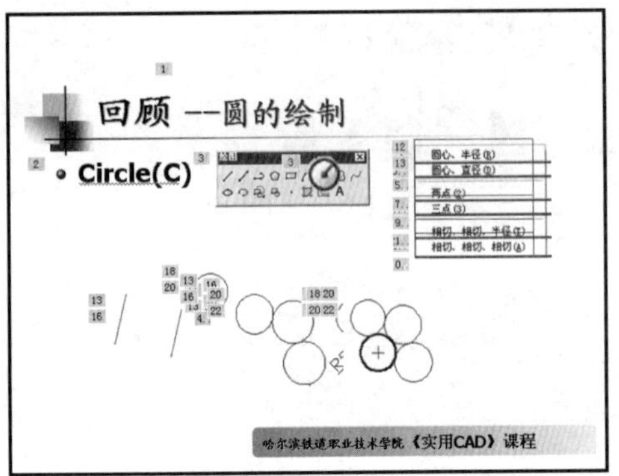

图 5.6.2 第 2 张幻灯片

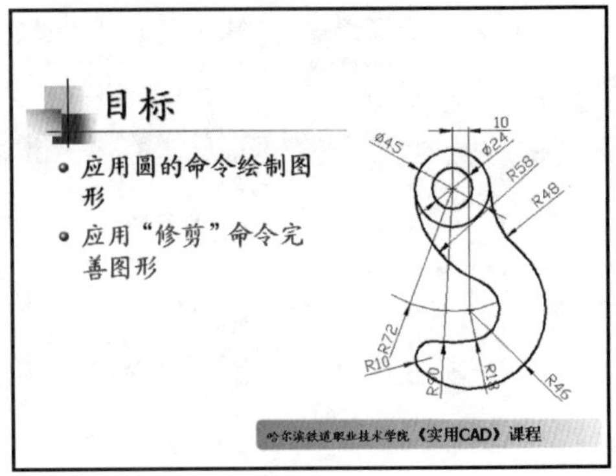

图 5.6.3 第 3 张幻灯片

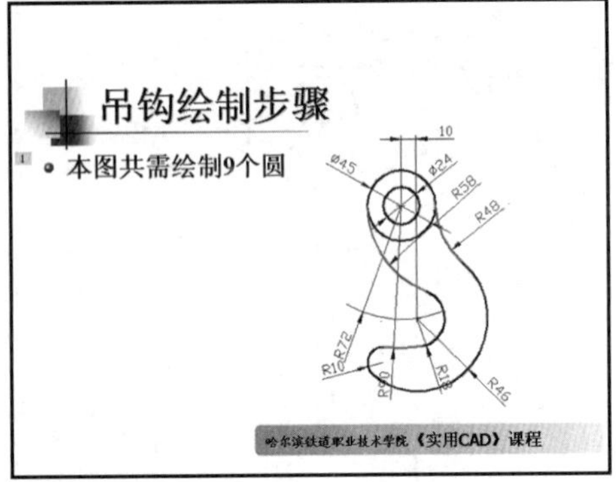

图 5.6.4 第 4 张幻灯片

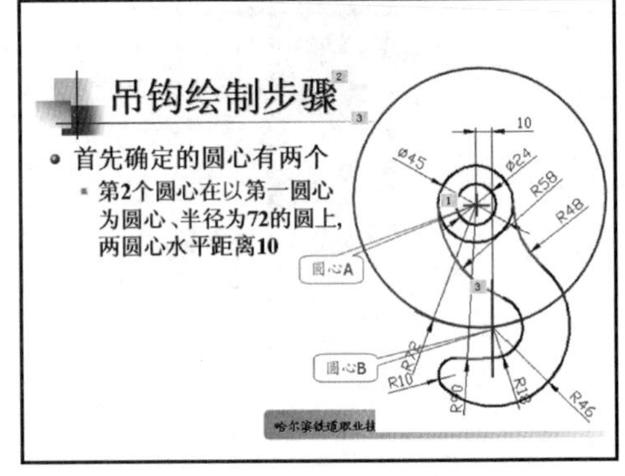

图 5.6.5 第 5 张幻灯片

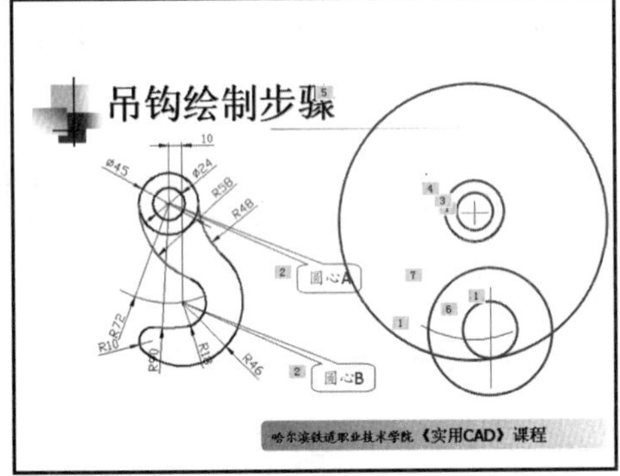

图 5.6.6 第 6 张幻灯片

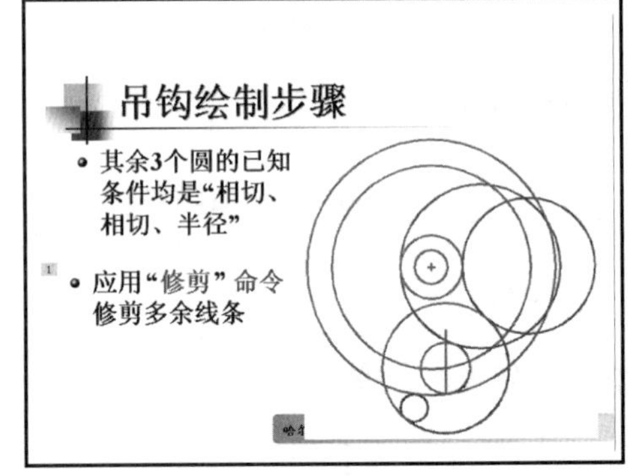

图 5.6.7 第 7 张幻灯片

图 5.6.8 第 8 张幻灯片

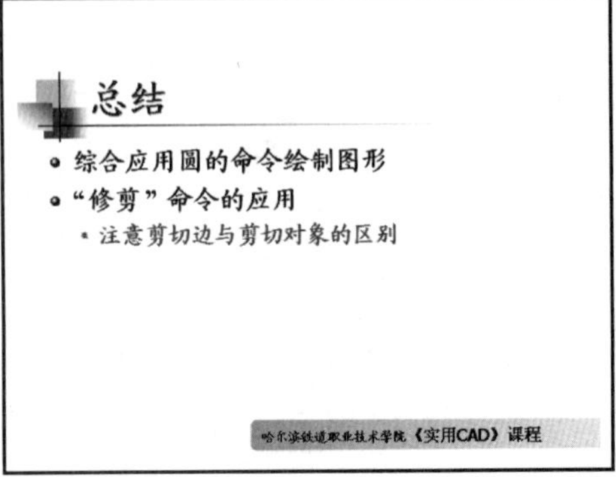

图 5.6.9 第 9 张幻灯片

实训要求

① 不应设置无谓的动画效果分散学生的注意力。设置的动画效果应符合课程内容需要，以加强讲课效果。动画效果应设置为单击鼠标执行，这样教师可以根据自己的讲课进度进行控制。

② 画面必须清楚，课件经投影仪投到幕布上时，颜色会变淡，所以不要设置太淡的颜色。文字与背景颜色对比要鲜明，否则学生会看不清文字。

③ 对于每页都有的共同图案应设置“幻灯片母版”。

操作步骤

① 单击“视图”选项卡“母版视图”组中的“幻灯片母版”按钮，在弹出的幻灯片母版下方绘制各图下方所示的“圆角矩形”，设置填充效果为“渐变填充”“预设颜色”中的“雨后初晴”，“方向”为“线性向右”的效果，在该圆角矩形内输入文字“哈尔滨铁道职业技术学院《实用 CAD》课程”，关闭该母版。在演示文稿的每一张非标题的幻灯片中都会出现该效果。

② 第 2 张设置的多个动画效果，用来满足在幻灯片放映时，每单击鼠标一次，依次出现图 5.6.10～图 5.6.20 所示的画面。

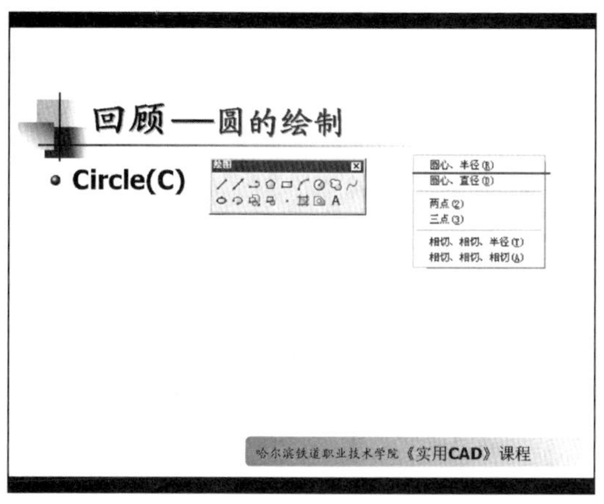

图 5.6.10　第 2 张的第 1 个画面

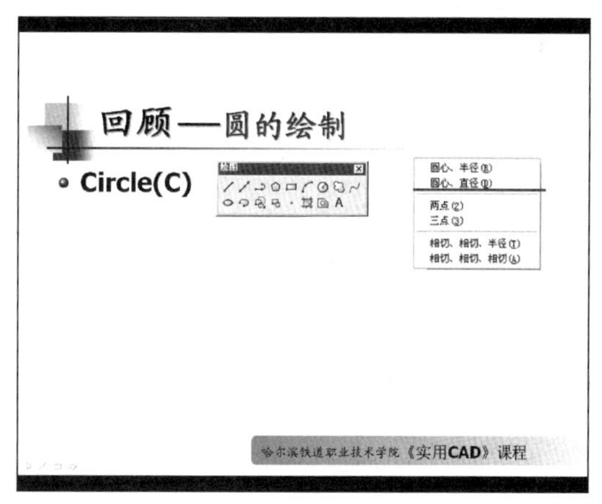

图 5.6.11　第 2 张的第 2 个画面

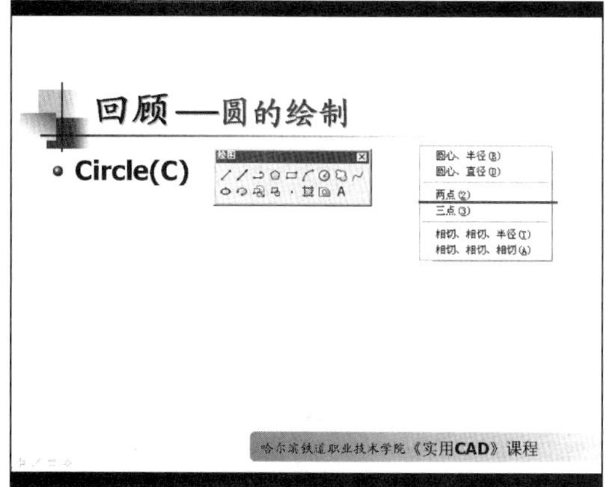

图 5.6.12　第 2 张的第 3 个画面

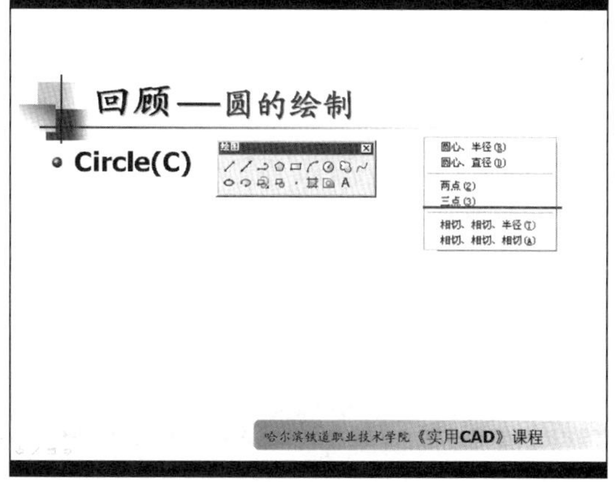

图 5.6.13　第 2 张的第 4 个画面

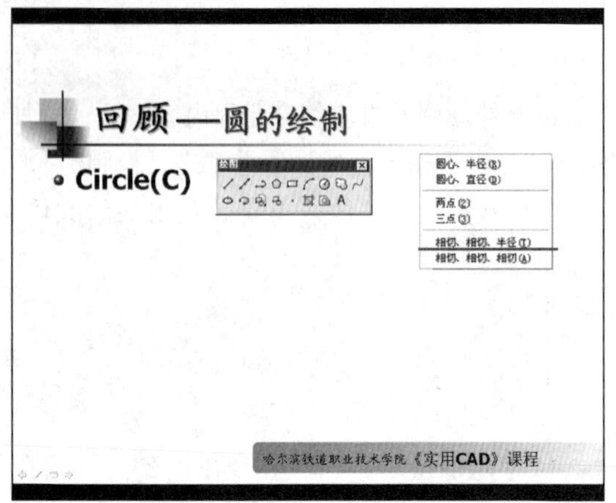

图 5.6.14　第 2 张的第 5 个画面

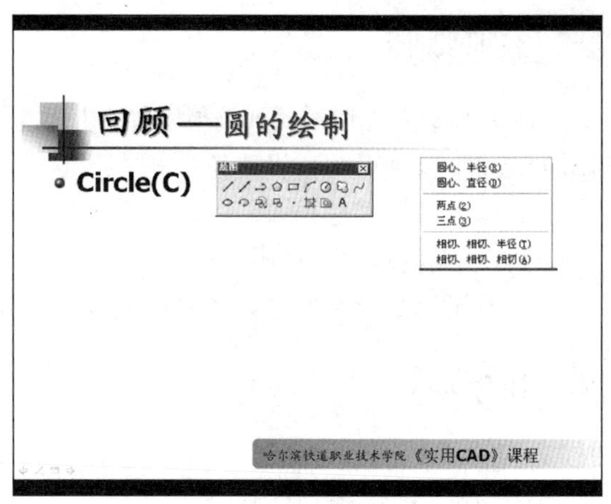

图 5.6.15　第 2 张的第 6 个画面

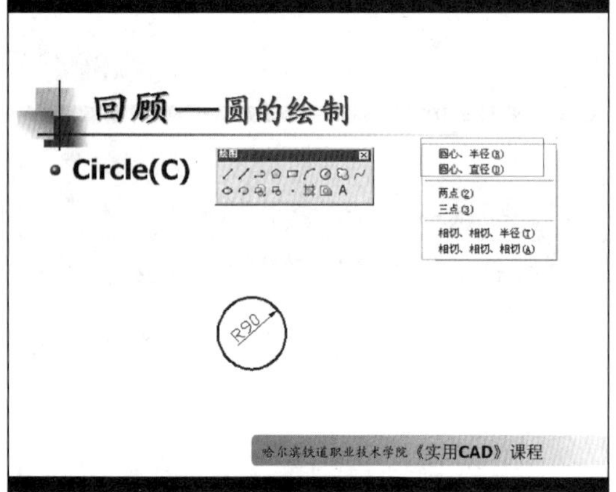

图 5.6.16　第 2 张的第 7 个画面

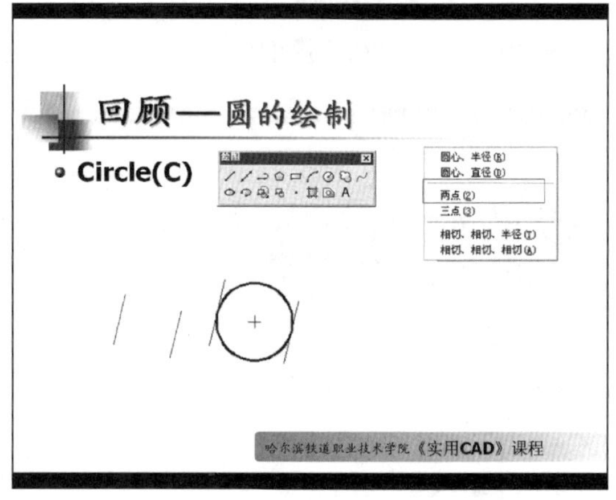

图 5.6.17　第 2 张的第 8 个画面

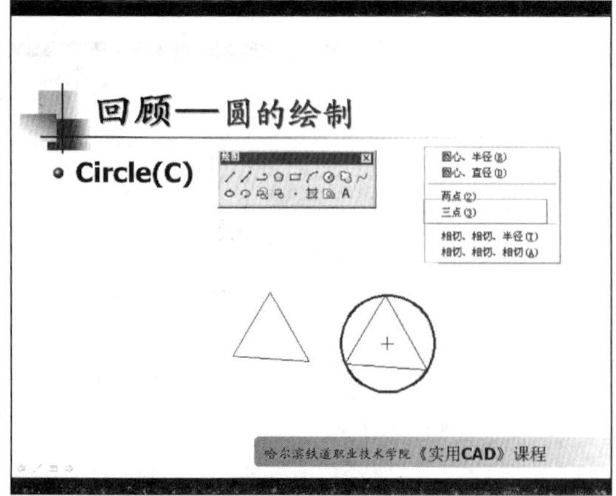

图 5.6.18　第 2 张的第 9 个画面

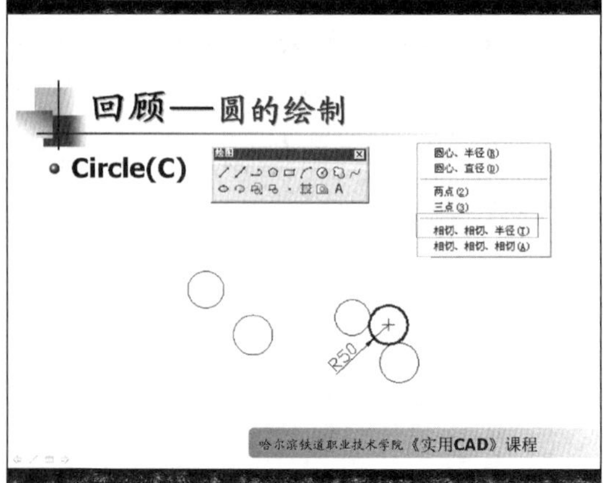

图 5.6.19　第 2 张的第 10 个画面

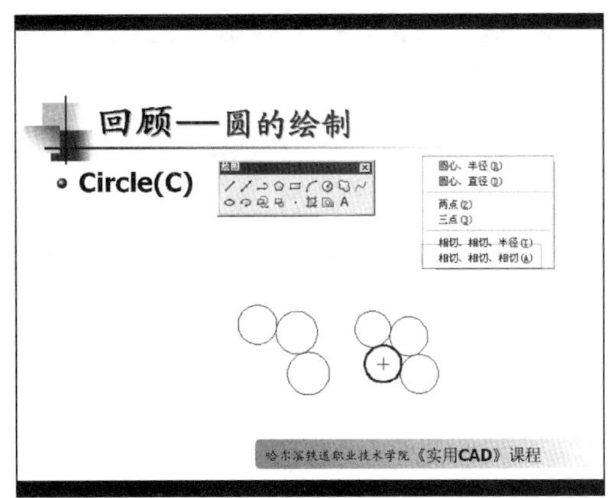

图 5.6.20　第 2 张的第 11 个画面

③ 第 5 张设置的多个动画效果，用来满足在幻灯片放映时，每单击鼠标一次，依次出现图 5.6.21～图 5.6.23 所示的画面。

④ 第 6 页设置的多个动画效果，用来满足在幻灯片放映时，每单击鼠标一次，依次出现图 5.6.24～图 5.6.30 所示的画面。

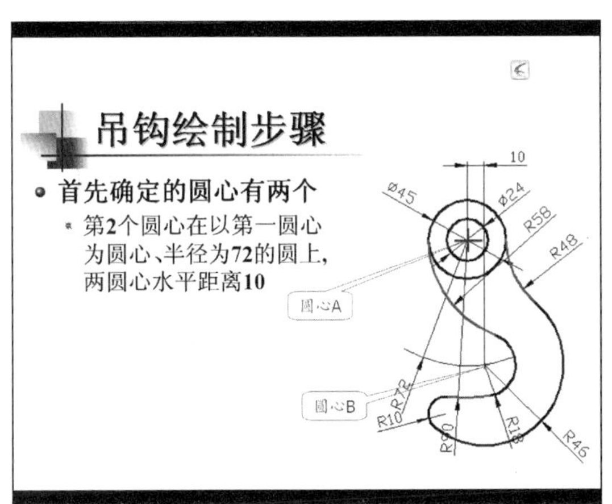

图 5.6.21　第 5 张的第 1 个画面

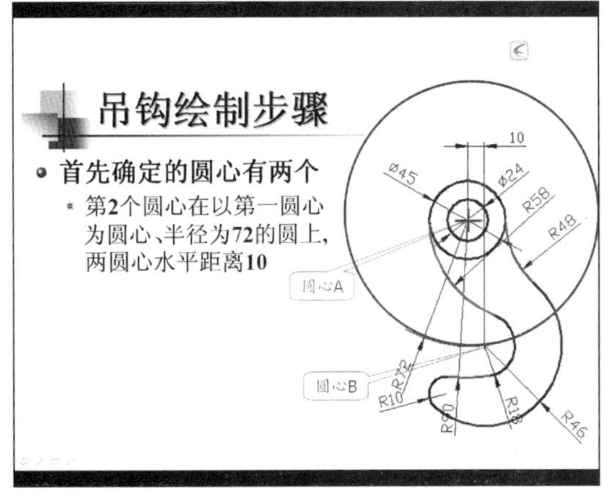

图 5.6.22　第 5 张的第 2 个画面

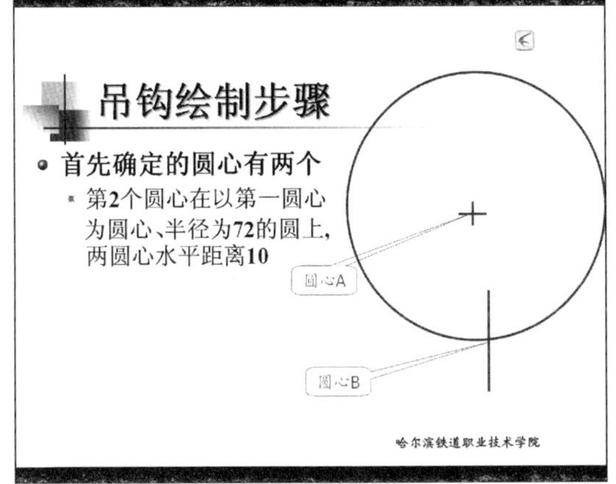

图 5.6.23　第 5 张的第 3 个画面

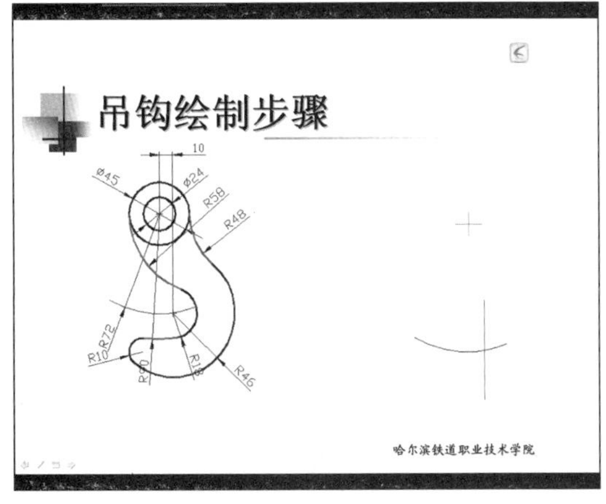

图 5.6.24　第 6 张的第 1 个画面

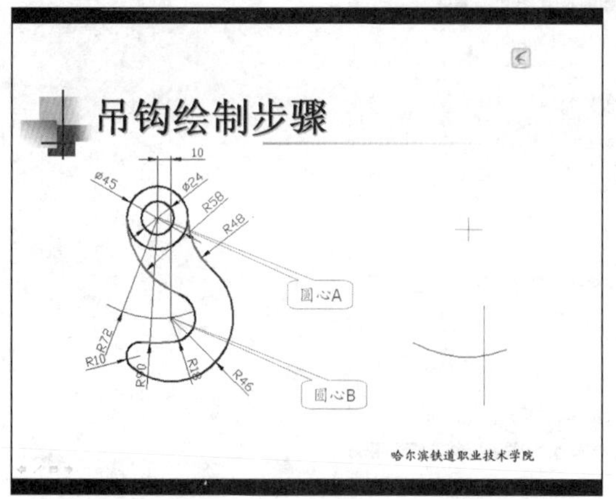

图 5.6.25 第 6 张的第 2 个画面

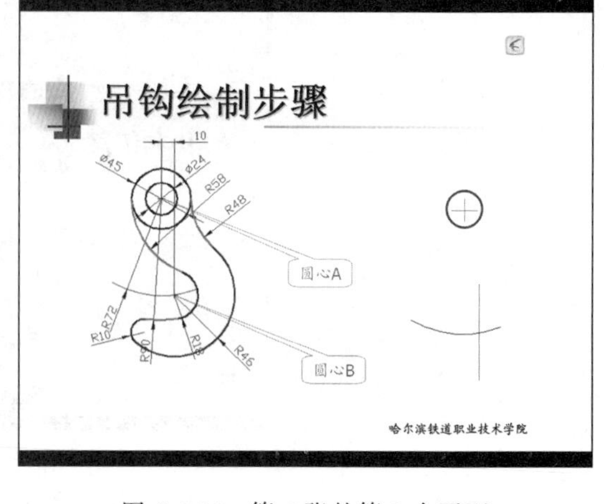

图 5.6.26 第 6 张的第 3 个画面

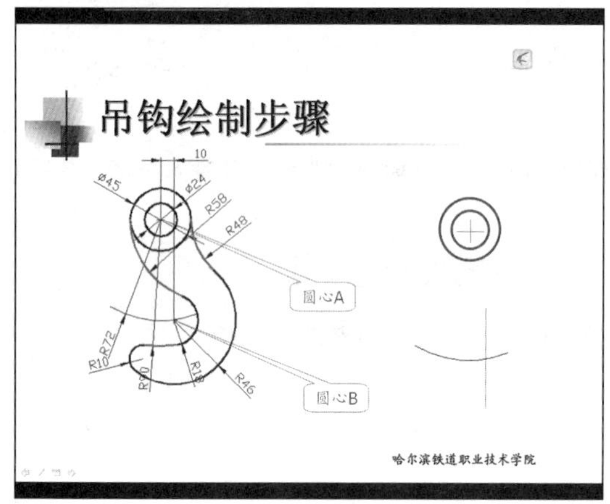

图 5.6.27 第 6 张的第 4 个画面

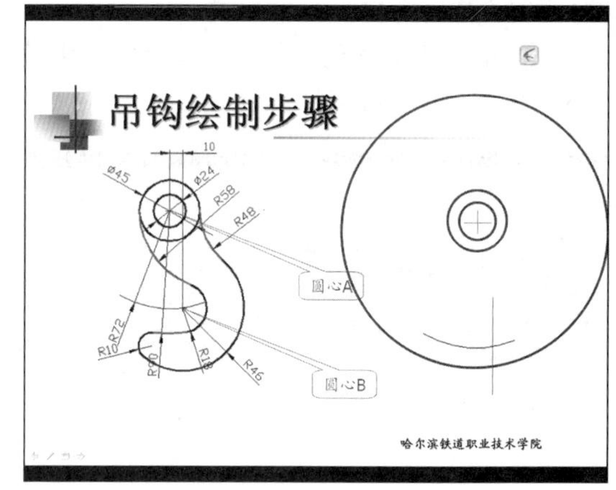

图 5.6.28 第 6 张的第 5 个画面

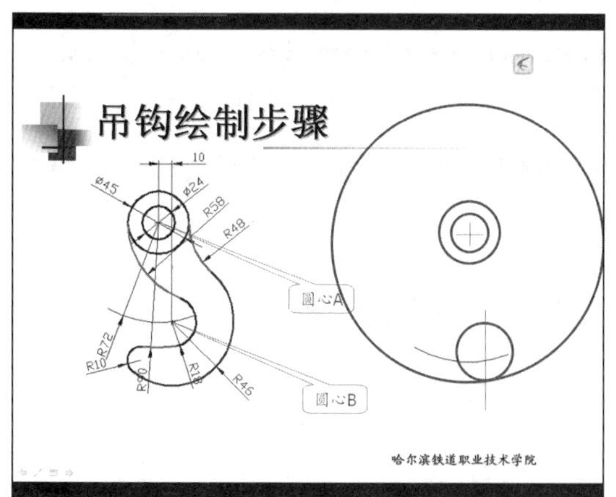

图 5.6.29 第 6 张的第 6 个画面

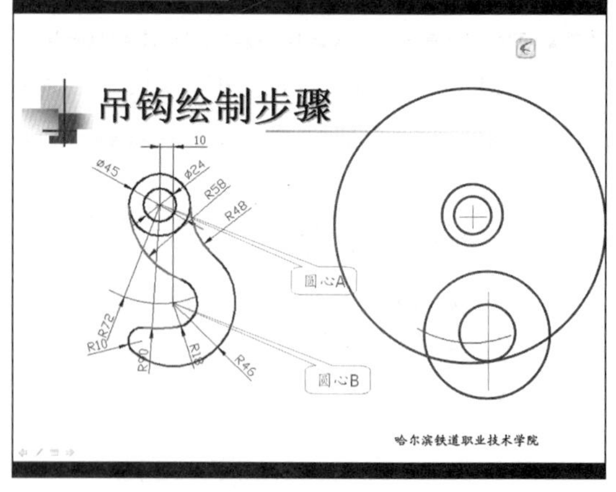

图 5.6.30 第 6 张的第 7 个画面

实训 7　综合练习——制作产品介绍

实训目的

综合运用演示文稿的各种功能制作与主题相适应的演示文稿。

实训内容

建立图 5.7.1～图 5.7.15 所示的演示文稿。

图 5.7.1　第 1 张幻灯片

图 5.7.2　第 2 张幻灯片

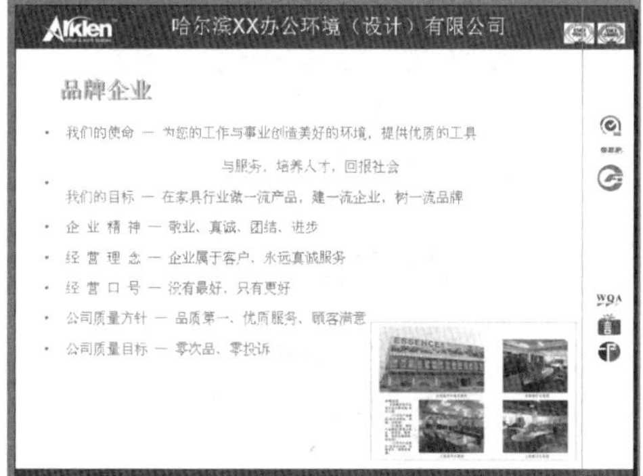

图 5.7.3　第 3 张幻灯片

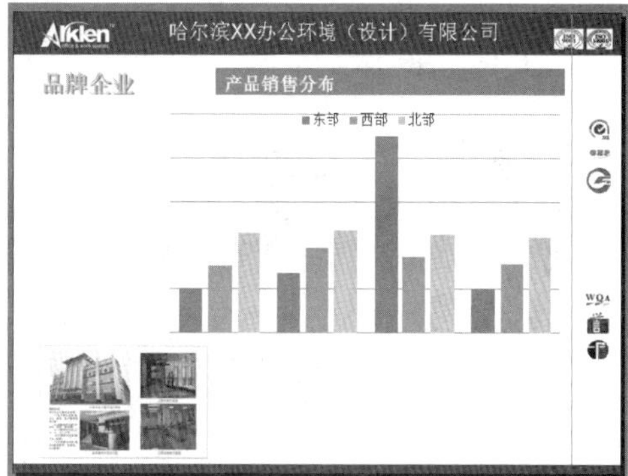

图 5.7.4　第 4 张幻灯片

图 5.7.5　第 5 张幻灯片

图 5.7.6　第 6 张幻灯片

图 5.7.7 第 7 张幻灯片

图 5.7.8 第 8 张幻灯片

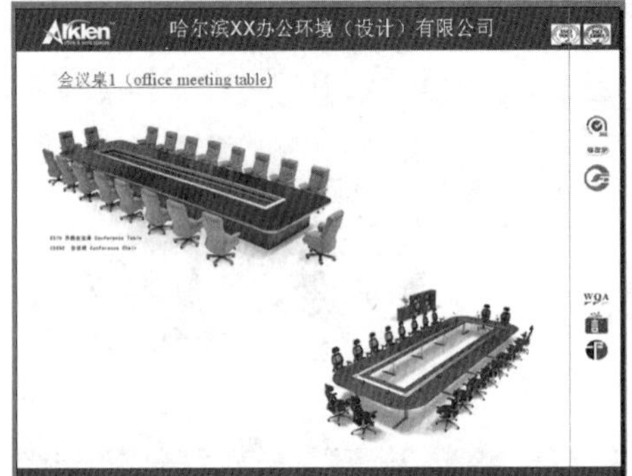

图 5.7.9 第 9 张幻灯片

图 5.7.10 第 10 张幻灯片

图 5.7.11 第 11 张幻灯片

图 5.7.12 第 12 张幻灯片

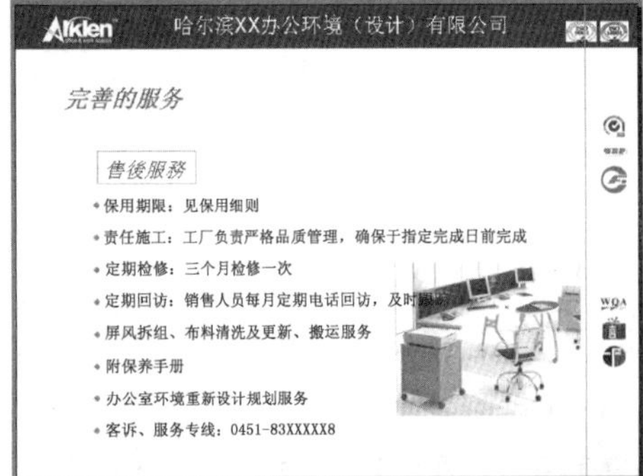

图 5.7.13 第 13 张幻灯片

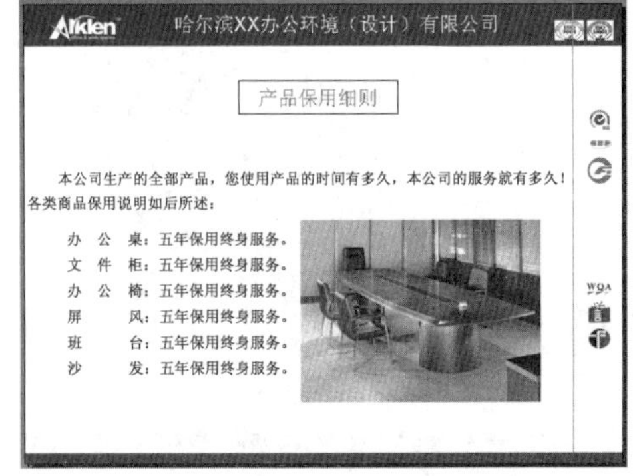

图 5.7.14 第 14 张幻灯片

图 5.7.15　第 15 张幻灯片

实训要求

① 制作母版。

② 不设计动画效果。

操作步骤

略。

实训 8　综合练习——制作人物介绍

实训目的

综合运用演示文稿的各种功能制作与主题相适应的演示文稿。

实训内容

参照图 5.8.1 所示，用 PowerPoint 以幻灯片的形式介绍与自己专业相关的科学家、艺术家、政治家或其他人物，人物的有关资料从互联网上获取。

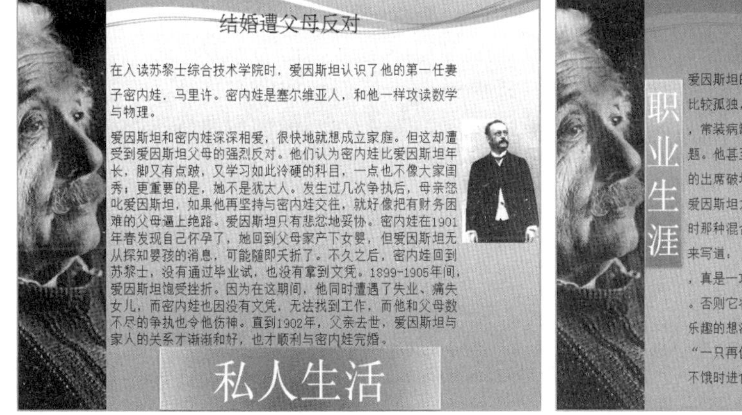

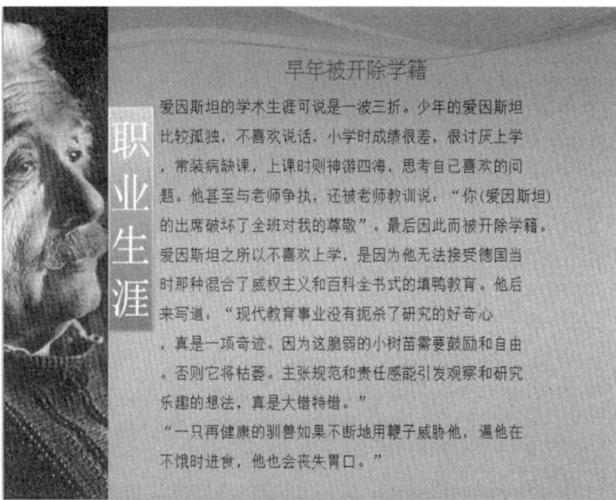

图 5.8.1　参照演示文稿

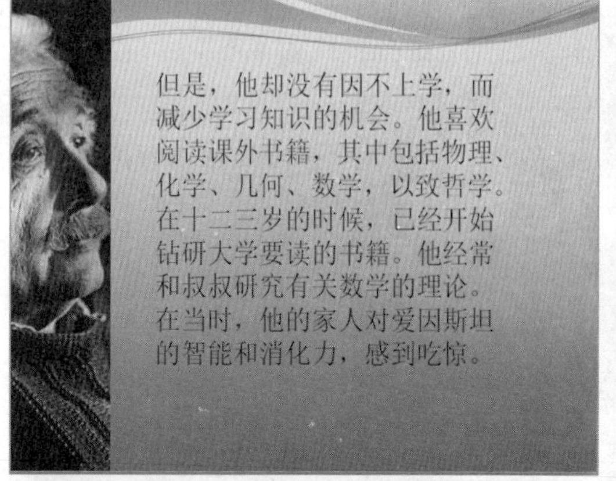

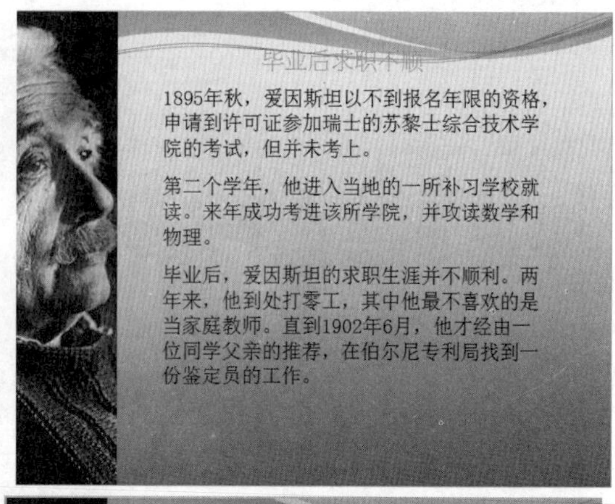

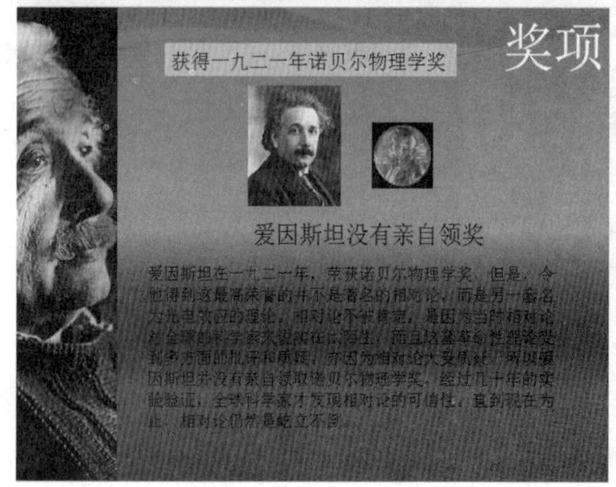

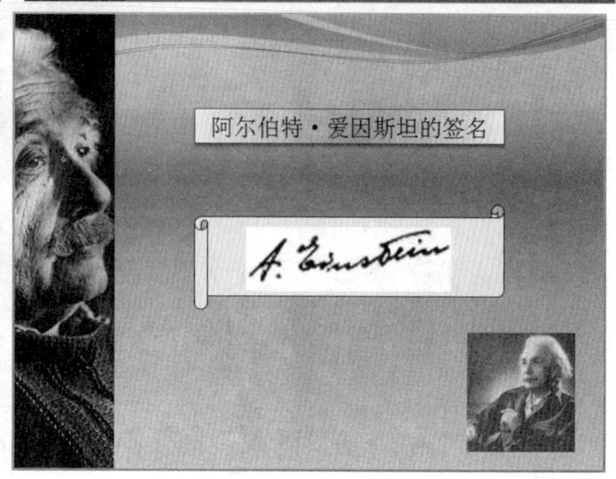

图 5.8.1 参照演示文稿（续）

① 文稿至少包括 8 张幻灯片。其中第 1 张为标题幻灯片，第 2 张为全部内容提要。

② 幻灯片要包含文字、图片、声音、动画或视频等几类对象中的至少 3 类。

③ 演示要有基本一致的外观风格。

④ 除第 1 张幻灯片，其余幻灯片要有固定位置的徽标或小图形。

⑤ 第 1 张幻灯片要与其他幻灯片有异，且标题文字要用艺术字。

⑥ 每张幻灯片要有切换效果。

⑦ 每个对象要定义动画效果。

⑧ 在第 2 张幻灯片中设置超链接，当单击某标题时即切换到相应的幻灯片。

⑨ 在第 3 张及以后的幻灯片中设置动作按钮，当单击这些按钮时能返回到第 2 张幻灯片“内容提要”中。

⑩ 在第 2 张幻灯片中设置动作按钮，单击该动作按钮会结束放映。

操作步骤

略。

第6章 数据库管理软件Access 2010

实训1　Access数据库和数据表的使用

实训目的

① 掌握Access的启动和退出方法。

② 掌握Access文件的新建、打开和保存方法。

③ 熟悉Access的基本界面。

④ 掌握Access数据库的创建和使用。

⑤ 掌握Access数据表的使用。

实训内容

创建图6.1.1～图6.1.3所示的学生表、课程表和成绩表。

学生表

学号	姓名	性别	出生日期	专业	总学分
120001	王林	☑	1990-2-10	计算机	50
120002	程明	☑	1991-2-1	计算机	50
120003	王燕	☐	1990-3-23	计算机	50
120004	李方方	☑	1991-8-12	计算机	50
120005	林一帆	☑	1990-6-25	计算机	50
120006	严红	☐	1989-8-11	计算机	50
120007	王敏	☐	1989-6-10	计算机	50

图6.1.1　学生表样本数据

课程表

课程号	课程名	开课学期	学时	学分
101	计算机基础	1	80	5
102	程序设计与语	2	68	4
206	离散数学	4	68	4
208	数据结构	5	68	4
210	计算机原理	5	86	5

图6.1.2　课程表样本数据

成绩表

学号	课程号	成绩
120001	101	80
120001	102	78
120001	206	76
120002	101	85
120002	102	75
120003	101	90
120004	206	88

图6.1.3　成绩表样本数据

实训要求

① 在 Access 中创建“学生管理”数据库。

② 在“学生管理”数据库中创建学生表、课程表、成绩表。

③ 在 Access 中创建表之间的关系。

操作步骤

1. Access 的启动和退出

Access 的启动和 Word 的启动是一样的，可以通过快捷方式，也可以通过双击一个 Access 文件来打开。

单击“开始”按钮，选择“所有程序”→“Microsoft Office”→“Microsoft Access 2010”命令，即可启动 Access。

退出 Access 有两种方法：

① 单击 Access 窗口的“关闭”按钮。

② 单击“文件”选项卡中的“退出”按钮。

2. 熟悉 Access 工作界面

Access 的工作界面如图 6.1.4 所示，它主要包括功能区、导航空格、状态栏、快速访问工具栏等部分。

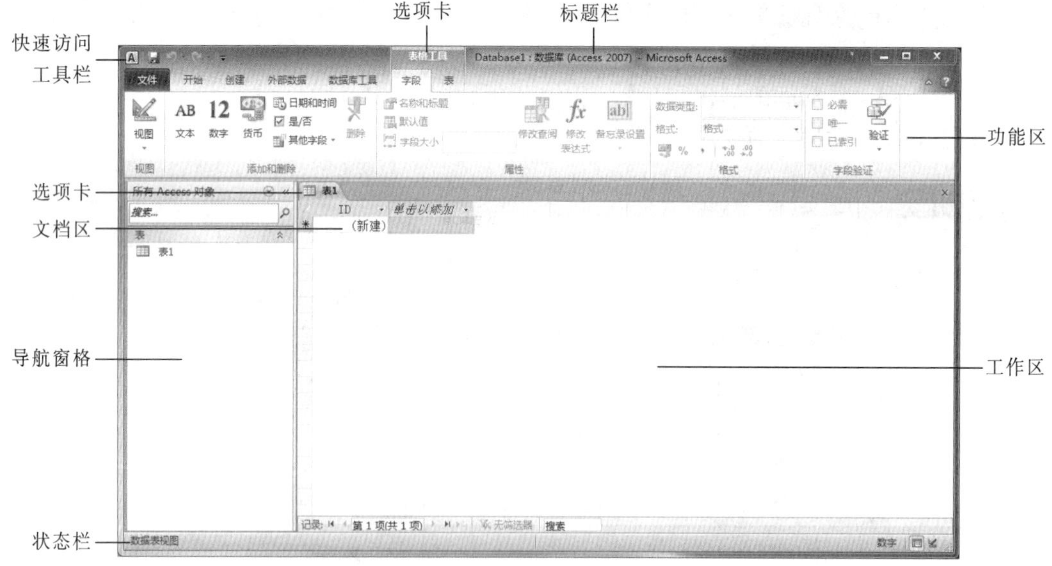

图 6.1.4　Access 工作界面

（1）功能区

功能区是一个包含多组命令且横跨程序窗口顶部的带状区域，它主要由多个选项卡组成，这些选项卡上有多个按钮组。主要的选项卡包括“文件”“开始”“创建”“外部数据”和“数据库工具”。

（2）导航窗格

导航窗格是 Access 程序窗口左侧的窗格，可以在其中使用数据库对象。导航窗格按类别和组进行组织。可以从多种组织选项中进行选择，还可以在导航窗格中创建自定义组织方案。默认情况下，新数据库使用“对象类型”类别，该类别包含对应于各种数据库对象的组。

（3）状态栏

可以使用状态栏上的可用控件，在可用视图之间快速切换活动窗口。如果要查看支持可变缩放的对象，则可以使用状态栏上的滑块，调整缩放比例以放大或缩小对象。

（4）快速访问工具栏

快速访问工具栏是与功能区相邻的工具栏，通过快速访问工具栏，只需一次单击即可访问。默认命令集包括“保存”“撤销”和“恢复”，可以自定义快速访问工具栏，将常用的其他命令包含在内。

3. Access 数据库的新建、打开和保存

（1）建立新文件

① 选择“文件”选项卡中的“新建”命令，在“可用模板”中选择“空数据库”，如图 6.1.5 所示。

② 在右侧文件名的位置可以单击“浏览”按钮，设置数据库名称和路径，文件扩展名为.accdb。

③ 单击“创建”按钮。

图 6.1.5　新建空白数据库

（2）保存数据库文件

选择“文件”选项卡中的“数据库另存为”命令，弹出“另存为”对话框，保存文件名为“学生管理.accdb”。

（3）打开工作表

单击快速访问工具栏中的“打开”按钮，或选择“文件”选项卡中的“打开”命令，弹

出“打开”对话框，选择一个 Access 数据库文件。

4. 创建学生表

使用表的设计视图创建“学生表”，结构如下：

① 单击“创建”选项卡“表格”组中的“表设计”按钮，打开图 6.1.6 所示的表设计视图界面，表文件名默认为“Datebase1”。

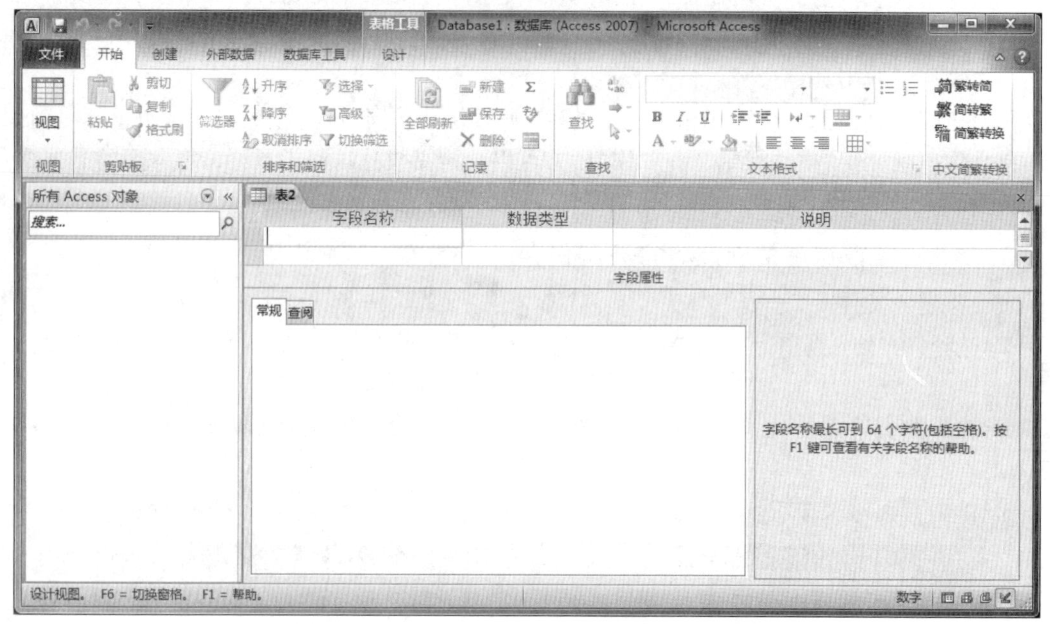

图 6.1.6 表设计视图界面

② 在“字段名称”栏中输入“学号”，在“数据类型”栏中选择“数字”，在下面的“字段属性”“常规”选项卡的“字段大小”中选择“长整型”。

③ 在“字段名称”栏中输入“姓名”，在“数据类型”栏中选择“文本”，在下面的“字段属性”“常规”选项卡“字段大小”中输入“20”。

④ 在“字段名称”栏中输入“性别”，在“数据类型”栏中选择“是/否”。

⑤ 在“字段名称”栏中输入“出生日期”，在“数据类型”栏中选择“日期/时间”。

⑥ 在“字段名称”栏中输入“专业”，在“数据类型”栏中选择“文本”，在下面的“字段属性”“常规”选项卡“字段大小”中输入“20”。

⑦ 在“字段名称”栏中输入“总学分”，在“数据类型”栏中选择“数字”，在下面的“字段属性”“常规”选项卡“字段大小”中选择“长整型”。最后形成图 6.1.7 所示的窗口。

⑧ 选中“学号”字段并右击，在弹出的快捷菜单中选择“主键”命令，将“学号”设置为主键；或单击“表格工具-设计”选项卡“工具”组中的“主键”按钮，也可以将“学号”设置为主键。

⑨ 单击当前表的“关闭”按钮，弹出图 6.1.8 所示的“另存为”对话框，保存文件名为“学生表”。

⑩ 在“导航窗格”中双击“学生表”或选中“学生表”后右击，在弹出的快捷菜单中选择“打开”命令，打开“学生表”编辑界面，输入图 6.1.1 所示的样本数据。

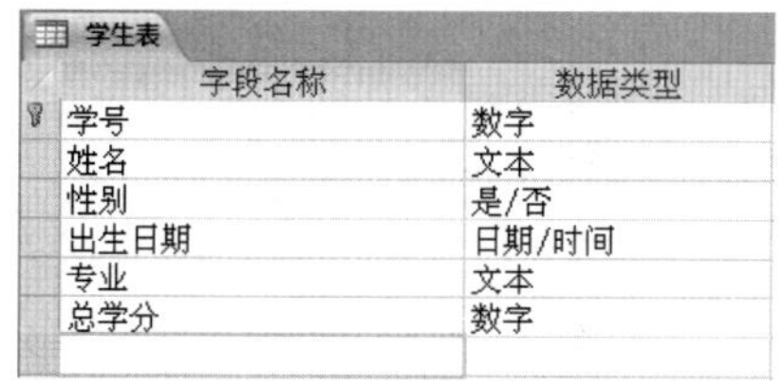

学生表

字段名称	数据类型
学号	数字
姓名	文本
性别	是/否
出生日期	日期/时间
专业	文本
总学分	数字

图 6.1.7　学生表设计窗口

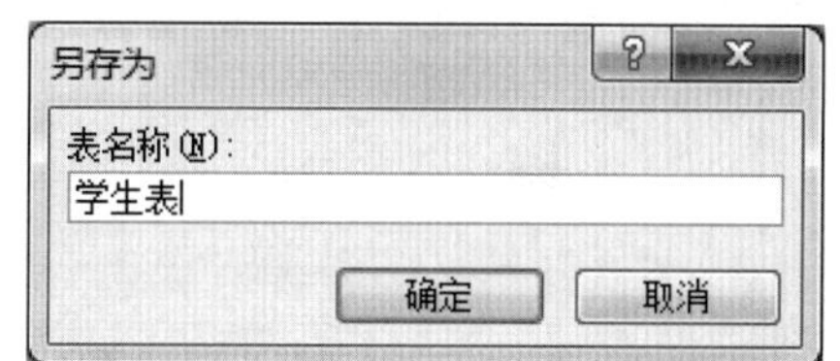

图 6.1.8　“另存为”对话框

5. 创建课程表

按照创建“学生表”的步骤创建“课程表”。

分别设置字段名称为“课程号”“课程名”“开课学期”“学时”“学分”。数据类型设置如图 6.1.9 所示，将“课程号”字段设置为主键，然后输入图 6.1.2 所示的样本数据。

6. 创建成绩表

① 按照创建“学生表”步骤创建“成绩表”。分别设置字段名称为“学号”“课程名”“成绩”。数据类型设置如图 6.1.10 所示，将“学号”“课程号”设置成多字段主键，设置方法为：选择“学号”字段的同时，按住【Shift】键，再选择“课程号”字段并右击，在弹出的快捷菜单中选择“主键”命令，就可以将两个字段设置为多字段主键，然后输入图 6.1.3 所示的样本数据。

课程表

字段名称	数据类型
课程号	数字
课程名	文本
开课学期	数字
学时	数字
学分	数字

图 6.1.9　课程表设计窗口

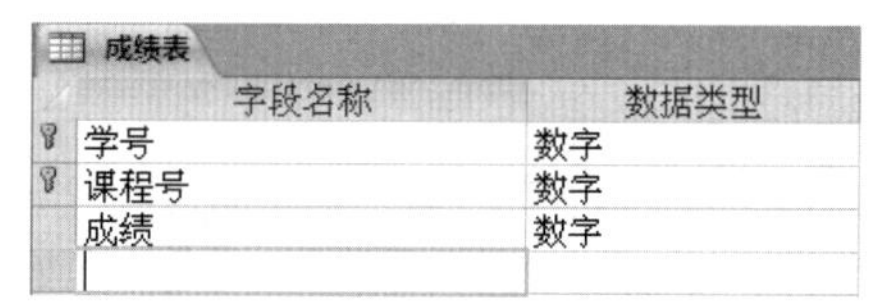

成绩表

字段名称	数据类型
学号	数字
课程号	数字
成绩	数字

图 6.1.10　成绩表设计窗口

② 选择“成绩”字段，在“字段属性”窗格的“常规”选项卡“有效性规则”编辑框中，单击右侧的按钮...，弹出“表达式生成器”对话框（见图 6.1.11），在编辑框中输入表达式“>=0 and <=100”，以此来限定“成绩”字段数据输入范围。

7. 创建表间关系

① 单击“数据库工具”选项卡“关系”组中的“关系”按钮，弹出图 6.1.12 所示的“显示表”对话框，单击“添加”按钮。

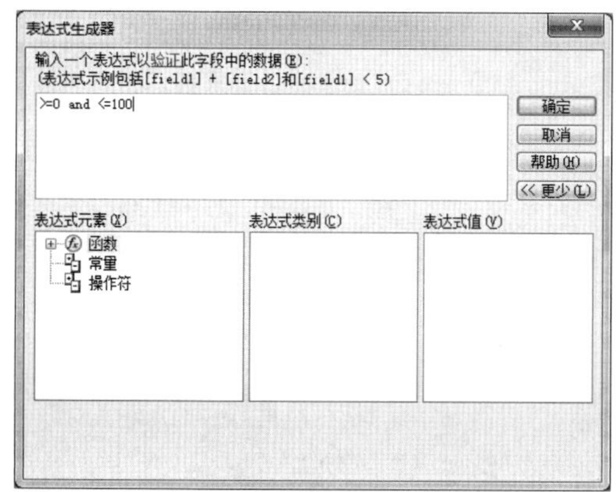

图 6.1.11　“表达式生成器”对话框

图 6.1.12　“显示表”对话框

② 将“学生表”“课程表”“成绩表”依次添加到图 6.1.13 所示的关系窗格中。

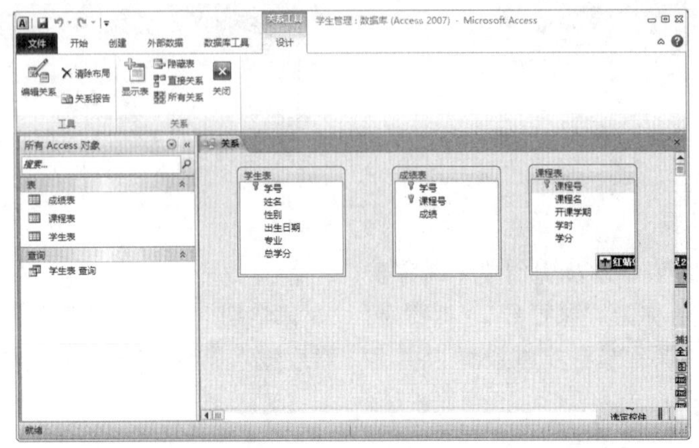

图 6.1.13 关系设计窗口

③ 选定“学生表”中的“学号”字段，然后单击并拖动到“成绩表”的“学号”字段上，释放鼠标左键，弹出图 6.1.14 所示的对话框，单击“创建”按钮。

④ 选定“课程表”中的“课程号”字段，然后单击并拖动到“成绩表”的“课程号”字段上，释放鼠标左键，弹出图 6.1.15 所示的对话框，单击“创建”按钮。

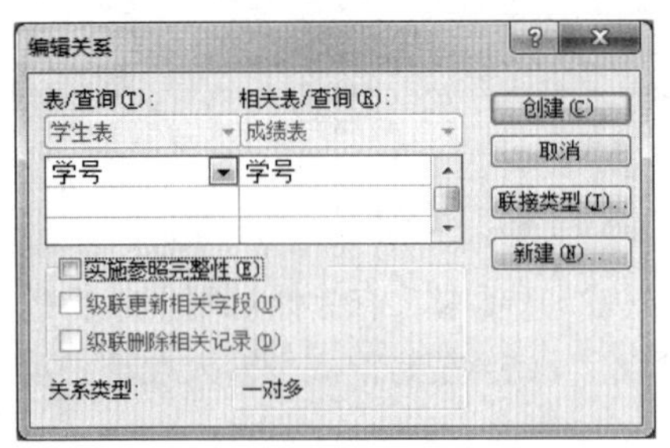

图 6.1.14 编辑学生表和成绩表关系的对话框

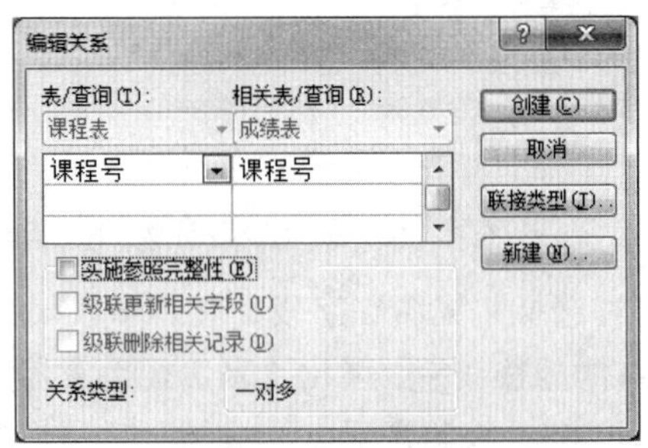

图 6.1.15 编辑课程表和成绩表关系的对话框

⑤ 最后形成图 6.1.16 所示的关系图。

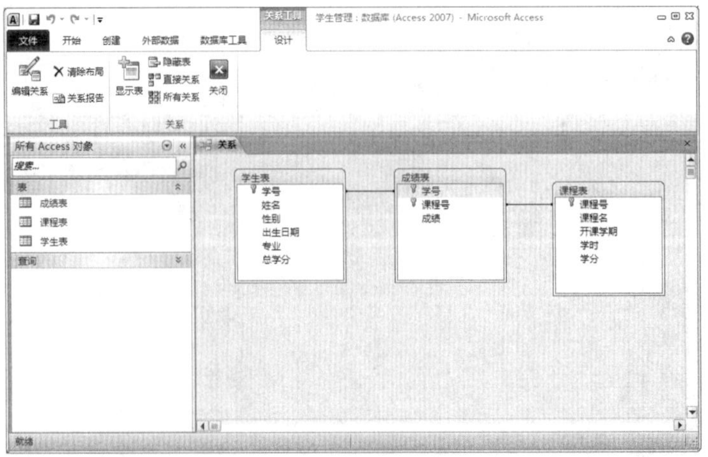

图 6.1.16 最后形成的关系图

实训 2　在 Access 中使用查询和设计窗体

实训目的

① 掌握在 Access 查询视图的使用。
② 掌握查询的使用方法。
③ 掌握使用窗体向导设计窗体。

实训内容

打开实训 1 中保存的数据库表（见图 6.1.1～图 6.1.3），设计如图 6.2.1 所示的查询窗口和图 6.2.2 所示的窗体。

查询1

学号	姓名	课程号	课程名	成绩
120001	王林	101	计算机基础	80
120001	王林	102	程序设计与语	78
120001	王林	206	离散数学	76
120002	程明	101	计算机基础	85
120002	程明	102	程序设计与语	75
120003	王燕	101	计算机基础	90
120004	李方方	206	离散数学	88

图 6.2.1　查询窗口

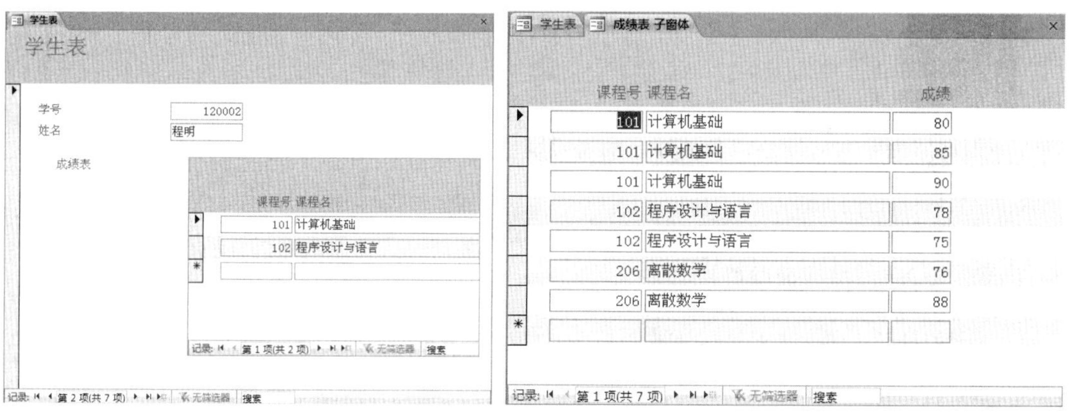

图 6.2.2　带子窗体的窗体

实训要求

① 打开实训 1 中保存的表格。
② 在设计视图中创建查询。
③ 使用窗体向导设计窗体。

操作步骤

1. 在设计视图中创建查询

在设计视图中可以方便快捷地创建查询，除此之外还可以对查询的内容进行相应的更改。

① 选择“文件”选项卡中的“打开”命令，弹出“打开”对话框，选择实训 1 中的“学生管理.accdb”数据库，如图 6.2.3 所示。

图 6.2.3 打开数据库文件窗口

② 单击“创建”选项卡“查询”组中的“查询设计”按钮，弹出“显示表”对话框，如图 6.2.4 所示。在该对话框中依次选择“学生表”“课程表”“成绩表”，单击“添加”按钮，将其添加到“查询”选项卡中，单击“关闭”按钮，形成图 6.2.5 所示的关系图。

③ 在“字段”下拉列表中分别选择“学生表.学号”“学生表.姓名”“课程表.课程号”“课程表.课程名”“成绩表.成绩”，分别将“学号”“课程号”“成绩”的排序顺序设置为“升序”。

④ 单击“设计”选项卡“结果”组中的“运行”按钮，出现图 6.2.1 所示的查询窗格。

图 6.2.4 “显示表”对话框

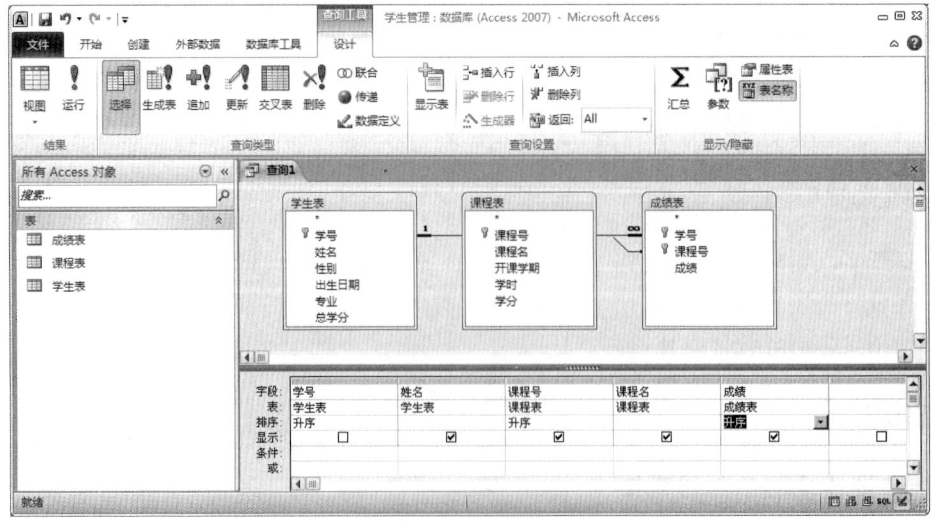

图 6.2.5 形成的关系图

⑤ 在查询结果窗格中可以进行数据的输入，也可以进行数据的筛选。在“成绩”字段下拉列表框中单击“数字筛选器”→“大于”按钮（见图 6.2.6），弹出图 6.2.7 所示的“自定义筛选”对话框，在编辑框内输入“80”，单击“确定”按钮。筛选结果如图 6.2.8 所示。

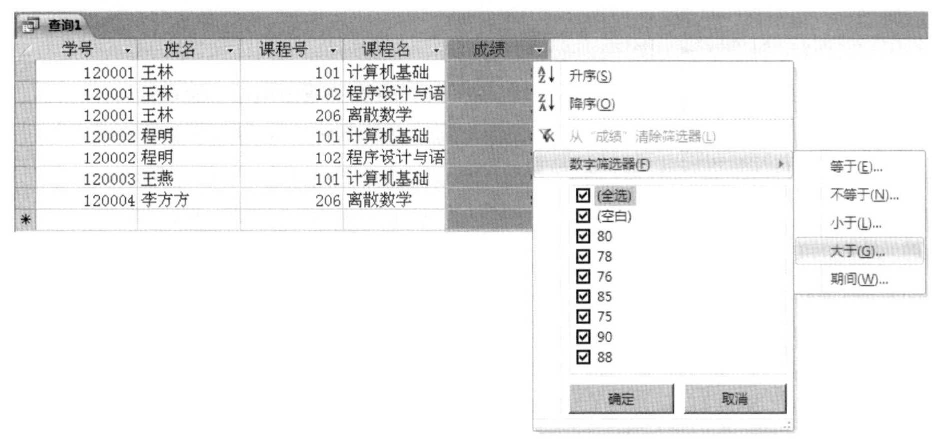

图 6.2.6　成绩筛选设置

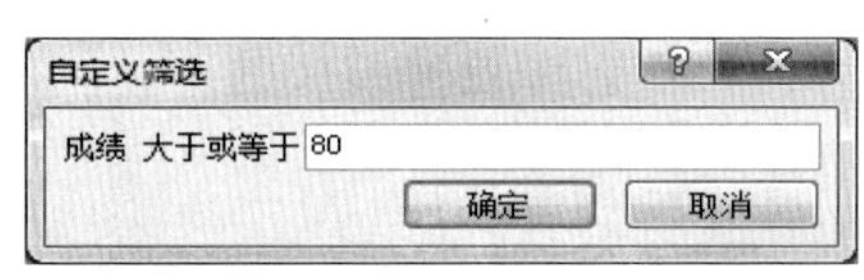

图 6.2.7 “自定义筛选”对话框

图 6.2.8　筛选结果

⑥ 单击“成绩”字段“筛选”下拉列表框中的“全部”按钮，可恢复到筛选之前的状态。

⑦ 关闭查询窗口，弹出图 6.2.9 所示的对话框。单击“是”按钮，弹出“另存为”对话框，如图 6.2.10 所示。保存查询文件名称为“学生成绩查询”，单击“保存”按钮。

⑧ 保存的查询文件出现在左侧的“导航窗格”中，如若修改，可以右击文件名，在弹出的快捷菜单中选择“设计视图”命令即可修改。

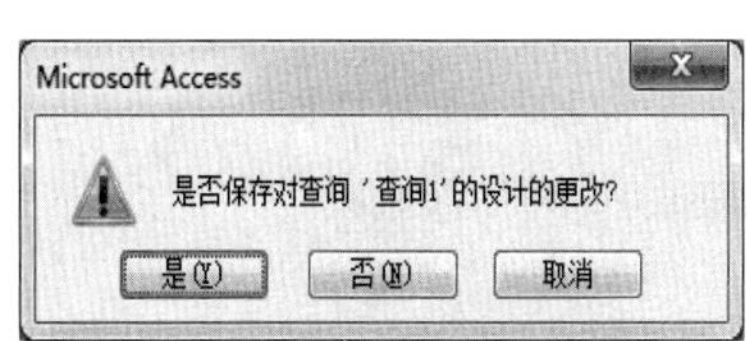

图 6.2.9　提示保存文件对话框

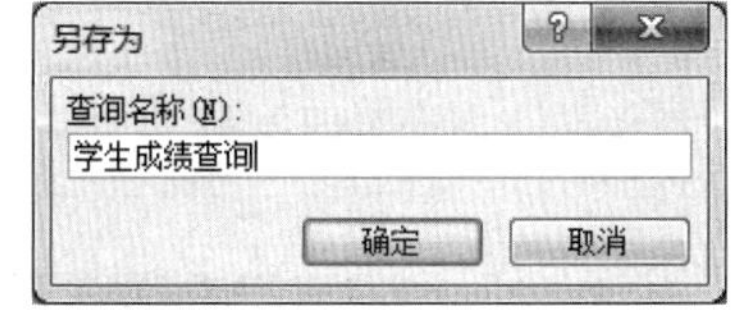

图 6.2.10 “另存为”对话框

2. 使用窗体向导创建窗体

① 单击“创建”选项卡“窗体”组中的“窗体向导”按钮，弹出“窗体向导”对话框，如图 6.2.11 所示，在“表/查询”下拉列表框中选择“学生表”，在“可用字段”列表框中选择“学号”“姓名”字段，单击“添加”按钮，将其添加到“选定字段”列表框中；重复执行上述步骤，分别从“课程表”“成绩表”中选择“课程号”“课程名”“成绩”字段添加到“选定字段”列表框中，选择结果如图 6.2.12 所示。

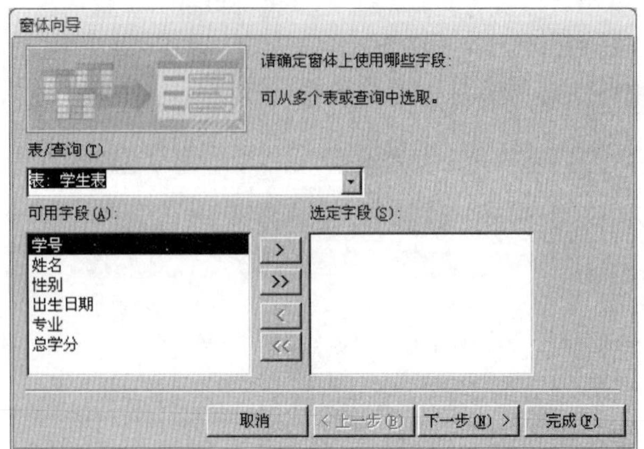

图 6.2.11 选择需要的表

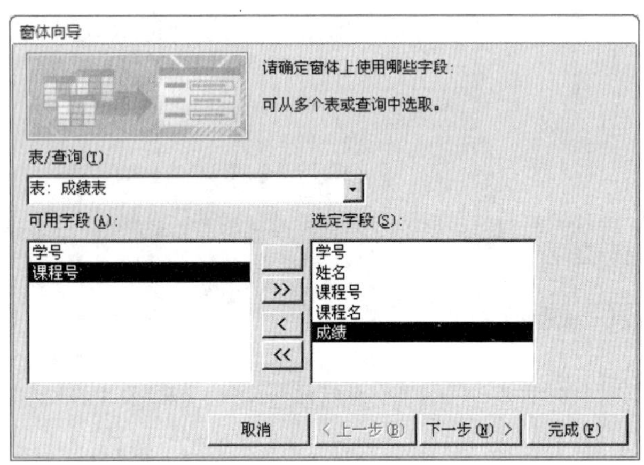

图 6.2.12 选择需要的字段

② 单击“下一步”按钮，在“请确定查看数据的方式”列表框中选择“通过 学生表”，在下面选中“带有子窗体的窗体”单选按钮，如图 6.2.13 所示。单击“下一步”按钮，选中“表格”单选按钮，如图 6.2.14 所示。

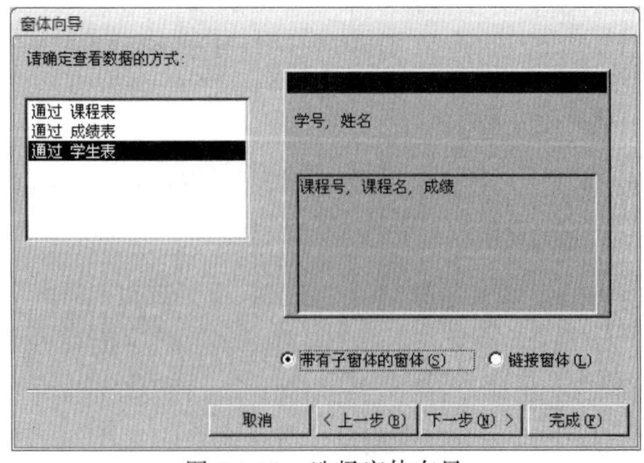

图 6.2.13 选择窗体布局

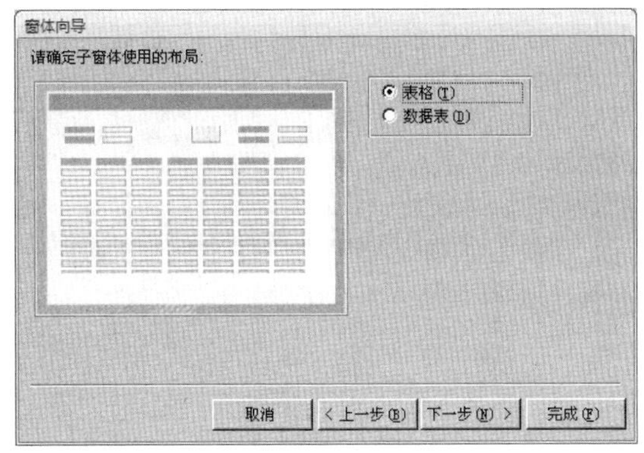

图 6.2.14 选择子窗体布局

③ 单击“下一步”按钮，可以为“窗体”“子窗体”修改名称，选中“打开窗体查看或输入信息”单选按钮，如图 6.2.15 所示，单击“完成”按钮。

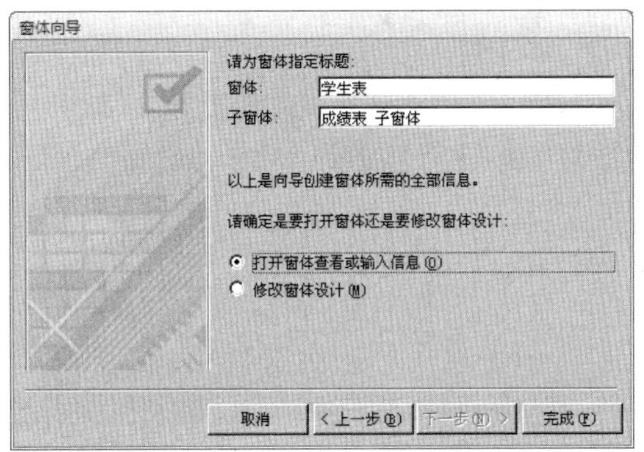

图 6.2.15 为窗体指定标题

④ 完成窗体设计，在 记录: 第 1 项(共 7 项) 无筛选器 搜索 工具条中，通过“下一条记录”“上一条记录”按钮，进行记录之间的切换，如图 6.2.16 所示。在“导航窗格”的“窗体”中可以进行窗体和子窗体的切换，如图 6.2.17 所示。

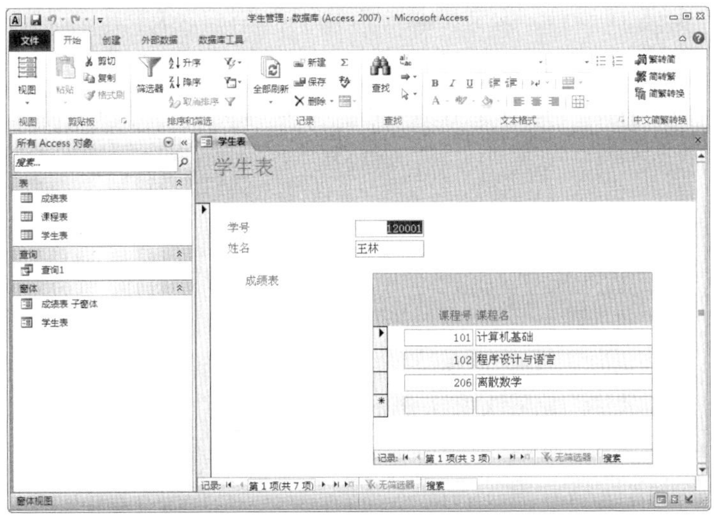

图 6.2.16 学生表窗体

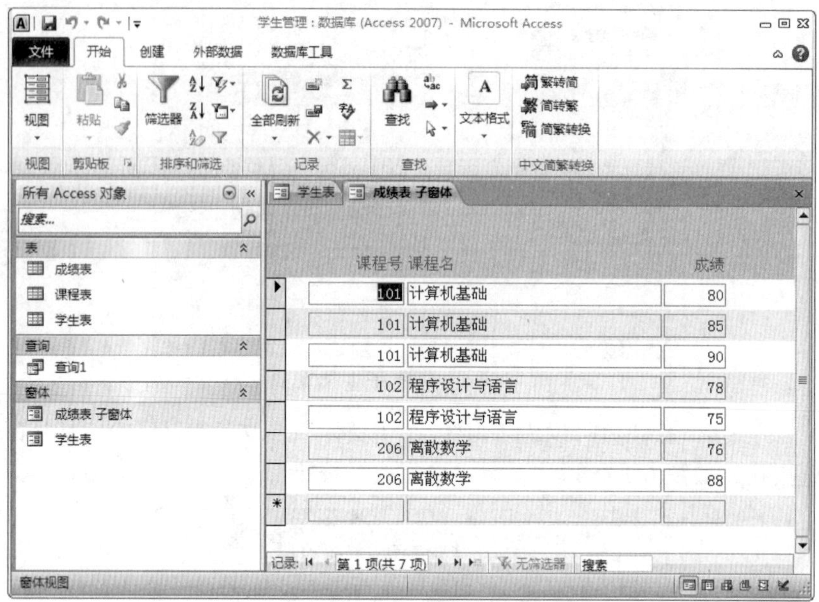

图 6.2.17 窗体与子窗体的切换

第二部分

习　题　集

第①章

计算机基础知识习题

一、选择题

1. 一个完整的计算机系统应该包括（　　）。
   A. 硬件系统和软件系统　　B. 主机和外围设备
   C. CPU 和存储器　　D. 主机和实用程序
2. 计算机系统中 CPU 是由（　　）组成的。
   A. 运算器和存储器　　B. 控制器和运算器
   C. 输入设备和输出设备　　D. 内存储器和控制器
3. 计算机性能主要取决于（　　）。
   A. 软盘和硬盘容量　　B. 字长、运算速度和内存容量
   C. 所配置的语言和操作系统　　D. 机器的价格
4. 在计算机中，1 字节由（　　）个二进制位组成。
   A. 2　　B. 4　　C. 8　　D. 16
5. 一个计算机的内存容量为 5 GB，这里的 1 GB 是（　　）。
   A. 1 000 B　　B. 1 024 MB　　C. 1 024 个二进制位　　D. 1 024 × 1 024 B
6. 个人计算机属于（　　）。
   A. 小巨型机　　B. 小型计算机　　C. 微型计算机　　D. 中型计算机
7. 计算机能够直接识别和处理的语言是（　　）。
   A. 自然语言　　B. 高级语言　　C. 汇编语言　　D. 机器语言
8. 计算机主存储器中的 ROM（　　）。
   A. 既能读出数据，也能写入数据　　B. 只能读出数据，不能写入数据
   C. 只能写入数据，不能读出数据　　D. 不能写入数据，不能读出数据
9. ROM 和 RAM 的最大区别是（　　）。
   A. 不都是存储器　　B. ROM 是只读，RAM 可读可写
   C. 访问 RAM 比访问 ROM 快　　D. 访问 ROM 比访问 RAM 快
10. 运算器主要的功能是进行（　　）。
    A. 逻辑运算　　B. 算术运算　　C. 算术与逻辑运算　　D. 初等函数的运算

11. 和外存储器相比，内存储器的特点是（　　）。
A. 容量大、速度快、成本低　　B. 容量大、速度慢、成本高
C. 容量小、速度快、成本高　　D. 容量小、速度慢、成本低
12. 计算机的输入设备有（　　）。
A. 打印机　　B. 显示器　　C. 绘图仪　　D. 键盘
13. 内存储器是用来存储正在执行的程序和所需的数据，（　　）属于内存储器。
A. 半导体存储器　　B. 磁盘存储器　　C. 磁带存储器　　D. 软盘驱动器
14. 存储容量常用 MB 表示，4 MB 表示存储单元有（　　）。
A. 4 000 K 个字　　B. 4 000 K 个字节
C. 4 096 K 个字　　D. 4 096 K 个字节
15. 电子计算机的主存储器一般由（　　）组成。
A. ROM 和 RAM　　B. RAM 和 A 磁盘　　C. RAM 和 CPU　　D. ROM
16. 如果按字长来划分，微机可以分为 8 位机、16 位机、32 位机、64 位机。所谓 32 位机，是指该计算机所用的 CPU（　　）。
A. 同时能处理 32 位二进制数　　B. 具有 32 位的寄存器
C. 只能处理 32 位二进制定点数　　D. 有 32 个寄存器
17. 世界上不同型号的计算机，就其工作原理而论，一般都认为是基于美籍科学家冯·诺依曼提出的（　　）原理。
A. 二进制　　B. 布尔代数　　C. 开关电路　　D. 存储程序控制
18. 微型机的 U 盘与硬盘比较，硬盘的特点是（　　）。
A. 存储容量较大及速度慢　　B. 便于随身携带及价钱较高
C. 存取速度快及存储容量大　　D. 价钱便宜及不便于随身携带
19. 影响个人计算机系统功能的因素除了系统使用的微处理器外，还有（　　）。
A. CPU 的时钟频率　　B. CPU 主内存容量
C. CPU 所能提供的指令集　　D. 以上都对
20. 计算机的硬件基本结构，包括输入装置、输出装置、（　　）。
A. 中央处理单元　　B. 操作系统单元　　C. 公用程序单元　　D. 次存储单元
21. 一个空白全新的硬盘，在使用之前要经过（　　）产生磁道、扇区，才能正常使用。
A. 文件化　　B. 格式化　　C. 复制　　D. 检查
22. 16 位的中央处理单元是可以处理（　　）位十六进制数。
A. 4　　B. 8　　C. 16　　D. 32
23. 打印机是一种（　　）。
A. 输出设备　　B. 输入设备　　C. 存储器　　D. 运算器
24. 世界上发明的第一台电子数字计算机是（　　）。
A. ENIAC　　B. EDVAC　　C. EDSAC　　D. UNIVAC
25. 数据一旦存入后，不能改变其内容，所存储的数据只能读取，但无法将新数据写入，所以称为（　　）。
A. 磁芯　　B. 只读内存　　C. 硬盘　　D. 随机存取内存
26. 显示器是一种（　　）。
A. 存储器　　B. 微处理器　　C. 输出设备　　D. 输入设备

27. 在一般情况下，外存中存放的数据，在断电后（　　）丢失。

A. 不会　B. 少量　C. 完全　D. 多数

28. 将计算机外部信息传入计算机的设备是（　　）。

A. 输入设备　B. 输出设备　C. 软盘　D. 电源线

29. 目前计算机基本工作原理是（　　）。

A. 存储程序　B. 程序设计

C. 程序设计与存储程序　D. 存储程序控制

30. 一张 U 盘的存储容量为 4 GB，如果用来存储大小为 5 MB 的 MP3 文件，大约可以存 MP3 文件的数为（　　）。

A. 1 000　B. 900　C. 800　D. 700

31. 微型计算机外存是指（　　）。

A. RAM　B. ROM　C. 硬盘　D. 虚拟盘

32. 鼠标是一种（　　）。

A. 存储器　B. 输入设备　C. 输出设备　D. 寄存器

33. 下列说法中正确的是（　　）。

A. U 盘的数据存储量远比硬盘少　B. U 盘可以是好几张磁盘合成的一个磁盘组

C. U 盘的体积比硬盘大　D. 读取硬盘上数据所需的时间比 U 盘多

34. 十六进制数转换成二进制数的方法为（　　）。

A. 每位十六进制数用 3 位二进制数代替　B. 每位十六进制数用 4 位二进制数代替

C. 3 位一组表示十六进制数　D. 4 位一组表示十六进制数

35. 在下面的描述中，正确的是（　　）。

A. 外存的信息可直接被 CPU 处理

B. 键盘是输入设备，显示器是输出设备

C. 操作系统是一种很重要的应用软件

D. 计算机中使用的汉字编码和 ASCII 码是一样的

36. 八进制数转换成二进制数的方法为（　　）。

A. 每位八进制数用 3 位二进制数代替

B. 每位八进制数用 4 位二进制数代替

C. 3 位一组表示八进制数

D. 4 位一组表示八进制数

37. 在微机中，访问速度最快的存储器是（　　）。

A. 硬盘　B. U 盘　C. 光盘　D. 内存

38. 微机中，运算器的另一名称是（　　）。

A. 算术运算显示器　B. 算术逻辑单元　C. 加法器　D. 逻辑运算单元

39. 微型计算机内存储器是按（　　）。

A. 二进制位编址　B. 字节编址

C. 字长编址　D. CPU 型号不同而编址不同

40. 将微机的主机与外设相连的是（　　）。

A. 总线　B. 磁盘驱动器　C. 内存　D. 输入/输出接口电路

41. 下列叙述中正确的是（　　）。
    A. 所有微机上都可以使用的软件称为应用软件
    B. 操作系统是用户与计算机之间的接口
    C. 一个完整的计算机系统是由主机和输入输出设备组成的
    D. 硬盘驱动器是存储器
42. 微型计算机中使用的打印机接口是连接在（　　）。
    A. 并行接口上　B. 串行接口上　C. COM 接口上　D. 以上都对
43. 下列叙述正确的是（　　）。
    A. 字长 32 位的计算机是指能计算最大为 32 位十进制数的计算机
    B. 防止 U 盘感染计算机病毒的方法是定期对 U 盘格式化
    C. WPS、CCED、Word 等软件都属于系统软件
    D. 存储器必须在电源电压正常时才能存取信息
44. 内存与外存相比，其主要特点是（　　）。
    A. 能存储大量信息　B. 能长期保存信息
    C. 存取速度快　D. 能同时存储程序和数据
45. 微型计算机接口位于（　　）之间。
    A. CPU 与内存　B. CPU 与外围设备
    C. 外围设备与微机总线　D. 内存与总线
46. 下列说法中正确的是（　　）。
    A. ROM 是只读存储器，其中的内容只能读一次，下次再读就读不出来了
    B. 硬盘通常装在主机箱内，所以硬盘属于内存
    C. CPU 不能直接与外存打交道
    D. 任何存储器都有记忆能力，即其中的信息不会丢失
47. 光盘是一种（　　）。
    A. 存储器　B. 输入设备　C. 输出设备　D. 寄存器
48. “32 位微型计算机”中的 32 指的是（　　）。
    A. 微机型号　B. 内存容量　C. 运算速度　D. 机器字长
49. 计算机系统在工作中用来传输数据的总线名称为（　　）。
    A. 控制总线　B. 数据总线　C. 地址总线　D. 指令总线
50. CPU 的主要性能指标是（　　）。
    A. 价格　B. 可靠性　C. 字长和主频　D. 内存容量
51. 计算机的电源切断之后，存储内容全部消失的存储器是（　　）。
    A. U 盘　B. 只读存储器　C. 硬盘　D. 随机存储器
52. 计算机病毒是指（　　）。
    A. 有错误的计算机程序　B. 设计不完善的计算机程序
    C. 已被破坏的计算机程序　D. 以干扰或破坏为目的的特殊计算机程序
53. 用电子管作为电子器件制成的计算机属于（　　）计算机。
    A. 第一代　B. 第二代　C. 第三代　D. 第四代
54. 在下列叙述中，正确的是（　　）。
    A. 字节通常用英文单词 bit 来表示

B. 目前广泛使用的微型计算机，其字长为48字节
C. 计算机存储器中将8个相邻的二进制位作为一个单位，这种单位称为字节
D. 微型计算机的字长并不一定是字节的倍数

55. 显示器的重要技术指标是（ ）。
A. 对比度 B. 灰度 C. 分辨率 D. 色彩

56. 下列关于计算机病毒的叙述中错误的是（ ）。
A. 计算机病毒具有潜伏性
B. 计算机病毒具有传染性
C. 计算机病毒是一个特殊的寄生程序
D. 感染过计算机病毒的计算机具有对该病毒的免疫性

57. 当运行U盘上的一个程序时，发现该程序已感染病毒，此时正确的措施有（ ）。
A. 将该盘所有文件复制到一张干净的U盘上，再将原来有病毒的U盘格式化
B. 立即将U盘写保护，以防传染给其他的磁盘
C. 取出U盘，让盘上的病毒慢慢消失
D. 用杀毒软件消除该盘上的病毒，或将它格式化

58. 世界上第一台计算机是于（ ）年在美国宾西法尼亚大学诞生的。
A. 1934 B. 1946 C. 1954 D. 1956

59. 在计算机领域中，通常用英文单词Byte来表示（ ）。
A. 字 B. 字长 C. 二进制位 D. 字节

60. 下列软件中，属于系统软件的是（ ）。
A. 文字处理软件 B. 财务软件 C. 操作系统 D. 表格处理软件

61. 计算机技术的发展是建立在其他学科技术发展的基础上的，而这其中最主要的技术是（ ）。
A. 设备制造技术 B. 航空技术 C. 电子科学技术 D. 生物技术

62. 在计算机中，表示数据的最小单位是（ ）。
A. 二进制的位 B. 字节 C. 字 D. 指令

63. 计算机的防、杀毒软件的作用是（ ）。
A. 清除已感染的任何病毒 B. 查出已感染的任何病毒
C. 查出并清除任何病毒 D. 查出已知的病毒，消除部分病毒

64. 使计算机病毒传播范围最广的媒介是（ ）。
A. 硬磁盘 B. U盘 C. 内部存储器 D. 互联网

二、填空题

1. 未来的计算机将朝（ ）、（ ）、（ ）与（ ）的方向发展。
2. 一台电子计算机的硬件系统是由（ ）和（ ）两部分组成的。
3. CPU主要由运算器和（ ）组成。
4. 内存是（)和（ ）两部分组成的。
5. CPU和内存在一起称为（ ）。
6. 在内存储器中，只能读出不能写入的存储器称为（ ）。
7. 微机的主要性能指标有字长、（ ）、（ ）、（ ）。

8. 主频指计算机时钟信号的频率，通常以为（　　）单位。

9. CAD 是计算机的主要应用领域，它的含义是(　　)。

10. 字长是计算机（　　）次能处理的（　　）进制位数。

11. 现代微型计算机的内存储器都采用内存条，使用时把它们插在（　　）上的插槽中。

12. 计算机系统中 CPU 的中文名称是（　　）。

13. 存储器的功能是（　　）和（　　）数据。

14. 内存储器的主要特点是由半导体大规模集成电路芯片构成，存取速度（　　）、价格（　　）、容量（　　），不能长期保存数据。外存是由电磁转换或光电转换的方式存储数据，容量（　　）、可长期保存，但价格（　　），存取速度（　　）。

15. 目前计算机语言可分为机器语言、（　　）和高级语言 3 大类。

16. 二进制的加法和减法计算是按（　　）进行的。

17. 十进制整数转换为二进制数的方法是（　　）。

18. bit 的意思是（　　）。

19. 由二进制编码构成的语言是（　　）语言。

20. 在微型计算机的汉字系统中，一个汉字的内码占（　　）字节。

21. 反映计算机存储容量的基本单位是（　　）。

22. 数字字符“1”的 ASCII 码的十进制表示为 49，那么数字字符“6”的 ASCII 码的十进制表示为（　　）。

23. 进位计数涉及两个基本问题:（　　）与各数位的位权。

24. 在计算机内部，一切信息的存放、处理和传递均采用（　　）进制的形式。

25. 在计算机内，二进制的（　　）是数据的最小单位。

26. 十进制数 58 转换成二进制数是（　　）。

27. 十进制数 75 转换成二进制数是（　　）。

28. 十进制数 237 转换成二进制数是（　　）。

29. 十六进制数 1 CB 转换成十进制数是（　　）。

30. 十进制数 58506 转换成十六进制数是（　　）。

31. 二进制数 1011110 转换成十六进制数是（　　）。

32. 十六进制数 1 CB 转换成二进制数是（　　）。

33. 按存储器在微机系统中所起的不同作用来分，可分为（　　）和（　　）。

34. 微型计算机中，ROM 是（　　）。

35. 微型计算机中，I/O 设备的含义是（　　）设备。

36. 硬盘、光盘都是计算机的（　　）存储器。

37. U 盘是通过（　　）接口与主机进行数据交换的移动存储设备。

38.（　　）是计算机系统的核心。

39.（　　）是对计算机发布命令的“决策机构”。

40. 1 字节等于（　　）个二进制位。

41. 1 KB 等于（　　）字节。

42. 256 KB 等于（　　）字节。

43. 1 MB 等于（　　）字节。

44. 1 GB 等于（　　）MB。

45. 基本 ASCII 码包括（　　）个不同的字符。
46. 与十进制数 45 等值的二进制数是（　　）。
47. 与十进制数 128 等值的二进制数是（　　）。
48. 与十进制数 217 等值的二进制数是（　　）。
49. 八进制数的基数是 8，能用到的数字符号个数为（　　）个。
50. 十进制数 38 转换成八进制数是（　　）。
51. 十进制数 72 转换成八进制数是（　　）。
52. 与十进制数 283 等值的十六进制数是（　　）。
53. 与二进制数 1110 等值的十进制数是（　　）。
54. 与二进制数 101110 等值的八进制数是（　　）。
55. 与二进制数 101110 等值的十六进制数是（　　）。
56. 将十进制数 761 转换成八进制数是（　　），换成十六进制数是（　　）。
57. 十六进制数$(3D7)_H$转换成二进制数是（　　）。
58. 8 位无符号二进制数能表示的最大十进制数是（　　）。
59. 针式打印机、喷墨打印机和激光打印机中，打印速度最快的是（　　），打印质量最好的是（　　）。
60. 微型计算机硬件系统的核心是（　　），此外，还包括（　　）以及输入输出接口部分。
61. 计算机中常用的 CD-ROM 称为（　　）光盘，它属于（　　）存储器。
62. 显示器的分辨率用整个屏幕上光栅的（　　）和（　　）的乘积来表示。
63. 显示器需要通过（　　）才能与计算机系统相连接。
64. 微机系统常用的打印机有（　　）、（　　）、（　　）3 种。
65. ROM 中的信息只能（　　），断电后其中的数据（　　）。
66. RAM 的中文名称是（　　）。
67. 十进制数 28 转换成二进制数是（　　）。
68. 二进制数 1001110001 的十进制数为（　　）。
69. 操作系统的功能由 5 部分组成：（　　）、（　　）、（　　）、（　　）、（　　）。
70. 实时系统可分为实时（　　）和实时（　　）两大类。
71. 提供网络通信和网络资源共享功能的操作系统称为（　　）操作系统。
72. 计算机对文字、图形、图像、声音、动画、动态影像等综合处理，主要体现了计算机（　　）技术的应用。
73. 计算机先后经历了（　　）、（　　）、（　　）和超大规模集成电路 4 个阶段。
74. 字符串“大学 COMPUTER 文化基础”（双引号除外），在机器内占用的存储字节数是（　　）。
75. Intel 80486 有 32 根地址线，直接寻址范围可达（　　），即最大内存容量为（　　）GB。
76. 根据 ASCII 码编码原理，现要对 50 个字符进行编码，至少需要（　　）个二进制位。
77. （　　）是指专门为某一应用目的而编写的软件。
78. 两位二进制位可表示（　　）种状态。

三、问答题

1. 冯·诺依曼首先提出电子计算机的理论是什么？

2. 微型计算机的发展可分为几代？

3. 计算机的主要特点有哪些？

4. 通用计算机可分为哪几类？写出每类计算机的名称。

5. 计算机的发展趋势是向哪 4 个方向发展？

6. 计算机的主要应用领域有哪几个方面？

7. 7 位版本的 ASCII 码用二进制数如何编码？最多可以表示多少个不同的字符？

8. 计算机硬件系统包括哪几部分？

9. 运算器可完成哪些功能？

10. 简述 RAM 和 ROM 的特点？

11. 计算机软件系统包括哪几部分？

12. 简述 CPU 的功能及其组成？

13. 微机的系统总线包括哪几种总线？

14. 计算机的光盘分为哪几类？

15. 常用键盘有哪几种型号？

16. 请说出英文术语 CPU 的含义。

第2章 中文Windows 7操作系统习题

一、选择题

1. 下列关于 Windows 7 文件名的说法中，不正确的是（　　）。
   A. Windows 7 文件名可以用汉字
   B. Windows 7 文件名可以用空格
   C. Windows 7 文件名长度可以超过 8 字符
   D. Windows 7 文件名可以出现*号和？号
2. 下列关于 Windows 文件和文件夹的说法中，正确的是（　　）。
   A. 在一个文件夹中可以有两个同名文件
   B. 在一个文件夹中可以有两个同名文件夹
   C. 在一个文件夹中不可以有一个文件与一个文件夹同名
   D. 在不同文件夹中可以有两个同名文件
3. 在播放 CD 光盘时，将数字化信息转化为模拟信号的部件是（　　）。
   A. 显卡　　B. 视频卡　　C. 声卡　　D. 硬盘
4. 下列（　　）操作系统不是微软公司开发的操作系统。
   A. Windows Server 2003　　B. Windows 7
   C. Linux　　D. Vista
5. Windows 7 提供了一种基于（　　）用户界面的操作系统。
   A. 图形　　B. 字符　　C. 点阵　　D. 复杂
6. 下面（　　）不是 Windows 7 的主要特点。
   A. 支持长文件名　　B. 支持即插即用
   C. 可以运行全部 DOS 应用程序　　D. 强大的连网功能
7. Windows 7 操作系统是一个（　　）。
   A. 单用户单任务操作系统　　B. 单用户多任务操作系统
   C. 多用户单任务操作系统　　D. 多用户多任务操作系统
8. 通常情况下，Windows 7 的底部是一个（　　）。
   A. 提示栏　　B. 按钮　　C. 任务栏　　D. 图标

9. 在 Windows 7 桌面的任务栏中，显示的是（　　）。

A. 当前窗口的图标

B. 除当前窗口外的所有被打开的窗口图标

C. 不含窗口最小化的所有被打开的窗口的图标

D. 所有已经打开的窗口图标

10. 在 Windows 7 桌面上“计算机”是用于（　　）。

A. 进行资源管理　　B. 管理二进制

C. 管理网络　　D. 管理文件打印

11. 关于 Windows 7 桌面任务栏中的状态栏的功能，以下说法正确的是（　　）。

A. 启动或退出应用程序　　B. 实现应用程序间的切换

C. 创建和管理桌面图标　　D. 设置桌面外观

12. 在 Windows 7 的菜单中，命令名右边带下画线的字母表示（　　）。

A. 选择该菜单后将弹出对话框　　B. 该命令正在起作用

C. 该命令当前不能使用　　D. 打开菜单后选择命令的快捷键

13. 在 Windows 7 的菜单中，命令名右边带有省略号“…”就表示（　　）。

A. 选择该菜单后将弹出对话框　　B. 该命令正在起作用

C. 该命令的快捷键　　D. 该命令当前不能使用

14. 在 Windows 7 的菜单中，变灰的菜单表示（　　）。

A. 该命令正在起作用　　B. 该命令当前不能使用

C. 该命令的快捷操作方式　　D. 该命令的快捷键

15. Windows 7 的对话框具有（　　）的特点。

A. 不能改变大小　　B. 不能移动

C. 不能省略　　D. 没有窗口标题栏

16. 在 Windows 7 中，桌面指的是（　　）。

A. 窗口、图标和对话框所在的屏幕背景　　B. 电脑台

C. 资源管理器窗口　　D. 活动窗口

17. 在 Windows 7 中不能从（　　）启动应用程序。

A. 资源管理器　　B. 计算机　　C. “开始”菜单　　D. 控制面板

18. 在 Windows 7 系统的任何操作过程中，按（　　）键可以随时获得联机帮助。

A.【Esc】　　B.【Alt】　　C.【F1】　　D.【Home】

19. 若屏幕上同时出现多个窗口，可以通过窗口（　　）栏中的特殊颜色来判断它是否为当前活动窗口。

A. 菜单　　B. 符号　　C. 状态　　D. 标题

20. 在 Windows 7 中打开在桌面上的多个窗口的显示方式（　　）。

A. 只能堆叠显示窗口

B. 只能并排显示窗口

C. 可以层叠显示，也可以堆叠及并排显示窗口

D. 只能层叠显示

21. 在 Windows 7 中，完成某项操作的共同点是（　　）。

A. 将操作项拖到对象处　　B. 先选择操作项，后选择对象

C. 同时选择操作项和对象　　D. 先选择对象，后选择操作项

22. 在 Windows 7 中输入中文时，中西文切换的快捷键是（　　）。

A.【Alt+Shift】　　B.【Ctrl+Space】

C.【Shift+Space】　　D.【Ctrl+Alt】

23. 下列关于操作系统的叙述中，正确的是（　　）。

A. 操作系统是可有可无的　　B. 应用软件是操作系统的基础

C. 操作系统只能控制软件　　D. 操作系统是一种系统软件

24. 在桌面上要移动任何 Windows 7 窗口，可用鼠标指针拖动该窗口的（　　）。

A. 标题栏　　B. 边框　　C. 滚动条　　D. 控制菜单项

25. 控制面板的作用是（　　）。

A. 控制所有程序执行　　B. 对系统进行有关设置

C. 设置开始菜单　　D. 设置硬件的接口

26. 不允许两个文件同名的情况有（　　）。

A. 同一张磁盘同一文件夹　　B. 不同磁盘不同文件夹

C. 同一张磁盘不同文件夹　　D. 不同磁盘且都为根目录

27. 在 Windows 7 中用鼠标右击任何一个项目时，都将弹出一个（　　）。

A. 窗口　　B. 对话框　　C. 快捷菜单　　D. 图像

28. 关闭一台运行 Windows 7 的计算机之前应先（　　）。

A. 关闭所有已打开的程序　　B. 关闭 Windows 7 系统

C. 断开服务器的连接　　D. 直接关闭电源

29. 在 Windows 7 中，当屏幕的指针为沙漏加箭头时，则表明（　　）。

A. 正在执行一项任务　　B. 正在执行打印任务

C. 没有执行任何任务　　D. 正在执行一项任务，可以执行其他任务

30. 在下列描述中，不能打开 Windows 7 资源管理器的操作是（　　）。

A. 在“开始”菜单“所有程序”的“附件”中选择它

B. 右击“开始”按钮，在弹出的快捷菜单中选择它

C. 在“开始”菜单的“运行”选项中输入相应的程序名后运行

D. 在“开始”菜单的“文档”选项中选择任意一个文档后右击

31. 在资源管理器窗口中，使用（　　）菜单可以按名称、类型、大小、修改日期排列右窗格的内容。

A. 编辑　　B. 查看　　C. 文件　　D. 工具

32. 在 Windows 7 的资源管理中，为文件和文件夹提供了（　　）种显示方式。

A. 2　　B. 3　　C. 6　　D. 8

33. 下面关于 Windows 7 桌面背景的说法中，不正确的是（　　）。

A. 当桌面背景选择了一个小的墙纸和“居中”显示方式时，用户可以同时使用墙纸和图案

B. 当墙纸覆盖了整个桌面，用户仍然可以用图案

C. 可以用 HTML 文件作为墙纸，也可以用 BMP、GIF 和 JPEG 等图片文件作为墙纸

D. 可以把单个墙纸平铺和拉伸，以覆盖整个桌面

34. 下面关于 Windows 7 的说法不正确的是（　　）。
A. 在“添加/删除程序”窗口中可以删除操作系统
B. 可以交换鼠标的左右键功能
C. 可以设定显示器的分辨率
D. 可以更改输入法的顺序

35. Windows 7 的“桌面”指的是（　　）。
A. 整个屏幕　B. 全部窗口　C. 活动窗口　D. 某个窗口

36. 关于“回收站”叙述正确的是（　　）。
A. 可以暂存被删除的对象　B. 回收站的内容不可以恢复
C. 清空回收站后仍可用命令方式恢复　D. 回收站的内容不占硬盘空间

37. 在 Windows 7 中“回收站”是指（　　）。
A. 硬盘上的一块区域　B. 内存中的一块区域
C. 软盘中的一块区域　D. 光盘中的一块区域

38. 下面关于文档窗口的说法中正确的是（　　）。
A. 只能打开一个文档窗口
B. 可以同时打开多个文档窗口，但其中只有一个窗口是活动的
C. 可以同时打开多个文档窗口，被打开的窗口都是活动的
D. 可以同时打开多个文档窗口，但在屏幕上只能看到一个文档窗口

39. 在 Windows 7 中，不同驱动器之间的文件移动，应使用的鼠标操作为（　　）。
A. 拖动
B.【Ctrl】+拖动
C.【Shift】+拖动
D. 选择一个要移动的文件按【Ctrl+C】组合键，然后打开目标文件，按【Ctrl+V】组合键

40. 为了减少因误操作而将文件修改，可将文件设置成（　　）属性。
A. 只读　B. 隐藏　C. 存档　D. 存档或隐藏

41. 在下面 Windows 7 中安装一台新打印机的方法，错误的是（　　）。
A. 在“控制面板”窗口中打开“打印机”窗口，然后双击“添加打印机”
B. 选择“开始”菜单中的“设备和打印机”命令
C. 在“打印机”窗口中右击，在弹出的快捷菜单中选择“新建”命令，建立一个名称和打印机名称相同的文件夹
D. 双击“控制面板”窗口中的“设备和打印机”按钮

42. 文件的类型可以根据文件的（　　）来识别。
A. 大小　B. 用途　C. 扩展名　D. 存放位置

43. 在 Windows 7 窗口中，双击（　　），可以关闭窗口。
A. 边框　B. 标题栏　C. 系统菜单图标　D. 菜单栏

44. 在 Windows 7 中，要将整幅屏幕内容复制到剪贴板上，应使用（　　）键。
A.【Print Screen】　B.【Alt+ Print Screen】
C.【Shift+ Print Screen】　D.【Ctrl+ Print Screen】

45. Windows 7 写字板应用程序和记事本应用程序的区别包括（　　）。
A. 写字板可以保存为 DOC.TXT 格式，记事本文档只能保存为纯文本文件
B. 写字板支持图文混排，记事本只能编辑纯文本
C. 写字板文档中可以进行段落排版，记事本文档则不支持
D. 以上都正确

46. 在 Windows 7 中，关于设置屏幕保护的作用不正确的是（　　）。
A. 屏幕上出现活动的图案和暗色背景可保护监视器
B. 可以提高趣味性
C. 可以节省计算机的内存
D. 可以减少屏幕的损耗

47. 在 Windows 7 中安装卸除中文输入法的窗口是（　　）。
A. 打印机　　B. 拨号网络　　C. 控制面板　　D. 我的文档

48. 在 Windows 7 资源管理器左窗格中的目录图标上，有"◢"号的表示（　　）。
A. 当前活动文件夹　　B. 是一个可执行文件
C. 是一个没有子文件夹的文件　　D. 该文件夹的子文件夹已展开

49. 在 Windows 7 资源管理器左窗格中的目录图标上，有"▷"号的表示（　　）。
A. 一定是根目录　　B. 是一个可执行的文件
C. 一定是空目录　　D. 该目录有子目录没有展开

50. 若在桌面上同时打开多个窗口，则下面关于活动窗口的描述，不正确的是（　　）。
A. 活动窗口的标题栏是高亮度的
B. 光标的插入点在活动窗口闪烁
C. 活动窗口在任务栏上的按钮为按下状态
D. 桌面上可以同时有两个活动窗口

51. 窗口排列有层叠、堆叠和并排 3 种方式。右击（　　）可以进行窗口排列。
A. 任务的空白处　　B. 桌面空白处
C. 窗口标题栏　　D. "开始"按钮

52. 下列关于 Windows 7 的窗口描述中，错误的是（　　）。
A. 窗口是 Windows 7 应用程序的界面
B. Windows 7 的桌面也是 Windows 的窗口
C. 用户可以改变窗口的大小和在屏幕上的位置
D. 窗口主要由边框、标题栏、菜单栏、工作区、状态栏、滚动条等组成

53. 当一个应用程序窗口被最小化后，该程序的状态是（　　）。
A. 继续在前台运行　　B. 被终止运行
C. 被转入后台运行　　D. 保持最小化前的状态

54. 当一个文档窗口被关闭后，该文档将（　　）。
A. 保存在内存中　　B. 保存在外存中
C. 保存在剪贴板中　　D. 既保存在外存中也保存在内存中

55. 下列切换应用程序的方法中，不正确的是（　　）。
A. 单击任务栏上程序所对应的图标　　B. 使用【Alt+Tab】组合键
C. 使用【Alt+Esc】组合键　　D. 从"开始"菜单中再次执行应用程序

56. 使用剪贴板在两个应用程序之间移动信息，可在源文档中选定要移动的信息，选择“编辑”→“剪切”命令；再将插入点置于目标文档的目标位置，从“编辑”菜单中选择（　　）命令，即可完成操作。

A. 插入　B. 剪切　C. 复制　D. 粘贴

57. 在 Windows 7 中，文件夹设置共享属性的操作不能在（　　）中完成。

A. 计算机　B. 资源管理器　C. 控制面板　D. 文件夹的快捷菜单

58. 在 Windows 7 的资源管理器中，选中扩展名为（　　）的文件，再使用“文件”→“打开”命令，可以运行画图应用程序，并打开该文件。

A. TXT　B. WRR　C. BAT　D. BMP

59. 关于 Windows 7 剪贴板的叙述正确的是（　　）。

A. 剪贴板的内容不能更新　B. 剪贴板中的内容存储在内存中

C. 剪贴板的内容存储在硬盘中　D. 复制操作将破坏源文件

60. 按（　　）组合键，可以把剪贴板上的信息粘贴到某个文档窗口的插入点位置。

A.【Ctrl+C】　B.【Ctrl+V】　C.【Ctrl+Z】　D.【Ctrl+X】

61. 按（　　）组合键，可以把选定的内容复制到剪贴板上。

A.【Ctrl+C】　B.【Ctrl+V】　C.【Ctrl+Z】　D.【Ctrl+X】

62. 按（　　）组合键，可以把选定的内容移动到剪贴板上。

A.【Ctrl+C】　B.【Ctrl+V】　C.【Ctrl+Z】　D.【Ctrl+X】

63. “写字板”某文档窗口中已进行了多次剪切操作，当关闭该文档窗口后，剪贴板中的内容为（　　）。

A. 第一次剪切的内容　B. 最后一次剪切的内容

C. 所有剪切的内容　D. 空白

64. 在 Windows 7 中关于对话框叙述不正确的是（　　）。

A. 对话框没有最大化按钮　B. 对话框没有最小化按钮

C. 对话框形状大小不能改变　D. 对话框不能移动

65. 在许多对话框中都有复选按钮，如果选中其中一个，这个按钮前面出现（　　）。

A. .　B. …　C. √　D. →

66. 在 Windows 7 中，为了获得帮助信息，可以在“开始”菜单中选择（　　）命令。

A. 程序　B. 文档　C. 运行　D. 帮助和支持

67. 在 Windows 7 中的“开始”菜单中，（　　）用于通过输入命令行的形式来运行应用程序或打开文件。

A. 程序　B. 文档　C. 运行　D. 设置

68. 下面关于快捷菜单的描述中，不正确的是（　　）。

A. 快捷菜单可以显示出与某一操作对象相关的命令菜单

B. 选定需要操作的对象单击，屏幕上就会弹出快捷菜单

C. 选定需要操作的对象右击，屏幕上就会弹出快捷菜单

D. 右击桌面空白区域，会弹出一个快捷菜单

69. 在“计算机”窗口中，删除（　　）中的文件时不把被删除的文件送入回收站，而是直接删除。

A. C 盘　B. D 盘　C. U 盘　D. E 盘

70. 在资源管理器中选定多个不连续的文件时，使用（　　）。

A.【Shift+Alt】组合键 B.【Shift】键 C.【Alt】键 D.【Ctrl】键

71. 在 Windows 7 中更改文件名的操作是（　　）文件名，在弹出的快捷菜单中选择“重命名”命令，输入新文件名后按【Enter】键。

A. 单击 B. 双击 C. 右击 D. 右键双击

72. 格式化磁盘时，要选择“文件系统”的类型，下面（　　）类型是非法的。

A. FAT B. DOS C. FAT32 D. NTFS

73. 下面关于快速格式化的说法中正确的是（　　）。

A. 不能快速格式化硬盘驱动器 B. 只能快速格式化硬盘驱动器

C. 快速格式化不检查磁盘的扇区 D. 快速格式化将严重损害硬盘的寿命

74. 下面关于“磁盘扫描”程序中，说法正确的是（　　）。

A. 磁盘扫描的运行将整理磁盘上的碎片

B. 磁盘扫描程序可以对 CD-ROM 中的光盘进行扫描

C. 突然断电导致磁盘出错后重启系统将运行磁盘扫描程序来检查并修正错误

D. 磁盘扫描将删除一些硬盘中不需要的文件

75. 下面（　　）不是 Windows 7 的主要特点。

A. 是一个单用户多任务的操作系统 B. 友好的图形化界面

C. 可以当成网络操作系统 D. 支持硬件的即插即用特性

76. 在 Windows 7 中查找给定的文件或文件夹的方法为（　　）。

A. 使用“开始”菜单中的“查找”命令 B. 通过“控制面板”的“打印机”图标

C. 通过“画图”程序 D. 单击“开始”按钮，再单击“搜索”命令

77. 在下列软件中，属于计算机操作系统的是（　　）。

A. Windows 7 B. Word 2010 C. Excel 2010 D. PowerPoint 2010

78. 在 Windows 7 中，要将活动窗口的内容复制到剪贴板上，应使用（　　）键。

A.【Shift+ Print Screen】 B.【Print Screen】

C.【Alt+ Print Screen】 D.【Ctrl+Print Screen】

79. 选定要发送的文件或文件夹。鼠标指向“文件”菜单或快捷键菜单中的“发送到”命令，将有发送目标让用户选择，下面选项中不正确的是（　　）。

A. 桌面快捷方式 B. 邮件接收者 C. 文档 D. 打印机

80. 在 Windows 中，用户可以同时启动多个应用程序，在启动了多个应用程序后，用户可以按（　　）组合键在各应用程序之间进行切换。

A.【Alt+Tab】 B.【Alt+Shift】 C.【Ctrl+Alt】 D.【Ctrl+Esc】

81. 通常情况下大多数软件安装程序的名称为（　　）。

A. WIN B. WORD C. NET D. SETUP

82. 有关在 Windows 中日期和时间保持一致，下列正确的是（　　）。

A. 系统自动和服务器时间保持一致 B. 系统日期和时间仅对本机有效

C. 系统的日期和时间不能调整 D. 调整后的日期和时间关机后即失效

83. 利用 Windows 桌面上的“网上邻居”，不可以实现的是（　　）。

A. 查看在网上正在工作的计算机 B. 查看其他计算机提供的资源

C. 设置 TCP/IP 属性 D. 浏览国际互联网上的信息

84. 文件扩展名的含义是指出（　　）。

A. 文件的属性　　B. 文件的类型　　C. 文件的位置　　D. 文件的大小

85. 有一台运行 Windows Vista Service Pack 2 (SP2)的计算机，需要升级这台计算机到 Windows 7，应该（　　）。

A. 从 Windows 7 安装媒体启动计算机，并选择“升级”选项

B. 从 Windows 7 安装媒体启动计算机，并选择“自定义（高级）”选项

C. 从 Windows Vista 运行 Windows 7 安装媒体上的 Setup.exe 并选择“升级”选项

D. 从 Windows Vista 运行 Windows 7 安装媒体上的 Setup.exe 并选择“自定义（高级）”选项

86. 在 Windows 的资源管理器窗口右侧，若已单击了第一个文件，又按住【Shift】键并单击了第 5 个文件，则（　　）。

A. 有 0 个文件被选中　　B. 有 5 个文件被选中

C. 有 1 个文件被选中　　D. 有 2 个文件被选中

87. Windows 中，下列不能用在文件名中的字符是（　　）。

A. ,　　B. ^　　C. ?　　D. +

88. 在资源管理器中，如果希望某一文件夹中的文件按字节数从小到大排列，应使用“排列图标”菜单中的（　　）。

A. 按名称　　B. 按日期　　C. 按大小　　D. 按类型

89. 在 Windows 的资源管理器窗口右侧，若已单击了第一个文件，又按住【Ctrl】键并单击了第 5 个文件，则（　　）。

A. 有 0 个文件被选中　　B. 有 5 个文件被选中

C. 有 1 个文件被选中　　D. 有 2 个文件被选中

90. 在资源管理器中，如果希望某一文件夹中的文件排列为所有具有同一扩展名的文件集中在一起，应使用“排列图标”菜单中的（　　）。

A. 按名称　　B. 按日期　　C. 按大小　　D. 按类型

91. 在 Windows 中，可以同时打开多个文件管理窗口，用鼠标将一个文件从一个窗口拖动到另一个窗口，完成了文件的（　　）。

A. 删除　　B. 移动或复制　　C. 修改或保存　　D. 更新

92. 在 Windows 中，可以同时打开多个文件窗口，将一个文件剪切后，没有执行粘贴操作，此时被剪切的文件（　　）。

A. 仍保留在原文件夹内　　B. 在对其他文件剪切、粘贴操作时移动

C. 被删除　　D. 文件的内容可能被破坏

93. 将选定后的对象“复制”到“剪贴板”上时，原位置内容（　　）。

A. 仍存在　　B. 消失

C. 被复制至目的地处　　D. 可以存在，可以不存在

94. 能将文件夹移动到同一驱动器的新位置的是（　　）。

A. 拖放文件夹的同时按【Ctrl】键　　B. 拖放文件夹的同时按【Alt】键

C. 拖放文件夹即可　　D. 不能操作

95. 当选定文件或文件夹后，不将文件或文件夹放到“回收站”中，而直接删除的操作是（　　）。

A. 按【Delete】键
B. 用鼠标直接将文件或文件夹拖放到“回收站”中
C. 按【Shift+Delete】组合键
D. 在“计算机”或资源管理器窗口中选择“文件”菜单中的“删除”命令

96. 选中文件后，不能删除该文件的是（ ）。
A. 按【Delete】键　B. 在快捷菜单中选择“删除”命令
C. 选择“文件”菜单中的“删除”命令　D. 双击该文件

97. 在中文 Windows 中，使用软键盘可以快速输入各种特殊符号，为了撤销弹出的软键盘，正确的操作为（ ）。
A. 单击软键盘上的【Esc】键
B. 右击软键盘上的【Esc】键
C. 右击中文输入法状态窗口中的“开启/关闭软键盘”按钮
D. 单击中文输入法状态窗口中的“开启/关闭软键盘”按钮

98. 在 Windows 中，任务栏（ ）。
A. 只能改变位置不能改变大小　B. 只能改变大小不能改变位置
C. 既不能改变位置也不能改变大小　D. 既能改变位置也能改变大小

99. 在 Windows 资源管理器窗口右侧选定所有文件，如果要取消其中几个文件的选定，应进行的操作是（ ）。
A. 依次单击各个要取消选定的文件
B. 按住【Ctrl】键，依次单击各个要取消选定的文件
C. 按住【Shift】键，依次单击各个要取消选定的文件
D. 右击各个要取消选定的文件

100. 在 Windows 中，用户同时打开的多个窗口可以层叠或堆叠式排列，要想改变窗口的排列方式，应进行的操作是（ ）。
A. 右击“任务栏”空白处，在弹出的快捷菜单中选择排列方式
B. 右击桌面空白处，在弹出的快捷菜单中选择排列方式
C. 先打开资源管理器窗口，选择“查看”菜单中的“排列图标”项
D. 先打开“计算机”窗口，选择“查看”菜单中的“排列图标”项

101. 下列程序不属于附件的是（ ）。
A. 计算器　B. 记事本　C. 网上邻居　D. 画图

102. 小李记得在硬盘 E 中有一个主文件名为 ebook 的文件，现在想快速查找该文件，可以选择（ ）。
A. 按名称和位置查找　B. 按文件大小查找
C. 按高级方式查找　D. 按位置查找

103. 下面是关于 Windows 文件名的叙述，错误的是（ ）。
A. 文件名中允许使用汉字　B. 文件名中允许使用多个圆点分隔符
C. 文件名中允许使用空格　D. 文件名中允许使用竖线（|）

104. 删除 Windows 桌面上某个应用程序图标，意味着（ ）。
A. 该应用程序连同其图标一起被删除
B. 只删除了该应用程序，对应的图标被隐藏

C. 只删除了图标，对应的应用程序被保留

D. 该应用程序连同其图标一起被隐藏

105. 在 Windows 中提供了文件压缩功能，有关文件压缩的作用是（　　）。

A. 防止病毒破坏　　B. 只有压缩的文件才能被复制

C. 文件压缩就是创建快捷方式　　D. 为了节省存储空间

106. 在“计算机”窗口中，若已选定硬盘上的文件或文件夹，并按了【Delete】键和“确定”按钮，则该文件或文件夹将（　　）。

A. 被删除并放入“回收站”　　B. 不被删除也不放入“回收站”

C. 被删除但不放入“回收站”　　D. 不被删除但放入“回收站”

107. 在 Windows 中，要选定当前文件夹中的全部文件和文件夹对象，可使用的组合键是（　　）。

A.【Ctrl+V】　　B.【Ctrl+A】　　C.【Ctrl+X】　　D.【Ctrl+D】

108. 不用鼠标，选择“文件”菜单中的“打印”命令的方法是（　　）。

A. 按【Alt+F】，然后按【Alt+P】　　B. 按【Alt+P】

C. 按【Alt+F】，然后按【P】　　D. 只按【Alt+F】

109. 在 Windows 中，打开上次最后一个使用的文档的最直接的途径是（　　）。

A. 单击“开始”按钮，然后指向“最近使用的项目”

B. 单击“开始”按钮，然后指向“查找”

C. 单击“开始”按钮，然后指向“收藏”

D. 单击“开始”按钮，然后指向“程序”

二、填空题

1. Windows 7 是一个（　　）用户（　　）任务的操作系统。

2. 选定要发送的文件或文件夹，鼠标指向“文件”菜单或快捷菜单中的“发送到”，则有（　　）、（　　）、（　　）和（　　）4 个选项供选择。

3. 当要选定多个连续的文件或文件夹时可单击要选定的第一个文件或文件夹，然后按住（　　）键，单击最后一个文件或文件夹。选定多个不连续的文件或文件夹时，首先单击要选定的第一个文件或文件夹，然后按住（　　）键，单击其余的单个文件或文件夹。

4. 选定要复制的文件或文件夹，可选择“编辑”菜单中的（　　）命令，打开要复制到的驱动器或文件夹，选择“编辑”菜单中的（　　）命令。

5.（　　）程序通过删除无用文件来帮助释放硬盘驱动器的空间；有时由于意外原因导致磁盘出错，解决这个问题时需要运行（　　）程序。（　　）整理程序重新安排计算机硬盘上的文件、程序以及未使用的空间，以便程序运行得更快，文件打开得更快。

6. 墙纸的 5 种排列方式是：（　　）、（　　）、（　　）、（　　）、（　　）。

7. 按（　　）或（　　）组合键，可以切换到同时打开的其他程序或文档。

8. 按（　　）键可以关闭窗口或退出应用程序；如果某个应用程序不再响应用户的操作，可同时按（　　）3 个键。

9. 用户可以改变资源管理器或“计算机”窗口中图标的显示方式，可以选择“超大图标”“大图标”“中等图标”“小图标”“平铺”“列表”（　　）或（　　）8 种方式。

10. “剪切”“复制”“粘贴”命令都有相应的快捷键，分别是（　　）、（　　）、（　　）。

11. 按【Print Screen】键可以复制（ ）；复制活动窗口可以按（ ）+【Print Screen】组合键。

12. 在 Windows 7 工作环境中，随时使用（ ）键在英文输入法和最近使用过的中文输入法之间来回切换。也可以使用（ ）键在所有中英文输入法之间依次进行切换。

13. 若想调整音箱的音量大小，可以双击任务栏上的（ ）图标。

14. “后台打印设置”可以设置后台打印机，即 Windows 7 将把打印信息先保存在（ ）上，直到打印机准备好开始打印时，才把信息从（ ）送往打印机打印。

15. 在 Windows 7 的“资源管理器”窗口中，为了使具有系统和隐藏属性的文件或文件夹不显示出来，首先应进行的操作是选择（ ）菜单中的“文件夹选项”命令。

16. 桌面是 Windows 7 面向用户的第（ ）界面，也是放置系统硬件和（ ）资源的平台。

17. 鼠标左键单击某一图标，该图标及其下方文字说明的（ ）就会改变，表示该图标被（ ）。

18. 工具栏是一组（ ）。单击可以执行常规任务，它用（ ）方式表示命令，更加直观和快捷。

19. 右击某对象后弹出（ ）菜单。

20. 按【Alt+Esc】组合键可以完成活动（ ）的切换，相当于用鼠标单击（ ）的按钮。

21. 双击桌面上的图标即可（ ）该图标代表的程序或窗口。

22. 将鼠标指向任务栏中的一个按钮，就会出现一个简单的（ ），说明此按钮的（ ）或应用程序的状态。

23. 若想删除某个输入法可以双击“控制面板”窗口中的（ ）图标。

24. 在 Windows 7 的菜单中，有些命令后有（ ）个点组成的省略号。选择这样的命令就会弹出一个对话框。

25. 任务栏通过拖放操作能把它放在屏幕的（ ）。

26. 要删除某个应用程序时，必须使用（ ）工具。如果采用直接删除文件夹的方法，很可能造成系统设置错误。

27. “控制面板”是整个计算机系统的统一（ ）中心。

28. 如果用户已经知道程序的名称和所在的文件路径，则可以通过（ ）菜单中的“运行”命令来启动程序。

29. 当同时按（ ）+（ ）+Del 组合键之后，就会出现（ ）窗口，可以单击“结束任务”按钮来结束某个程序的运行。

30.（ ）结构的目录方式指的是文件组织是按层次划分的。

31. 在 Windows 7 中同样可以使用（ ）和（ ）作为通配符查找文件。

32.（ ）击资源管理器窗口上的“关闭”按钮可以退出资源管理器。

33. 如果文件在文件夹窗口的可见范围内，可以用（ ）或键盘很快地选择它。

34. 如果要取消选定的文件，可以在屏幕上的（ ）区域（ ）击鼠标，就可以看到选中文件的标志消失了。

35. 使用资源管理器可以复制文件到另一个（ ）或驱动器。

36. 在 Windows 7 中，通过（ ）命令进行 U 盘上的删除操作将执行真正的物理删除。

37. 在默认情况下，资源管理器将文件按其名字的字母顺序列出，也可以选择按文件大小、日期、（ ）的顺序来显示文件。

38. 剪贴板只能存放（　　）一次的剪贴内容。也就是说，前一次的内容就自动被（　　）。

39. 单击标有（　　）的对话框就可以展开此文件夹，单击标有（　　）的方框可以折叠此文件夹。

40. 如果设备不符合（　　）的规范，那么操作系统将不能发现此设备，用户需手工安装此设备的（　　）。

41. 画图程序是用于编辑图形、图像，也可以输入（　　）。

42. 在“写字板”编辑文档时，如果要打印文档可选择（　　）菜单中的“页面设置”和（　　）来打印文档。

43. 启动“记事本”程序通常可以用鼠标单击屏幕左下角的“开始”按钮，从中选择（　　）→“附件”→（　　）命令即可。

44. 在“记事本”编辑文档时，先选中一段要重复出现的文字，选择“编辑”菜单中的（　　）命令。然后将光标定在新处，再选择“编辑”菜单中的（　　）命令即可完成复制。

45. 在“写字板”编辑文档时，先选中一段要移动的文字，选择“编辑”菜单中的（　　）。然后将光标定在新处，再选择“编辑”菜单中的（　　）命令即可完成内容移动操作。

46. 在 Windows 的“回收站”窗口中，要想恢复选定的文件或文件夹，可以使用“文件”菜单中的（　　）命令。

47. 在 Windows 中，要弹出某文件夹的快捷菜单，可以将鼠标指向该文件夹，然后按（　　）键。

48. 要安装 Windows 7，系统磁盘分区必须为（　　）格式。

49. 在 Windows 系统中，为了在系统启动成功后自动执行某个程序，应将该程序文件添加到（　　）文件夹中。

三、问答题

1. 简述在 Windows 7 中获得帮助的两种以上方法。

2. 如何删除一个文件？

3. 在“资源管理器”中如何复制文件？请至少举出两种不同的方法。

4. 如何搜索 D 盘上以 WR 开始命名，扩展名为 jpg 的所有图片文件？

5. 如何选择多个连续及不连续的文件？

6. 如何对文件夹设置共享？

7. “开始”菜单中通常有哪些选项？至少说出5个选项。查找一个文件的命令是什么？

8. 简单叙述一下关闭计算机的步骤。

9. 在Windows 7中如何格式化U盘？

10. “写字板”窗口通常由哪些元素组成？

11. 窗口的标题栏右边有哪3个按钮？分别叙述它们的作用。

12. “最小化”和“关闭”按钮都可以将窗口从屏幕上消失，简单叙述它们的主要差别在哪里？

13. 简单叙述切换窗口的基本方法。

14. 桌面上窗口排列有哪3种方式？

15. 对话框通常都会有3个按钮：确定、取消、应用，分别叙述它们的作用和不同点。

16. 如何在桌面上创建一个应用程序的快捷方式？

17. 退出一个应用程序通常有哪些方法（至少列出两种）？

18. 在资源管理器的“查看”菜单中，查看文件夹和文件的方式有哪几种？

19. 简单叙述一下剪贴板的作用。

20. 屏幕保护的作用是什么？

21. 如何在 D 盘新建一个文件夹？

22. 如何不把一个被删除文件或文件夹放入回收站而直接删除？

23. 简述设置屏幕保护的步骤？

24. 如何在 Windows 7 中显示隐藏属性的文件和文件夹？

第3章 文字处理软件Word 2010习题

一、选择题

1. “文件”选项卡中“关闭”按钮的意思是（　　）。

A. 关闭 Word 窗口连同其中的文档窗口，并退到 Windows 窗口中

B. 关闭文档窗口，并退出 Windows 窗口

C. 关闭 Word 窗口连同其中的文档窗口，退到 DOS 状态下

D. 关闭文档窗口，但仍在 Word 内

2. “文件”选项卡中“退出”按钮的意思是（　　）。

A. 关闭 Word 窗口连同其中的文档窗口并退到 Windows 窗口中

B. 关闭 Word 窗口连同其中的文档窗口并退到 DOS 窗口中

C. 退出 Word 窗口并关机

D. 退出正在执行的文档，但仍在 Word 窗口中

3. 在 Word 中，对于插入文档中的图片，不能进行的操作是（　　）。

A. 放大或缩小　　B. 移动　　C. 修改图片中的图形　　D. 剪裁

4. 在“文件”选项卡中有若干个文件名，其意思是（　　）。

A. 这些文件目前均处于打开状态

B. 这些文件正在排队等待打印

C. 这些文件最近用 Word 处理过

D. 这些文件是当前目录中扩展名为.txt 和.docx 的文件

5. 在选定栏选择段落可以（　　）该段落。

A. 单击　　B. 双击　　C. 三击　　D. 右击

6. 在 Word 中，不用打开“文件”对话框就能直接打开最近使用过的 Word 文件的方法是（　　）。

A. 工具栏按钮方法　　B. “文件”→“打开”

C. 快捷键　　D. “文件”→“最近所用文件”

7. 保存 Word 文件的快捷键是（　　）。

A.【Ctrl+O】　　B.【Ctrl+S】　　C.【Ctrl+N】　　D.【Ctrl+V】

8. 对文件 A.docx 进行修改后退出时，Word 会提问：“是否保存对 A.docx 所做的修改”，如要保留原文件，将修改后的文件存为另一文件，应选（ ）。

A. 是 B. 否 C. 取消 D. 帮助

9. 如果想要设置定时自动保存，应按下列（ ）步骤。

A. 文件→另存为→文件对话框

B. 文件→属性

C. 文件→选项→“Word 选项”对话框→保存

D. 文件→另存为 Web 页

10. 所有段落格式排版都可以通过选项卡（ ）所打开的对话框来设置。

A. 文件/打开 B. 文件/段落 C. 开始/段落 D. 开始/字体

11. 用英文输入文件时，大小写切换键是（ ）。

A.【Tab】 B.【CapsLock】 C.【Ctrl】 D.【Shift】

12. 用鼠标选择输入法时可以单击屏幕（ ）方的输入法选择器。

A. 左上 B. 左下 C. 右下 D. 右上

13. 删除文本可用快捷键（ ）。

A.【Ctrl+C】 B.【Ctrl+V】 C.【Ctrl+X】 D.【Ctrl+Z】

14. 在 Word 里，通常定义块包括从起点至终点的所有行中的所有字符，但如果按住（ ）键同时定义块，则可以定义为一个矩形块。

A.【Ctrl+Shift】 B.【Shift】 C.【Ctrl】 D.【Alt】

15. 用鼠标选择光标所在的单词，可以（ ）该单词。

A. 单击 B. 双击 C. 三击 D. 右击

16. 在 Word 中选定一个句子的方法（ ）。

A. 单击该句中任意位置

B. 双击该句中任意位置

C. 按住【Ctrl】键的同时单击句中任意位置

D. 按住【Ctrl】的同时双击句中任意位置

17. 选择光标所在段落可以（ ）该段落。

A. 单击 B. 双击 C. 三击 D. 右击

18. 选择全文按（ ）组合键。

A.【Ctrl+A】 B.【Shift+A】 C.【Alt+A】 D.【Alt+Shift+A】

19. 复制操作第一步首先应（ ）。

A. 光标定位 B. 选择文本对象

C. 按【Ctrl+C】组合键 D. 按【Ctrl+V】组合键

20. 通过选项卡同样可进行删除、复制、移动等操作，首先单击（ ）选项卡。

A. 文件 B. 开始 C. 视图 D. 插入

21. 打印页码 2～5,10,12 表示打印的是（ ）。

A. 第 2 页，第 5 页，第 10 页，第 12 页

B. 第 2 至 5 页，第 10 至 12 页

C. 第 2 至 5 页，第 10 页，第 12 页

D. 第 2 页，第 3 页，第 5 页，第 10 页，第 12 页

22. 进入数学公式环境是通过单击（ ）来实现的。

A. 文件/打开 B. 编辑/查找 C. 插入/公式 D. 工具/选项

23. 先由前后两个段落且段落格式化也不同，当删除前一个段落末尾结束标记（回车符）时（ ）。

A. 两个段落会合并为一段，原先各格式丢失而采用文档默认格式

B. 仍为两段，且格式不变

C. 两段文字合并为一段，并采用原前段格式

D. 两段文字合并为一段，并采用原后段格式

24. 查找的快捷键是（ ）。

A.【Ctrl+C】 B.【Ctrl+V】 C.【Ctrl+F】 D.【Ctrl+H】

25. 替换的快捷键是（ ）。

A.【Ctrl+C】 B.【Ctrl+V】 C.【Ctrl+F】 D.【Ctrl+H】

26. 在（ ）视图方式中能看到图文框和使用绘图工具栏的工具绘制的图形。

A. 阅读版式 B. 大纲 C. 页面 D. 所有

27. 进入页眉、页脚编辑区可单击（ ）选项卡，选择页眉、页脚命令。

A. 文件 B. 页面布局 C. 插入 D. 视图

28. 关于 Word 中页面设置的说法，不正确的是（ ）。

A. 每章都可以有自己的页面设置

B. 默认值是不允许改变的

C. 双击标尺上面刻度以上部位打开“页面设置”对话框

D. 同一章都可以有不同的页面设置

29. 切换输入法的快捷键是（ ）。

A.【Ctrl+Space】 B.【Shift+Space】 C.【Ctrl+ Shift】 D.【Alt+Shift】

30. 用快捷键切换中英文输入为（ ）。

A.【Ctrl+Space】 B.【Shift+Space】 C.【Ctrl+Shift】 D.【Alt+Shift】

31. 输入文档时，改写、插入切换方式可按（ ）。

A.【Insert】 B.【Delete】 C.【Ctrl】 D.【Alt】

32. 在任何时候想得到关于当前打开菜单或对话框内容的帮助信息，可（ ）。

A. 按【F1】键 B. 按【F2】键 C. 按【F3】键 D. 按【F4】键

33. 密码的字符长度应小于或等于（ ）。

A. 6 B. 8 C. 15 D. 12

34. 在 Word 的“插图”组中不可以直接绘制（ ）。

A. 椭圆形、长方形 B. 格式/段落

C. 圆、正方形 D. 任意形状的线条

35. 在选定栏选定一行文字的方法是（ ）鼠标左键。

A. 单击 B. 双击 C. 三击 D. 右击

36. 为了看清文件的打印输出效果，应使用（ ）。

A. 大纲视图 B. 页面视图

C. 阅读版式视图 D. Web 版式视图

37. 所有的特殊符号都可通过（　　）选项卡中的“符号”实现。

A. 文件　　B. 开始　　C. 插入　　D. 视图

38. 插入分节符或分页符可通过（　　）。

A. 文件/页面　　B. 格式/段落

C. 格式/制表位　　D. 页面布局/分隔符

39. 分栏排版可通过（　　）来实现。

A. 开始/字体　　B. 插入/分栏

C. 页面布局/分栏　　D. 格式/段落

40. 撤销最后一个动作，可用快捷键（　　）。

A.【Ctrl+W】　　B.【Shift+X】　　C.【Shift+Y】　　D.【Ctrl+Z】

41. 首字下沉可通过（　　）来实现。

A. 插入/插图/首字下沉　　B. 插入/文本/首字下沉

C. 格式/分栏/首字下沉　　D. 格式/段落/首字下沉

42. 在 Word 中，“粘贴”按钮呈灰色（　　）。

A. 说明剪贴板有内容，但不是 Word 能使用的内容

B. 因特殊原因，该粘贴命令永远不能被使用

C. 只有执行了复制命令后，该粘贴命令才能被使用

D. 当执行了剪切命令后，该粘贴命令可被使用

43. 在 Word“查找和替换”对话框中设定搜索范围为向下搜索并单击“全部替换”按钮，则（　　）。

A. 对整篇文档查找并替换当前找到的内容

B. 从插入点开始向下查找并替换当前找到的内容

C. 从插入点开始向下查找并全部替换匹配的内容

D. 从插入点开始向上查找并替换匹配的内容

44. 在编辑 Word 文档时，输入的新字符总是覆盖了文档中已输入的字符（　　）。

A. 原因是当前文档正处于改写的编辑方式

B. 按【Esc】键可防止覆盖发生

C. 连按两次【Insert】搜索，可防止覆盖发生

D. 按【Del】键可防止覆盖发生

45. 关于 Word 的编辑表格操作不正确的是（　　）。

A. 编辑表格可以用“绘制表格”和“插入表格”两种方法

B.“绘制表格”可以绘制不规则的表格

C.“插入表格”适合建立规则表格

D. 利用“插入”选项卡“表格”组中的“插入表格”按钮，最多制作4行5列的表格

46. 在 Word 编辑的内容中，文字下面有红色波浪下画线表示（　　）。

A. 已修改过的文档　　B. 以输入的确认

C. 可能的拼写错误　　D. 对文本添加了下画线

47. 在 Word 中，下列说明中错误的是（　　）。

A. 从文档窗口的标题栏可以看出该文档的文件名

B. 单击文档编辑窗口的“关闭”按钮，可以关闭文档窗口

C. 不可以选定多个不连续的文本区域

D. 剪贴板上的内容可以多次粘贴

48. 在 Word 的编辑状态打开了一个文档，对文档没做任何修改，随后单击 Word 主窗口标题栏右侧的“关闭”按钮或选择“文件”选项卡中的“退出”命令，则（　　）。

A. 仅文档窗口被关闭　　B. 文档和 Word 主窗口全被关闭

C. 仅 Word 主窗口被关闭　　D. 文档和 Word 主窗口全未被关闭

49. 在 Word 中，当前正在编辑的文档的文档名显示在（　　）。

A. 工具栏的右边　　B. 文件菜单中

C. 状态栏　　D. 标题栏

50. 在进行（　　）操作时，不能将当前文档存盘。

A. 打开另一文档

B. 选择“文件”选项卡中的“保存”命令

C. 选择“文件”选项卡中的“另存为”命令

D. 选择“文件”选项卡中的“关闭”命令，然后单击“是”按钮

51. 退出 Word 可用快捷键（　　）。

A.【Ctrl+F4】　　B.【Alt+F4】　　C.【Alt+X】　　D.【Alt+Shift】

52. 在 Word 中，想用新名字保存文件应（　　）。

A. 选择“文件”选项卡中的“另存为”命令

B. 选择“文件”选项卡中的“保存”命令

C. 单击快速访问工具栏中的“保存”按钮

D. 复制文件到新命名的文件中

53. 在 Word 中，要复制字符格式而不复制字符，需用（　　）按钮。

A. 格式选定　　B. 格式刷　　C. 格式　　D. 复制

54. 在 Word 的编辑状态下，文档中有一行被选择，当按【Del】键后（　　）。

A. 删除插入点　　B. 删除被选择的行

C. 删除被选择的行及其之后的内容　　D. 删除插入点及其之后的内容

55. 在 Word 中每一页都要出现的基本内容一般应放在（　　）中。

A. 文本框　　B. 脚注　　C. 第一页　　D. 页眉/页脚

二、填空题

1. 密码的字符长度应小于或等于（　　）。

2. 在 Word 2010 中，想对文档进行字数统计，可以通过（　　）功能区来实现。

3. 在 Word 文档编辑中，可设定文本框，在文本框中可插入文本，也可插入（　　）。

4. Word 文档中的段落标记是按（　　）键后产生的。

5. 水平标尺上有首行缩进标记、（　　）、（　　）、右缩进标记 3 个三角形滑块。

6. 在草稿视图中只出现（　　）方向的标尺。

7. 在 Word 文档编辑中，要完成修改、移动、复制、删除等操作，必须先（　　）要编辑的区域，使该区域呈反相显示。

8. 在 Word 中，一次可以打开多个文档，处理中的文档称为（　　）。

9. 在 Word 编辑中，选择一个矩形区域的操作是将光标移到待选择文本的左上角，然后按

住（　　）键的同时拖动鼠标左键到文本块的右下角。

10. 在 Word 文档快速存盘时，需要较大的（　　）和剩余磁盘空间。

11. Word 中表格最大列数为（　　）。

12. 在 Word 窗口下，单击（　　）按钮可取消最后一次执行的命令效果。

13. 在 Word 文档编辑中，可直接输入日期和时间，但使用（　　）命令插入日期和时间更为方便、灵活。

14. 在 Word 文档编辑中，若将选定的文本复制到目的处，可以采用鼠标拖动的方法。先将鼠标移动到选定区域，按住（　　）键后，拖动鼠标到目的处即可。

15. 在当前编辑的文档中要插入另一个文本文档的做法是：首先选定当前文档中要插入文件的位置，然后选择“插入”选项卡“文本”组的“对象”下拉列表框中的“文件中的文字”命令，弹出“插入文件”对话框，选择路径、（　　）、文件类型即可实现插入操作。

16. 在 Word 下，可单击“开始”选项卡“编辑”组中的（　　）按钮，从当前文档中快速查找指定的内容后转为新的内容。

17. 在 Word 下，将文档中的某段文字误删除之后，可单击快速访问工具栏中的（　　）按钮恢复到删除前的状态。

18. 在“查找和替换”对话框中，在“查找内容”文本框中输入“计算机”，在“替换为”文本框中输入“电脑”，只要单击（　　）按钮，系统就将在文档中找到“计算机”一词全部自动替换成“电脑”。

19. 在 Word 文本输入中，若键盘英文字母为大写状态时（　　）输入汉字。

20. 在 Word 中，若单击文档窗口右上角的（　　）按钮，则相应窗口被放大。

21. 在 Word 中给文档加口令后，若忘记密码，则该文档（　　）打开，其口令无法删除。

22. 在 Word 文档编辑中对正文的段落进行格式化时，一般采用标尺中的（　　）、右缩进等方法。

23. Word 文档文件的默认类型是（　　）。

24. 在 Word 中，将插入点移动到文章首部应按（　　）组合键。

25. 在 Word 中，将插入点移动到行尾应按（　　）组合键。

26. 在 Word 中，若要选择整篇文档，可以按（　　）组合键实现。

27. 用户可以使用“开始”选项卡“段落”组中的（　　）按钮，自行选定项目符号的样式。

28. 在 Word 文档编辑中，可以使用“页面布局”选项卡“页面设置”组中的（　　）按钮，在文档的指定位置插入一个分节符。

29.（　　）是打印在文档每页顶部或底部的描述性内容。

30. 用户设定的页眉、页脚必须在（　　）视图方式或打印预览中才能看到。

31. 在 Word 文档编辑中，除了在建立页眉、页脚时，可插入页码外，还可以使用（　　）选项卡“页眉和页脚”组中的“页码”按钮在文档中插入页码。

32. 在 Word 文档编辑中绘制椭圆时，若按住（　　）键后拖动可以画出一个圆。

33. 将文档中某段落的字体、字号、缩进、对齐等格式设置好后，希望在其他段落中也用相同格式时应使用“开始”选项卡（　　）组中的按钮。

34. 仅在（　　）视图方式及打印预览中才能显示分栏的效果。

35. 在 Word 中，要复制整个屏幕窗口内容按（　　）键。

36. 文本框可以被转移到文档的（　　）位置，它们在文档正文后面时则成为文档正文的背景。

37. 在文档某处插入公式，可单击“插入”选项卡“符号”组中的（　　）按钮，就可进入公式编辑状态。

38. 保存 Word 文档文件的快捷键是（　　）。

39. 打印页码“3,8-12”表示的是打印（　　）页。

40. 被编辑的文档在屏幕上的显示方式与打印方式相同的称为（　　）视图。

41. 在使用 Word 过程中，可随时按（　　）键，以获得联机帮助。

42. 在 Word 的编辑状态，打开了“W1.docx”文档，经过编辑后的文档以“W2.docx”为名存盘，此时当前窗口的文档名为（　　）。

第4章

电子表格处理软件Excel 2010习题

一、选择题

1. 在 Excel 工作表中，每个单元格都有唯一的编号，称为地址，地址的使用方法是(　　)。

A. 字母+数字　　B. 列标+行号　　C. 数字+字母　　D. 行号+列标

2. 在默认条件下，每一工作簿文件会打开(　　)个工作表文件，分别为 Sheet1、Sheet2…来命名。

A. 5　　B. 4　　C. 3　　D. 2

3. 如果输入以(　　)开始，Excel 认为单元的内容为公式。

A. !　　B. =　　C. *　　D. √

4. 在 Excel 中，最适合反映某个数据在所有数据构成的总和中所占的比例的一种图表类型是(　　)。

A. 散点图　　B. 折线图　　C. 柱形图　　D. 饼图

5. Excel 中用电子表格存储数据的最小单位是(　　)。

A. 单元格　　B. 工作表　　C. 工作簿　　D. 工作区域

6. 当鼠标移动到自动填充柄上时，鼠标指针变为(　　)。

A. 双键头　　B. 白十字　　C. 黑十字　　D. 黑矩形

7. 函数“=SUM(3,2,TRUE,FALSE)”的结果为(　　)。

A. 5　　B. 6　　C. 4　　D. 3

8. 改变活动单元格的内容，选按(　　)键。

A.【F8】　　B.【F3】　　C.【F2】　　D.【F5】

9. 活动单元地址显示在(　　)内。

A. 工具栏　　B. 菜单栏　　C. 名称框　　D. 状态栏

10. 在 Excel 公式中用来进行乘的标记为(　　)。

A. X　　B. ( )　　C. ^　　D. *

11. 在 Excel 工作表中，选取不连续的区域时，首先按(　　)键，然后单击需要的单元格区域。

A.【Ctrl】　　B.【Alt】　　C.【Shift】　　D.【Backspace】

12. 查看帮助信息可在主窗口的（ ）选项卡中进行。

A. “开始” B. “数据” C. “视图” D. “文件”

13. 可退出 Excel 的方法是（ ）。

A. 选择“文件”选项卡中的“关闭”命令

B. 选择“文件”选项卡中的“退出”命令

C. 单击其他已打开的窗口

D. 单击标题栏中的“最小化”按钮

14. “保存”命令在（ ）选项卡中。

A. 保存 B. 视图 C. 文件 D. 插入

15. Excel 快速访问工具栏中的“撤销”按钮能够（ ）。

A. 重复上次操作 B. 恢复对文档进行的最后一次操作前的样子

C. 显示上一次操作 D. 显示两次的操作内容

16. 下面说法正确的是（ ）。

A. 一个工作簿可以包含多个工作表 B. 一个工作簿只能包含一个工作表

C. 工作簿就是工作表 D. 一个工作表可以包含多个工作簿

17. 绝对地址前面应使用（ ）符号。

A. * B. $ C. # D. ^

18. 单元格中的数据可以是（ ）。

A. 字符串 B. 一组数字

C. 一个图形 D. 以上都可以

19. 以下（ ）是绝对地址。

A. $D$8 B. $D5 C. *A5 D. 以上都不是

20. 要调整列宽，需将鼠标指针移动到列标标头的边框（ ）。

A. 左边 B. 右边 C. 顶端 D. 下端

21. 如果删除了公式中使用的单元格，则该单元格显示（ ）。

A. ### B. ? C. *REF! D. 以上都不对

22. 可在工作表中插入空白单元格的选项是（ ）。

A. “插入”/“单元格”/“插入” B. “选项”/“单元格”/“插入”

C. “开始”/“单元格”/“插入” D. 以上都不对

23. 如果单元格中的数太大不能显示时，（ ）会显示在单元格内。

A. ? B. * C. ERROR! D. #

24. 对于建立自定义序列，可使用（ ）命令建立。

A. “文件”/“选项” B. “数据”/“选项”

C. “插入”/“选项” D. “视图”/“选项”

25. 当输入数字超过单元格能显示的位数时，则以（ ）表示。

A. 科学记数法 B. 百分比 C. 货币 D. 自定义

26. Excel 的主要功能是（ ）。

A. 表格处理，文字处理，文件管理 B. 表格处理，网络通信，图表处理

C. 表格处理，数据库管理，图表处理 D. 表格处理，数据库管理，网络通信

27. Excel 工作簿文件的扩展名为（　　）。

A. .docx　　B. .txtx　　C. .xlsx　　D. .xltx

28. Excel 应用程序窗口最后一行称为状态行，Excel 准备接收输入的数据时状态行显示（　　）。

A. 等待　　B. 就绪　　C. 输入　　D. 编辑

29. 利用 Excel 编辑栏的名称框，不能实现（　　）。

A. 选定区域　　B. 删除区域或单元格名称

C. 为区域或单元格定义名称　　D. 选定已定义名称的区域或单元格

30. 如果在工作簿中既有一般工作表又有图表，当选择“文件”选项卡中的“保存”命令时，Excel 将（　　）。

A. 只保存其中的工作表

B. 只保存其中的图表

C. 把一般工作表和图表保存到一个文件中

D. 把一般工作表和图表分别保存到两个文件中

31. 在 Excel 中，下列（　　）是正确的区域表示法。

A. A1#D4　　B. A1..D5　　C. A1:D4　　D. A1>D4

32. 若在工作表中选取一组单元格，则其中活动单元格的数目是（　　）。

A. 一行单元格　　B. 一个单元格

C. 一列单元格　　D. 被选中的单元格个数

33. 设 A1:A8 单元格区域中各单元格中的数值均为 1，A9 为空白单元，则函数“= AVERAGE (A1:A9)”结果与公式（　　）的结果相同。

A. =8/10　　B. =8/9　　C. =8/8　　D. =9/10

34. 设 Excel 工作表中 A1 单元的数据为 TRUE，B1 单元中的数据为 FALSE，则条件函数“= IF(A1,B1,3)”的结果为（　　）。

A. TRUE　　B. FALSE　　C. 3　　D. 4

35. 函数“= AVERAGE(–1,0,1,2,TRUE,FALSE,7,–3)”的结果为（　　）。

A. 0.875　　B. 1　　C. 1.17　　D. 1.4

36. 关于填充柄的说法不正确的是（　　）。

A. 它位于活动单元格的右下角

B. 它的形状是“+”字形

C. 它可以填充颜色

D. 拖动它可将活动单元格内容复制到其他单元格

37. 如果一个工作簿中含有若干个工作表，则当保存时（　　）。

A. 存为一个磁盘文件

B. 有多少个工作表就存为多少个磁盘文件

C. 工作表不超过 3 个就存为一个磁盘文件，否则存为多个磁盘文件

D. 由用户指定存为一个或几个磁盘文件

38. 在 Excel 工作表中，利用 C5 单元格的填充柄形成单元格 D5 中的公式“=$B$2+C4”，则 C5 单元格中的公式为（　　）。

A. =$A$2+B4　　B. =$B$2+B4　　C. =$A$2+C4　　D. =$B$2+C4

39. 在 Excel 工作簿中，至少应含有（　　）个工作表。

A. 1　　B. 2　　C. 3　　D. 4

40. 在 Excel 工作表中，不正确的单元格地址是（　　）。

A. C$66　　B. $C66　　C. C6$6　　D. $C$66

41. 下列单元格引用，（　　）是混合引用。

A. SUM(C2:E6)　　B. SUM($C$2:$E$6)

C. SUM(C$2:$E6)　　D. SUM(C2:E3)

42. 在 Excel 工作表中，D2:E4 单元格区域所包含的单元格个数是（　　）。

A. 5　　B. 6　　C. 7　　D. 8

43. 在 Excel 工作表中，选定某个单元格，单击“开始”选项卡“单元格”组中的“删除”按钮，不可能完成的操作是（　　）。

A. 删除该行　　B. 右侧单元格左移

C. 删除该列　　D. 左侧单元格右移

44. 在 Excel 工作表中，数据库清单中的列标志相当于数据库中的（　　）。

A. 记录　　B. 记录表　　C. 字段值　　D. 字段名

45. 在 Excel 工作表中，单击某有数据的单元格，当鼠标为向左方空心箭头时，仅拖动鼠标可完成的操作是（　　）。

A. 复制单元格内数据　　B. 删除单元格内数据

C. 移动单元格内数据　　D. 不能完成任何操作

46. 在 Excel 工作表第 D 列第 4 行交叉位置处的单元格，其绝对地址应是（　　）。

A. D4　　B. $D4　　C. $D$4　　D. D$4

47. 在 Excel 工作表中，日期型数据“2015 年 12 月 21 日”的正确输入形式是（　　）。

A. 2015-12-21　　B. 21.12.2015

C. 21,12,2015　　D. 21:12:2015

48. 在 Excel 工作表中，对=SUM(A4:A6)描述正确的是（　　）。

A. 无效的，因为单元格不连续　　B. 计算 A4 和 A6 的平均值

C. 计算 A4,A5,A6 的和　　D. 以上都不对

二、填空题

1. 右击一个图表对象，弹出一个（　　）菜单。
2. 在输入数据时键入前导符（　　）表示要输入公式。
3. 一个方案的名字最多由（　　）个字符组成。
4. 在 Excel 中，当删除行和列时，后面的行和列会自动向（　　）或（　　）移动。
5. 要清除单元格内容，可以使用（　　）键。
6. 将鼠标指针指向选定区域的边线上，按住（　　）键，并拖动边框线到新的位置上，释放鼠标键及（　　）键后，就会看到复制后的工作表格。
7. 在 Excel 中，当插入行和列时，后面的行和列会自动向（　　）或（　　）移动。
8. 要编辑单元格内容时，在该单元格中（　　）鼠标，光标插入点将位于单元格内。
9. 在 Excel 工作表中，数值型数据的默认对齐格式是（　　）。
10. 可以合并多达（　　）源区域。

11. 要合并的工作表称为（　　）区。

12. 单击“开始”选项卡“编辑”组中的（　　）按钮可以迅速排序。

13. 在 Excel 中，按【Ctrl+End】组合键，光标移到（　　）。

14. 选中 A1:B5 单元格区域并单击“格式刷”按钮，然后选中 C3 单元，则（　　）。

15. 设 A1 单元格中有公式“=SUM(B2:D5)”，在 C3 单元格处插入一列，再删除一行，则 A1 单元中的公式变成（　　）。

16. 默认的图表类型是二维的（　　）图。

17. 设 B1:B6 单元格区域中的各单元格中均已有数据，A1、A2 单元格中的数据分别为 3 和 6，若选定 A1:A2 单元格区域并拖动填充柄，则 A3:A6 区域中的数据序列为（　　）。

18. 将 C1 单元格中的公式“=A1+B2”复制到 E5 单元格后，E5 单元格中的公式是（　　）。

19. 在 Excel 工作表中，已知 B1 单元格和 C1 单元格中存放有不同的数值，并且 B1 单元格已命名为 NAME，B2 单元格中有公式“=A2/NAME”。若重新将 NAME 指定为 C1 单元格的名字，则 B2 单元格中的（　　）。

20. 设 C2:C5 单元格区域已命名为“总计”，则当删除名字“总计”的定义后，公式“=1/SUM”（总计）将取值为（　　）。

21. 在 Excel 中，当某单元格中的数据被显示为充满整个单元格的一串“#”时，说明（　　）。

22. 在 Excel 工作表中，在 A2 和 B2 单元格中分别输入数值 7 和 6.3，在选定 A2:B2 单元格区域并将鼠标指针放在该区域右下角的填充柄上，拖动至 E2 单元格，则 E2 单元格和函数 INT(D2) 的值为（　　）和（　　）。

23. 在 Excel 中，各种运算符号的优先级由高到低的顺序为（　　）。

24. 在 Excel 中，选定某单元格后单击“复制”按钮，在选中目的单元格后单击“粘贴”按钮，此时被粘贴的是源单元格中的（　　）。

25. Excel 图表是动态的，当在图表中修改了数据系列的值时，与图表相关的工作表中的数据（　　）。

26. 在 Excel 工作表中，将 C1 单元格中的公式=$A$1 复制到 D2 单元格后，D2 单元格中的值将与（　　）单元中的值相等。

27. 在 Excel 工作表中，将 C1 单元格中的公式=A$1 复制到 D2 单元格后，D2 单元格中的值将与（　　）单元中的值相等。

28. & 表示（　　）。

29. 在 Excel 中，已知 A1 单元格中数值为 2，A2 单元格中已输入公式=1/A1。如将 A1 单元格的内容剪切到剪贴板上，则 A2 单元格中显示（　　）。

30. 在 Excel 工作表中，将 C1 单元格中的公式=A1 复制到 D2 单元格后，D2 单元格中的值将与（　　）单元中的值相等。

31. 若在 Excel 单元格中输入“14/5”，按【Enter】键，单元格中显示（　　）。

第5章

演示文稿制作软件PowerPoint 2010习题

一、选择题

1. 利用菜单关闭当前编辑的演示文稿，但不退出 PowerPoint 2010 的操作是（　　）。
   A. 选择“文件”选项卡中的“关闭”命令
   B. 选择“文件”选项卡中的“退出”命令
   C. 选择“文件”选项卡中的“保存”命令
   D. 选择“文件”选项卡中的“帮助”命令
2. PowerPoint 2010 演示文稿文件的默认扩展名是（　　）。
   A. .pttx　　B. .fptx　　C. .pptx　　D. .prg
3. 通过菜单对存放在磁盘中的演示文稿文件进行编辑时，正确的操作方法是（　　）。
   A. 选择“文件”选项卡中的“新建”命令，弹出“新建”对话框，选择该文件
   B. 选择“文件”选项卡中的“打开”命令，弹出“打开”对话框，选择该文件
   C. 选择“开始”选项卡中的“新建”命令，弹出“查找”对话框，选择该文件
   D. 选择“开始”选项卡中的“新建”命令，弹出“定位”对话框，选择该文件
4. PowerPoint 2010 的演示文稿具有（　　）视图、幻灯片浏览、备注页和阅读视图。
   A. 普通　　B. 动画　　C. 页面　　D. 联机版式
5. PowerPoint 2010 的各种视图中，专门显示单个幻灯片以进行编辑的视图是（　　）。
   A. 普通视图　　B. 幻灯片浏览视图　　C. 备注页　　D. 阅读视图
6. 能对幻灯片进行移动、删除、复制，但不能编辑幻灯片中具体内容的视图是（　　）。
   A. 幻灯片视图　　B. 幻灯片浏览视图　　C. 备注页　　D. 阅读视图
7. 专用于编辑、修改幻灯片标题和正文的窗格是（　　）。
   A. 幻灯片窗格　　B. 幻灯片浏览视图　　C. 幻灯片放映视图　　D. 大纲窗格
8. 只能为幻灯片编写注释，不能对幻灯片内容进行编辑操作的窗格是（　　）。
   A. 幻灯片窗格　　B. 普通视图　　C. 备注窗格　　D. 大纲窗格
9. 要在演示文稿的某张幻灯片中插入剪贴画或照片等图形，应在（　　）中进行。
   A. 幻灯片放映视图　　B. 幻灯片浏览视图　　C. 幻灯片视图　　D. 普通视图

10. 在 PowerPoint 2010 中，同时具有大纲窗格、幻灯片窗格和备注窗格的视图是（　　）。
A. 幻灯片视图　B. 普通视图　C. 备注视图　D. 大纲视图

11. 在 PowerPoint 2010 的幻灯片浏览视图中，不能进行的工作是（　　）。
A. 复制幻灯片　B. 删除幻灯片
C. 幻灯片文本的编辑修改　D. 重排所有幻灯片次序

12. 在普通视图中，若幻灯片没插入页码，仍可从（　　）中知道当前幻灯片的页码。
A. 状态栏　B. 菜单栏　C. 格式栏　D. 图片栏

13. 想改变演示文稿中幻灯片的顺序，能实现且最方便的视图环境是（　　）。
A. 幻灯片放映　B. 幻灯片浏览　C. 备注　D. 幻灯片

14. 在幻灯片浏览视图中删除某张幻灯片，先选中它，再按（　　）键。
A.【Alt】　B.【Ctrl】　C.【Shift】　D.【Delete】

15. 在普通视图环境下，以下说法正确的是（　　）。
A. 视图中的 3 种窗格尺寸大小无法调整，也不能浏览幻灯片外观
B. 视图中的 3 种窗格尺寸大小能够调整，但不能浏览幻灯片外观
C. 尺寸能调整，能编辑幻灯片上的文字，插入/删除图片，但不能浏览幻灯片外观
D. 既能调整窗格尺寸，编辑文字，插入/删除图片，又能浏览幻灯片外观

16. 对于幻灯片备注来说，以下说法正确的是（　　）。
A. 备注只能在备注窗格下添加，但放映幻灯片时能显示备注
B. 备注只能在备注窗格下添加，而且放映幻灯片时不显示备注
C. 备注能在备注窗格、大纲窗格和普通窗格下添加，放映幻灯片时能显示备注
D. 备注不能在普通视图下添加，但放映幻灯片时不显示

17. 对幻灯片上被选定文本的降级操作是指（　　）。
A. 将文本移到下一张幻灯片上　B. 将文本移到上一张幻灯片上
C. 使文本向左缩进　D. 使文本向右缩进

18. 对幻灯片上被选定文本的下移操作是指（　　）。
A. 将文本移到下一张幻灯片上
B. 将文本移到下一文本行的位置
C. 将文本移至下一文本行；若当前幻灯片容纳不下，会进入下一张幻灯片
D. 将文本从幻灯片上彻底移除

19. 幻灯片窗格中每次只能显示一张幻灯片。想显示下一张，可按（　　）键。
A.【PgUp】　B.【PgDn】　C.【↑】　D.【Tab】

20. 在 PowerPoint 2010 中，改变项目符号可单击（　　）选项卡“段落”组中的“项目符号”按钮。
A. 开始　B. 插入　C. 设计　D. 编辑

21. 在 PowerPoint 2010 中，若给幻灯片更换背景颜色，可单击（　　）选项卡“背景”组中的按钮。
A. 设计　B. 开始　C. 文件　D. 视图

22. 在 PowerPoint 2010 中，要删除幻灯片上的某个占位符，可先选中此占位符，然后按（　　）键。
A.【Delete】　B.【Enter】　C.【Ctrl】　D.【Alt】

23. 在 PowerPoint 2010 中，增加新幻灯片可单击（　　）选项卡“幻灯片”组中的“新建幻灯片”按钮。

A. 开始　　B. 编辑　　C. 格式　　D. 文件

24. 在当前打开的演示文稿中，设计简单的基本动画可单击（　　）中的按钮。

A.“幻灯片放映”选项卡“设置”组

B.“动画”选项卡“动画”组

C.“幻灯片放映”选项卡“基本动画”组

D.“动画”选项卡“高级动画”组

25. 在 PowerPoint 2010 中，若希望在文本占位符以外的区域输入文字，可单击“插入”选项卡“文本”组中的（　　）按钮插入文字。

A. 图表　　B. 格式刷　　C. 文本框　　D. 剪贴画

26. 想在已有的文本区中继续输入文字，只要指向文本区并（　　）即可。

A. 双击　　B. 三击　　C. 单击　　D. 四击

27. 在 PowerPoint 2010 中，母版经常用来在幻灯片上（　　）。

A. 添加图徽　　B. 更改版式　　C. 更改模板样式　　D. 添加公共内容

28. 在编辑演示文稿的状态下，欲放映幻灯片可单击（　　）按钮实现。

A.“幻灯片视图”　　B.“幻灯片浏览视图”　　C.“普通视图”　　D.“幻灯片放映”

29. 通过“开始”选项卡“字体”组，能对幻灯片上的文本进行的操作是（　　）。

A. 只能设置字体

B. 只能设置字体和字形（如倾斜、加粗等）

C. 只能设置字体、字形、字号

D. 除能设置字体、字形、字号外，还能设置字体颜色

30. 要想使幻灯片上的图片作为背景，同时防止它盖住任何其他对象，则将鼠标指向此图片后右击，在弹出的快捷菜单中选择“叠放次序”→（　　）命令。

A. 置于顶层　　B. 置于底层　　C. 上移一层　　D. 下移一层

31. 在 PowerPoint 2010 中要对幻灯片文本框内的文本或段落进行缩进设置，应在幻灯片的空白处右击，在弹出的快捷菜单中选择（　　）命令。

A. 行距　　B. 网格和参考线　　C. 标尺　　D. 版式

32. 在 PowerPoint 2010 中要对幻灯片文本框内的文本或段落进行行距和段落间距的设置，应单击（　　）选项卡“段落”组中的“行距”按钮。

A.“开始”　　B.“格式”　　C.“视图”　　D.“工具”

33. 在 PowerPoint 2010 中，“竖排文本框”的含义是（　　）。

A. 幻灯片上的所有文本框都纵向排列　　B. 幻灯片上的部分文本框纵向排列

C. 文本框的高比宽要大　　D. 文本框内的文字纵向排列

34.（　　）不是 PowerPoint 2010 的母版类型之一。

A. 大纲母版　　B. 幻灯片母版　　C. 标题母版　　D. 讲义母版

35. 有关幻灯片放映的正确说法是（　　）。

A. 整个演示文稿只有制作完才能放映

B. 即使整个演示文稿没有制作完，也能放映

C. 只有在 PowerPoint 软件环境下才能放映幻灯片

D. 不管是否制作完都能放映；放映时与是否在 PowerPoint 环境下无关

36. 在 PowerPoint 2010 中，结束幻灯片的放映还可按（　　）键。

A.【Esc】　B.【Space】　C.【Tab】　D.【Home】

37. 在 PowerPoint 2010 中，可以为文本、图形等对象设置动画效果，以突出重点或增加演示文稿的趣味性。设置动画效果可采用（　　）选项卡中的相关命令。

A. “设计”　B. “动画”　C. “幻灯片放映”　D. “视图”

38. PowerPoint 2010 中的“排练计时”功能是指（　　）。

A. 帮助用户在单机环境下学习 PowerPoint 的使用，同时累计学习进度

B. 帮助用户在 Internet 环境下学习 PowerPoint 的使用，同时累计上网时间

C. 帮助用户设计演示文稿中的动画，并控制动画的演示时间

D. 用来设置在自动放映方式下演示文稿中各幻灯片的放映时间

39. 关于标题幻灯片的正确说法是（　　）。

A. 它是指演示文稿中的第 1 张幻灯片

B. 它在演示文稿中只能有一张

C. 它是演示文稿中的第 1 张幻灯片，而且只能有这一张

D. 是用标题幻灯片版式创建的，一个文稿中可有多张

40. 对 PowerPoint 幻灯片的背景设置有多种方法，下列（　　）方法不能设置背景。

A. 背景　B. 幻灯片版式　C. 主题　D. 应用设计模版

41. 在 PowerPoint 中，下面叙述正确的是（　　）。

A. 幻灯片的放映必须是从头到尾的顺序播放　B. 所有幻灯片的切换方式可以是一样的

C. 每个幻灯片中的对象不能超过 10 个　D. 幻灯片和演示文稿是一个概念

42. 在 PowerPoint 中，若为幻灯片的对象设置“飞入”，应选择（　　）选项卡。

A. 开始　B. 切换　C. 设计　D. 动画

43. 在 PowerPoint 中，设置幻灯片放映时的换页效果为“垂直百叶窗”，应使用（　　）选项卡。

A. 开始　B. 切换　C. 设计　D. 动画

二、填空题

1. PowerPoint 是（　　）套装软件中的成员之一。

2.（　　）位于主窗口的底部，用来显示操作过程的状态。

3. 在默认情况下，幻灯片母版中有 5 个占位符，包括标题区、副标题区、（　　）、（　　）、数字区。

4. 在 PowerPoint 环境下创建一个新演示文稿时，应选择“文件”选项卡中的（　　）命令。

5. 在 PowerPoint 的（　　）上可以看到演示文稿文件名。

6. 演示文稿由多个页面组成，这些页面又称为（　　）。

7. 备注窗格只是为了给演示文稿中的幻灯片添加（　　）。

8. 在编辑演示文稿的任何时候，单击演示文稿编辑窗口右下角的（　　）按钮，都会开始演示制作的演示文稿。

9. 在幻灯片浏览视图下想选择多个不连续的幻灯片，先按住（　　）键不放，然后用鼠标逐个单击被选择的幻灯片。

10. 母版包括（　　）、（　　）、（　　）、（　　）共 4 种类型。

11. 在“打印”窗口中设定完有关内容后单击（　　）按钮，就可以打印了。

12. 一张幻灯片的配色方案还可以用于另一张，方法是：单击一张具有所需配色方案的幻灯片，再单击“开始”选项卡“剪贴板”组中的（　　）按钮，再单击被应用配色方案的一张幻灯片。

13. 要保存已制作的部分幻灯片内容并接着继续编辑制作幻灯片，则应单击快速访问工具栏的（　　）按钮。

14. 在 PowerPoint 中，可以为幻灯片中的文字、图片、艺术字等对象设置动画效果。设置简单基本动画的方法是先在普通视图中选择好对象，然后单击（　　）选项卡（　　）组中的按钮。

15. 用 PowerPoint 制作好幻灯片后，可以根据需要使用 3 种不同的方式放映幻灯片，这 3 种放映类型是（　　）、（　　）和（　　）。

16. 使用（　　）放映类型，便能自动循环放映演示文稿中的幻灯片。

17. 在打印 PowerPoint 演示文稿的讲义时，其打印格式是由（　　）母版来规定的。

18. 单击“幻灯片放映”选项卡“设置”组中的“排练计时”按钮，弹出“录制”工具栏，若当前放映的幻灯片其放映时间超过了预想范围，可单击“录制”工具栏中的（　　）按钮，则计时器又从零开始并对此幻灯片重新计时。

19. 利用幻灯片母版为幻灯片设置编号、日期时间、添加注释等内容时，会用到“页眉和页脚”对话框。单击该对话框中的（　　）按钮，所做的设置只应用于当前幻灯片中；单击（　　）按钮时，所做的设置应用于所有幻灯片中。

20. 在幻灯片放映时可以直接跳到指定的幻灯片开始放映，实现的方式称为（　　）。

21. 在（　　）窗格中，能以单张形式浏览演示文稿中每张幻灯片的外观。

22. （　　）窗格只是为了给演示文稿中的幻灯片添加注释。

23. 普通视图包含 3 种窗格：（　　）窗格、（　　）窗格和（　　）窗格。

24. 在（　　）视图中，可以同时看到演示文稿的所有幻灯片。

25. 通过调整“视图”选项卡“显示比例”组中的（　　）按钮，就能对窗口中的当前幻灯片进行显示缩放。

26. 在幻灯片视图中单击预备移动的文本，文本框显示出来；再用鼠标指向虚框，然后按住（　　）不放并拖动鼠标，就会将文本框拖动到新位置。

27. 在幻灯片视图中要删除其上已有的文本框，只须单击文本，再在出现的虚框上单击，然后再按（　　）键即可。

28. 要在幻灯片的空白区域添加文本框，可单击“插入”选项卡“文本”组中的“文本框”按钮，可插入（　　）或（　　）。

29. 在幻灯片浏览视图中选择连续的多张幻灯片，单击第一张幻灯片，然后按住（　　）键不放，再单击最后一张幻灯片。

30. 在选定文本框中段落的前提下，再单击（　　）选项卡（　　）组中的“行距”按钮，就会弹出“段落”对话框，通过分别设置“行距”“段前”“段后”微调框，即实现行距和段落间距的设置。

31. （　　）母版专门用来控制演示文稿中标题幻灯片的格式。

32. 如果幻灯片上的对象层次较简单，则可以使用（　　）选项卡来获得动画效果。

33. 为了使打印的讲稿有统一的备注外观，应设置（　　）母版。

34. 选择（　　）选项卡中的“打印”命令，就能选择打印方式、内容，并能执行打印操作。

35. 演示文稿中的幻灯片能以讲义的形式打印出来，而（　　）母版用来控制打印的格式。

36. PowerPoint 2010 提供了（　　）、（　　）、备注页、大纲视图 4 种打印方式。

37. 当幻灯片中插入了图片、图表、艺术字等难以区别层次的对象时，可利用（　　）功能定制自己最合心意的动画效果。

38. 在 3 种幻灯片放映方式中，最常用（包括制作幻灯片时都用）的放映方式是（　　）。

39. 以手工单击鼠标换页方式放映幻灯片时，如果单击（　　），则放映下一张；要想放映上一张，可单击（　　），并在弹出的快捷菜单中选择（　　）命令。

40. 单击“设计”选项卡“页面设置”组中的（　　）按钮，弹出“页面设置”对话框，可在其中设置幻灯片的尺寸。

41. 幻灯片放映时，可按（　　）键终止放映。

三、问答题

1. 控制演示文稿中所有标题幻灯片外观的是哪种母版？

2. 说出制作新演示文稿的方法（至少 3 种）。

3. 说出 PowerPoint 2010 中图片的几种来源。

4. PowerPoint 2010 提供了哪几种视图？

5. 幻灯片的放映方式有哪些？

6. 在幻灯片窗格中如何删除幻灯片中的图片？

7. 在幻灯片浏览视图下如何复制幻灯片？

8. 在幻灯片浏览视图下如何移动幻灯片？

9. 如何改变幻灯片的背景？

第6章

数据库管理软件Access 2010习题

一、选择题

1. 下列字段的数据类型中，不能作为主键的数据类型是（　　）。

   A. 文本　　B. 自动编号　　C. 数字　　D. 是/否

2. 身份证号码最好采用（　　）。

   A. 文本　　B. 备注　　C. 数字型中的长整型　　D. 自动编号

3. 表是数据库的核心与基础，它存放着数据库的（　　）。

   A. 部分数据　　B. 全部数据　　C. 全部对象　　D. 全部数据结构

4. 在表设计视图中定义字段的操作包括（　　）。

   A. 确定字段的名称、数据类型、字段大小以及显示的格式

   B. 确定字段的名称、数据类型、字段宽度以及小数点的位数

   C. 确定字段的名称、数据类型、字段属性以及设定关键字

   D. 确定字段的名称、数据类型、字段属性以及编制相关的说明

5. 下列有关通过表模板创建表的说法错误的是（　　）。

   A. 只能从一个示例表中选择不同的字段　　B. 可以添加新的字段

   C. 不能更改字段的属性　　D. 可以更改字段名称

6. 下列操作中，不会造成表中数据丢失的操作是（　　）。

   A. 更改字段名称或说明　　B. 更改字段的数据类型

   C. 更改字段的属性　　D. 删除某个字段

7. 下列关于通过输入数据创建表的说法不正确的是（　　）。

   A. 在同一列中可以输入不同类型的数据

   B. 用户可以更改字段的名称

   C. 在同一列中，输入的既有数字，又有字符，该列字段类型将为文本型

   D. 在同一列中只能输入文本型字段

8. 在 Access 2010 中，没有“字段大小”属性的字段类型是（　　）。

   A. 文本　　B. 日期/时间　　C. 数字　　D. 自动编号

9. 只有（　　）类型的字段才能设置“输入掩码”属性。

A. 文本和备注　B. 是/否和数字　C. 文本和数字　D. 货币和自动编号

10. 下列关于主关键字的说法不正确的是（　　）。

A. 主关键字的内容具有唯一性，而且不能为空值

B. 同一个数据表中可以设置一个主关键字，也可以设置多个主关键字

C. 排序只能依据主关键字字段

D. 设置多个主关键字时，每个主关键字的内容可以重复，但全部主关键字的内容组合起来必须具有唯一性

11. 对表中某一字段建立索引时，若其值有重复，可选择（　　）索引。

A. 主　B. 有（无重复）　C. 无　D. 有（有重复）

12. 创建表时可以在（　　）中进行。

A. 报表设计器　B. 表浏览器　C. 表设计器　D. 查询设计器

13. 不能进行索引的字段类型是（　　）。

A. 备注　B. 数值　C. 字符　D. 日期

14. Access 表中字段的数据类型不包括（　　）。

A. 文本　B. 备注　C. 通用　D. 日期/时间

15. 有关字段的数据类型不包括（　　）。

A. 字段大小可用于设置文本、数字或自动编号等类型字段的最大容量

B. 可对任意类型的字段设置默认值属性

C. 有效性规则属性是用于限制此字段输入值的表达式

D. 不同的字段类型，其字段属性有所不同

16. 如果在创建表中建立字段“简历”，其数据类型应当是（　　）。

A. 文本　B. 数字　C. 日期　D. 备注

17. 数据表中的“列标题的名称”称为（　　）。

A. 字段　B. 数据　C. 记录　D. 数据视图

18. 在数据表视图中，不可以（　　）。

A. 修改字段的类型　B. 修改字段的名称

C. 删除一个字段　D. 删除一条记录

19. 如果在创建表中建立字段“时间”，其数据类型应当是（　　）。

A. 文本　B. 数字　C. 日期　D. 备注

20. 在 Access 中，将“名单表”中的“姓名”与“工资标准表”中的“姓名”建立关系，且两个表中的记录都是唯一的，则这两个表之间的关系是（　　）。

A. 一对一　B. 一对多　C. 多对一　D. 多对多

21. 不将 Microsoft FoxPro 建立的“工资表”的数据复制到 Access 建立的“工资库”中，仅用 Access 建立的“工资库”的查询进行计算，最方便的方法是（　　）。

A. 建立导入表　B. 建立链接表

C. 重新建立新表并输入数据　D. 无

22. 条件中 Between 70 and 90 的意思是（　　）。

A. 数值 70 到 90 之间的数字

B. 数值 70 和 90 这两个数字

C. 数值 70 和 90 这两个数字之外的数字

D. 数值 70 和 90 包含这两个数字，并且除此之外的数字

23. 如果在创建表中建立字段“基本工资额”，其数据类型应当是（ ）。

A. 文本 B. 数字 C. 日期 D. 备注

24. 可以插入图片的字段类型是（ ）。

A. 文本 B. 备注 C. OLE 对象 D. 超链接

25. 从是否影响到数据表中数据的角度，可把查询分成两大类：（ ）。

A. 选择查询与参数查询 B. 删除查询与更新查询

C. 更改查询与追加查询 D. 选择查询与操作查询

26. 操作查询不包括（ ）。

A. 参数查询 B. 生成表查询 C. 更新查询 D. 删除查询

27. 以下查询不属于选择查询的是（ ）。

A. 参数查询 B. 交叉表查询 C. 追加查询 D. 统计查询

28. 以下不是“选择查询”窗口字段列表框中的选项的是（ ）。

A. 排序 B. 显示 C. 类型 D. 条件

29. 如果所要的创建查询是，检索某字段值（字段长度为 5）以 A 开头，以 Z 结尾的所有记录，则查询条件是（ ）。

A. Like A*Z B. Like A#Z C. Like A?Z D. Like A$Z

30. 查询向导不能创建（ ）。

A. 选择查询 B. 联合查询 C. 交叉表查询 D. 参数查询

31. 关于更新查询，以下说法不正确的是（ ）。

A. 使用更新查询可以更新表中满足条件的所有记录

B. 使用更新查询，一次只能对表中一条记录进行更改

C. 使用更新查询更新数据比使用数据表更新数据效率高

D. 使用更新查询更新数据后数据不能再恢复

32. 假设 A、B 两表的表结构相同，现要将 A 表的记录复制到 B 表中，又不删除 B 表中的原有记录，可以使用的查询是（ ）。

A. 更新查询 B. 追加查询 C. 生成表查询 D. 删除查询

33. 若有一个“学生档案”表，以其创建一个查询，检索“年龄”在 18 到 21 之间的记录，则查询条件是（ ）。

A. Between 21 And 18 B. Between 18 And 21

C. 年龄>18,年龄<21 D. 18<年龄<21

34. 下列不属于查询的 3 种视图的是（ ）。

A. 设计视图 B. 模板视图 C. 数据表视图 D. SQL 视图

35. 交叉表查询属于（ ）。

A. 选择查询 B. 更新查询 C. 删除查询 D. 操作查询

36. 把根据用户输入值来构造查询条件的查询称为（ ）。

A. 可视化查询 B. 对话查询 C. 参数查询 D. 自定义查询

37. 关于查询的数据源，叙述不正确的是（ ）。

A. 必须是一张数据表 B. 可以是一张数据表

C. 可以是数据表或已建查询　　D. 可以是多个相关联的数据表

38. 在一个操作中可以更改多条记录的查询是（　　）。

A. 参数查询　B. 操作查询　C. SQL 查询　D. 选择查询

39. 对“将信息系 99 年以前参加工作的教师的职称改为副教授”，合适的查询为（　　）。

A. 生成表查询　B. 更新查询　C. 删除查询　D. 追加查询

40. 交叉查询必须指定（　　）。

A. 行标题　B. 列标题　C. 统计“值”　D. 以上都是

41. 从一个或多个表中选取一组记录添加到一个或多个表尾部的操作查询是（　　）。

A. 生成表查询　B. 更新查询　C. 删除查询　D. 追加查询

42. 下列查询不是操作查询的是（　　）。

A. 删除查询　B. 更新查询　C. 参数查询　D. 生成表查询

43. 在教师表中，如果找出职称为“教授”的教师，所采用的关系运算是（　　）。

A. 选择　B. 投影　C. 连接　D. 自然连接

44. 在 SELECT 语句中使用 ORDER BY 是为了指定（　　）。

A. 查询的表　B. 查询结果的顺序　C. 查询的条件　D. 查询的字段

45. “学生成绩管理系统”数据库中有学生表、课程表和选课表，为了有效地反映这 3 张表中数据之间的联系，在创建数据库时应设置（　　）。

A. 默认值　B. 有效性规则　C. 索引　D. 表之间的关系

46. 如果在数据库中已有同名的表，要通过查询覆盖原来的表，应该使用的查询类型是(　　)。

A. 删除　B. 追加　C. 生成表　D. 更新

47. 条件“Not 工资额>2000”的含义是（　　）。

A. 选择工资额大于 2000 的记录

B. 选择工资额小于 2000 的记录

C. 选择除了工资额大于 2000 之外的记录

D. 选择除了字段工资额之外的字段，且大于 2000 的记录

48. Access 2010 数据库中，为了保持表之间的关系，要求在主表中修改相关记录时，子表相关记录随之更改，为此需要定义参照完整性关系的（　　）。

A. 级联更新相关字段　　B. 级联删除相关字段

C. 级联修改相关字段　　D. 级联插入相关字段

49. SQL 语句不能创建的是（　　）。

A. 报表　B. 操作查询　C. 选择查询　D. 数据定义查询

50. 如果输入掩码设置为 L，则在输入数据时，该位置上可以接受的合法输入是（　　）。

A. 必须输入字母或数字　　B. 可以输入字母、数字或者空格

C. 必须输入字母 A 到 Z　　D. 任何字符

二、填空题

1. 关系模型的完整性规则是对关系的某种约束条件，包括实体完整性、（　　）和自定义完整性。

2. 实体完整性约束要求关系数据库中元组的（　　）属性值不能为空。

3. 表是关于特定的实体的数据集合，由（　　）和（　　）组成。

4. 关系模型中数据的逻辑结构就是一张二维表，表中的列称为（　　），表中的行称为（　　）。

5. 在 Access 数据表中能够唯一标识每一条记录的字段称为（　　）。

6. 主键的基本类型包括单字段主键、（　　）和（　　）。

7. 如果用户定义了表关系，则在删除主键之前，必须先将（　　）删除。

8. 在 Access 2010 中，要在查找条件中与任意一个数字字符匹配，可使用的通配符是（　　）。

9. 在学生成绩表中，如果需要根据输入的学生姓名查找学生的成绩，需要使用的是（　　）查询。

10. int(-3.25)的结果是（　　）。

11. 分支结构在呈现执行时，根据（　　）选择执行不同的程序语句。

12. 在 Access 2010 中，（　　）查询的运行一定会导致数据表中数据发生变化。

13. 在“课程”表中，若每学期按照 18 周来计算，要确定周课时数是否大于 30 且小于 40，可输入（　　）。

14. 在交叉表查询中，只能有一个（　　）和值，但可以有一个或多个（　　）。

15. 在成绩表中，查找成绩在 75～85 之间的记录时，条件应设置为（　　）。

16. 在创建查询时，有些实际需要的内容在数据源的字段中并不存在，但可以通过在查询中增加（　　）来完成。

17. 如果要在某数据表中查找某文本型字段的内容以 S 开头、以 L 结尾的所有记录，则应该使用的查询条件是（　　）。

18. 交叉表查询将来源于表中的（　　）进行分组，一组列在数据表的左侧，一组列在数据表的上部。

19. 将 1990 年以前参加工作的教师的职称全部改为副教授，则适合使用（　　）查询。

20. 利用对话框提示用户输入参数的查询过程称为（　　）。

21. 查询建好后，要通过（　　）来获得查询结果。

22. SQL 语言通常包括：（　　）、（　　）、（　　）、（　　）。

23. SELECT 语句中的 SELECT * 说明（　　）。

24. SELECT 语句中的 FROM 说明（　　）。

25. SELECT 语句中的 WHERE 说明（　　）。

26. SELECT 语句中的 GROUP BY 短语用于进行（　　）。

27. SELECT 语句中的 ORDER BY 短语用于对查询的结果进行（　　）。

28. SELECT 语句中用于计数的函数是（　　），用于求和的函数是（　　），用于求平均值的函数是（　　）。

29. UPDATE 语句中没有 WHERE 子句，则（　　）更新记录。

30. INSERT 语句的 VALUES 子句指定（　　）。

31. DELETE 语句中不指定 WHERE，则（　　）。

三、问答题

1. Access 提供了数据表的哪些视图方式？对表中的字段进行修改应该在哪种视图中进行更改？

2. 数据表之间的关系有几种，分别是什么？具有什么规则？

3. 使用查询的目的是什么？查询具有哪些功能？

4. 查询有几种？它们之间的区别是什么？

5. 查询有哪些视图方式？各有何特点？

第7章 计算机网络基础习题

一、选择题

1. Modem 实现了基于（　　）的计算机与基于模拟信号的电话系统之间的连接。
   A. 模拟信号　　B. 电信号　　C. 数字信号　　D. 光信号
2. 网络的传输方式中抗干扰能力最强的是（　　）。
   A. 微波　　B. 光纤　　C. 同轴电缆　　D. 双绞线
3. Internet 是（　　）。
   A. 一种网络软件　　B. CPU 的一种型号
   C. 国际互联网　　D. 电子信箱
4. 在 OSI 模型中，提供访问验证和会话管理等内容的是（　　）。
   A. 传输层　　B. 网络层　　C. 会话层　　D. 数据链路层
5. 对一座办公大楼内各个办公室中的微机进行连网，这个网络属于（　　）。
   A. 广域网　　B. 局域网　　C. 城域网　　D. 局域网或城域网
6. 下列 4 项中，合法的 IP 地址是（　　）。
   A. 190.202.5　　B. 206.53.3.78　　C. 206.53.312.78.　　D. 123,43,82,220
7. 互连网络的基本含义是（　　）。
   A. 计算机与计算机互连　　B. 计算机与计算机网络互连
   C. 计算机网络与计算机网络互连　　D. 国内计算机与国际计算机互连
8. http 是（　　）。
   A. 高级程序设计语言　　B. 域名　　C. 超文本传输协议　　D. 网址
9. 网上“黑客”是指（　　）的人。
   A. 总在晚上上网
   B. 匿名上网
   C. 不花钱上网
   D. 在网上私闯他人计算机系统并进行攻击、破坏
10. 计算机网络最突出的优点是（　　）。
   A. 运算速度快　　B. 运算精度高

C. 存储容量大　　D. 提供资源共享

11. 在 Internet 上，不同类型的网络、不同类型的计算机之间能互相通信的基础是（　　）。

A. X.25　　B. ATM　　C. Novell　　D. TCP/IP

12. 从 www.uste.edu.cn 可以看出，它是中国的一个（　　）的站点。

A. 政府部门　　B. 军事部门　　C. 工商部门　　D. 教育部门

13. 局域网的英文缩写是（　　）。

A. PAN　　B. LAN　　C. MAN　　D. WAN

14. 为网络提供共享资源并对这些资源进行管理的计算机称为（　　）。

A. 网卡　　B. 服务器　　C. 工作站　　D. 网桥

15. 电子邮件地址由两种部分组成，即"用户名"@（　　）。

A. 文件名　　B. 网络名

C. E-mail 服务器地址　　D. 设备名

16. 与域名存在一一对应关系的是（　　）。

A. 物理地址　　B. IP 地址　　C. 网络　　D. 以上都不是

17. 我国正式加入 Internet 的时间是（　　）。

A. 1986 年　　B. 1993 年　　C. 1994 年　　D. 1990 年

18. DNS 是（　　）。

A. 网关　　B. 路由器　　C. 域名系统　　D. 邮件系统

19. 在计算机网络中，WAN 指的是（　　）。

A. 广域网　　B. 局域网　　C. 以太网　　D. 城域网

20. 网络上计算机间通信的规则称为（　　）。

A. 协议　　B. 介质　　C. 服务　　D. 网络操作系统

21. 按顺序包括了 OSI 模型的各个层次的选项是（　　）。

A. 物理层，数据链路层，网络层，传输层，会话层，表示层和应用层

B. 物理层，数据链路层，网络层，传输层，系统层，表示层和应用层

C. 物理层，数据链路层，网络层，转换层，会话层，表示层和应用层

D. 表示层，数据链路层，网络层，传输层，会话层，物理层和应用层

22. Internet 起源于（　　）。

A. 美国国防部　　B. 美国科学基金会

C. 欧洲粒子物理实验室　　D. 英国剑桥大学

23. Sun 中国公司网站上提供了 Sun 全球各公司的链接网址，其中 www.sun.com.cn 表示 Sun（　　）公司的网站。

A. 中国　　B. 美国　　C. 奥地利　　D. 匈牙利

24. IP 地址是一串很难记忆的数字，于是人们发明了（　　），并进行 IP 地址与名字之间的转换工作。

A. DNS 域名系统　　B. Windows NT 系统

C. UNIX 系统　　D. 数据库系统

25. 电子邮件到达时，如果并没有开机，那么邮件将（　　）。

A. 退回给发件人　　B. 开机时对方重新发送

C. 该邮件丢失　　D. 保存在服务商的 E-mail 服务器上

26. Internet 最早起源于（　　）。

A. 第二次世界大战中　　B. 20 世纪 60 年代末

C. 20 世纪 80 年代中期　　D. 20 世纪 90 年代初期

27. IPv4 地址由一组（　　）的二进制数字组成。

A. 8 位　　B. 16 位　　C. 32 位　　D. 64 位

28. 与 Web 站点和 Web 页面密切相关的一个概念为“统一资源定位器”，它的英文缩写是（　　）。

A. UPS　　B. USB　　C. ULR　　D. URL

29. 因特网上的服务都是基于一种协议，WWW 服务则基于（　　）协议。

A. SMIP　　B. HTTP　　C. SNMP　　D. TELNET

30. 在网址 www.cpcw.com 中，.com 是指（　　）。

A. 公共类　　B. 商业类　　C. 政府类　　D. 教育类

31. 中国互连网络用户必须要先申请 E-mail 账户，才能（　　）。

A. 网上浏览　　B. 匿名文件下载

C. 收发电子邮件　　D. 使用国际互联网络

32. 令牌环网的拓扑结构是（　　）。

A. 环形　　B. 星形　　C. 总线　　D. 树形

33. OSI 的中文含义是（　　）。

A. 网络通信协议　　B. 国家信息基础设施

C. 开放系统互连参考模型　　D. 公共数据通信网

34. 不是计算机网络拓扑结构的是（　　）。

A. 星形　　B. 总线　　C. 单线　　D. 环形

35. 常用的通信有线介质包括双绞线、同轴电缆和（　　）。

A. 微波　　B. 红外线　　C. 光纤　　D. 激光

36. 计算机网络是计算机与（　　）相结合的产物。

A. 电话　　B. 通信技术　　C. 线路　　D. 各种协议

37. 网络中各结点相互连接的形式称为网络的（　　）。

A. 拓扑结构　　B. 协议　　C. 分层结构　　D. 分组结构

38. 局域网中各节点计算机之间的通信线路是通过（　　）接入计算机的。

A. 串行输入口　　B. 第一并行输入口

C. 第二并行输入口　　D. 网卡

39. 组建以太网时，通常都是用双绞线把若干台计算机连接到一个“中心”设备上，这个设备称为（　　）。

A. 网络适配器　　B. 服务器　　C. 集线器　　D. 总线

40. 网卡的正式名称是（　　）。

A. 集线器　　B. T 形接头

C. 终端匹配器　　D. 网络适配器

41. 计算机网络的主要功能是（　　）。

A. 进行通话联系　　B. 资源共享

C. 发送电子邮件　　D. 能使用更多的软件

42. 多台计算机联网后，网上的任何一台计算机都（　　）。

A. 运行速度加快　　B. 内存容量加大

C. 外围设备的响应速度更快　　D. 可以共享网络中的资源

二、填空题

1. 人们把计算机网络中实现网络通信功能的设备及其软件的集合称为网络的（　　）子网，而把网络中实现资源共享功能的设备及其软件的集合称为（　　）子网。

2. 按地域覆盖范围，可把计算机网络分为（　　）网、（　　）网和（　　）网 3 种。

3. 按信息交换方式，可把计算机网络分为（　　）网、（　　）网和（　　）网 3 种。

4. 按拓扑结构来分类，计算机网络分为（　　）网、（　　）网、（　　）网、树形网络。

5. OSI 模型（　　），将计算机网络的各个方面分成互相独立的七层。

6. 网页的文件格式一般为（　　）。

7. E-mail 的中文含义是（　　）。

8. Internet 就是由多个种类、规模都可以不同但均采用（　　）协议的计算机网络组成的一个覆盖（　　）的计算机网。

9. 在域名中，cn 代表（　　）。

10. 在域名中，com 代表（　　）。

11. 在域名中，edu 代表（　　）。

12. Web 页就是中文的（　　）。

13. 用户对要浏览的网站能设置 4 个不同的安全级别。级别由“高”到“低”越来越“宽松”，上网用户浏览网页的种类越来越（　　），但安全性却越来越（　　）。

14. Outlook Express 同时集成了“新闻阅读”和（　　）两种功能。

15. 发送电子邮件时的收信人实际上是指收信人的（　　）。

16. Internet Explorer 能设置多种默认的应用程序。其中邮件和新闻的默认程序是（　　），网上呼的默认程序是 Microsoft Netmeeting。

17. 若计算机已接入 Internet，用户名为 Wang，申请到的邮件服务商主机域名为 public.tpt.fj.cn，则 E-mail 地址应该是（　　）。

18. Hub 的中文名称是（　　）。

19. 常见的计算机网络按通信介质分为无线网和（　　）两大类。

20. 用于网络通信的无线网主要指利用（　　）技术、（　　）技术等。

21. World Wide Web 的英文缩写是（　　）。

22. 按网络计算机的不同地位分类，计算机网络可分为客户机/服务器网和（　　）。

23. 无线网采用（　　）作传输介质，以（　　）作为载体传输数据。

24. 对等网是指网络上的各计算机（　　）。

25. 在域名中，hk 代表（　　）。

26. Modem 的中文名称是（　　）。

27. 在域名中，ORG 代表（　　）。

28. 计算机网络的资源共享包括硬件、软件和（　　）资源的共享。

29. 在计算机网络的诸多功能中，（　　）和（　　）是最基本的功能。

30. 在域名中，gov 代表（　　）。

31. 目前常用的网络连接设备主要有（　　）、（　　）和（　　）。
32. 在域名中，ac 代表（　　）。
33. 广域网又称（　　）。
34. 如果将 Internet 按地域覆盖范围的角度来划分，它属于（　　）网。
35. IPv4 地址是由（　　）位二进制数组成的。
36. 在域名中，net 代表（　　）。
37. 从地域覆盖范围角度看，路由器是（　　）网上的设备。
38. 对于局域网、广域网和城域网来说，处于中等规模的是（　　）网。
39. 在域名中，tw 代表（　　）。

三、问答题

1. 简述计算机网络的定义。

2. 计算机网络按网络作用范围分为哪几类？

3. 根据通信介质的不同，将网络可划分为哪几类？

4. 简述计算机网络的主要功能。

5. 什么是网络协议？

6. 网络协议有何作用？

7. 计算机通信采用的交换技术主要有哪些？

8. 针对 OSI 协议模型，从最底层开始，逐层说出 7 个层次的名称。

9. 局域网通常有哪几种物理连接？

10. 什么是 Internet?

11. TCP/IP 协议的中文含义是什么?

12. IP 地址是由几个字节组成的? 举例说明。

13. 引入域名技术的原因是什么?

14. 具有 www.163.com 这一域名的网站是属于何种类型单位的?

15. 具有 www.pku.edu.cn 这一域名的网站是属于何种类型单位的?

16. 具有 www.huaxia.org.cn 这一域名的网站是属于何种类型单位的?

一、选择题

1. 与例行工作相比，项目具有明显的特点。其中（　　）是指每一个项目都有一个明确的开始时间与结束时间。

A. 临时性　　B. 按时性　　C. 独特性　　D. 渐进明细

2. 现代项目管理过程中，一般会将项目的进度、成本、质量和范围作为项目管理的目标，这体现了项目管理的（　　）特点。

A. 多目标性　　B. 层次性　　C. 系统性　　D. 优先性

3. 项目质量管理包括制定质量管理计划、质量保证、质量控制，其中质量控制一般在项目管理过程组的（　　）中进行。

A. 启动过程组　　B. 执行过程组　　C. 监督和控制过程组　　D. 收尾过程组

4. 项目团队在项目结束后解散，这反映出项目的（　　）属性。

A. 独特性　　B. 组织的开放性　　C. 临时性　　D. 目标的确定性

5. 一旦签署，合同就具有法律约束力，除非（　　）。

A. 一方不愿意履行　　B. 一方没有能力为其承担的工作提供资金

C. 它违反了所适用的法律　　D. 有一方宣布其无效

6. 在项目会议上，一名队伍成员建议增加工作范围，而该范围超出项目章程的范围。项目经理指出：项目队伍应该完成所有工作，而且只完成要求的工作。这是（　　）的一个例子。

A. 极权行为　　B. 范围管理　　C. 项目章程　　D. 范围分解

7. 作为一个项目沟通管理过程，管理收尾是由项目结果核实和归档，客户正式验收项目产品等组成。管理收尾活动产生的输出由以下（　　）组成。

A. 项目档案、正式验收和教训　　B. 变更请求、项目记录和教训

C. 教训、执行绩效报告和变更请求　　D. 沟通管理计划、变更请求和项目档案

8. 请判断以下所举的例子中，是（　　）项目。

A. 每天上班　　B. 现有设备改造

C. 同一型号电冰箱生产　　D. 增加设备提高产量

9. 项目管理的基本要素是（　　）。

A. 范围、成本、时间、质量、组织、客户满意度

B. 成本、时间、质量、风险、计划、沟通

C. 团队、范围、进度、成本、整合、项目负责人

D. 成本、时间、质量、需求分析、解决方案、采购

10. 不属于项目资源管理主要内容的是（　　）。

A. 技术管理　B. 资金管理　C. 劳动力管理　D. 风险管理

11. 项目是指在一定资源约束下，为完成某一独特的产品或服务所做的彼此相互关联的任务或活动的一次性过程。从以上项目的定义中判断不属于项目属性的是（　　）。

A. 项目的独特性　B. 项目目标的确定性

C. 项目活动的整体性　D. 项目的周期性

12. 以下（　　）不是群体凝聚力的来源。

A. 奖金和福利　B. 群体活动　C. 共同的目标　D. 人际关系

13. 项目的“一次性”的含义是指（　　）。

A. 项目的持续的时间很短　B. 项目有确定的开始和结束时间

C. 项目将在未来一个不确定的时间结束　D. 项目可以在任何时间取消

14. 项目目标是（　　）。

A. 项目的最终结果　B. 关于项目及其完成时间的描述

C. 关于项目的结果及其完成时间的描述　D. 任务描述

15. 项目管理的核心任务是（　　）。

A. 环境管理　B. 信息管理　C. 目标管理　D. 组织协调

16. 人工智能中，通常把（　　）作为衡量机器智能的准则。

A. 图灵机　B. 图灵测试　C. 人类智能　D. 人机对弈

17. 下列关于人工智能的叙述不正确的有（　　）。

A. 人工智能技术与其他科学技术相结合极大地提高了应用技术的智能化水平

B. 人工智能是科学技术发展的趋势

C. 因为人工智能的系统研究是从 20 世纪 50 年代才开始的，非常新，所以非常重要

D. 人工智能有利地促进了社会的发展

18. 自然语言理解是人工智能的重要应用领域，以下（　　）不是它要实现的目标。

A. 理解别人讲的话　B. 对自然语言表示的信息进行分析概括或编辑

C. 欣赏音乐　D. 机器翻译

19. 1997 年轰动全球的人机大战中“深蓝”战胜了国际象棋之子卡斯帕罗夫，这是（　　）。

A. 人工思维　B. 机器思维　C. 人工智能　D. 机器智能

20. 人工智能诞生于哪一年（　　）。

A. 1955 年　B. 1957 年　C. 1956 年　D. 1965 年

二、问答题

1. 简述项目风险管理过程。

2. 简述项目沟通管理过程。

3. 简述人力资源管理的含义。

4. 什么是项目？项目有哪些特点？

5. 机器学习的目标是什么。

6. 简述什么是超人工智能。

7. 人工智能是何时、何地诞生的。

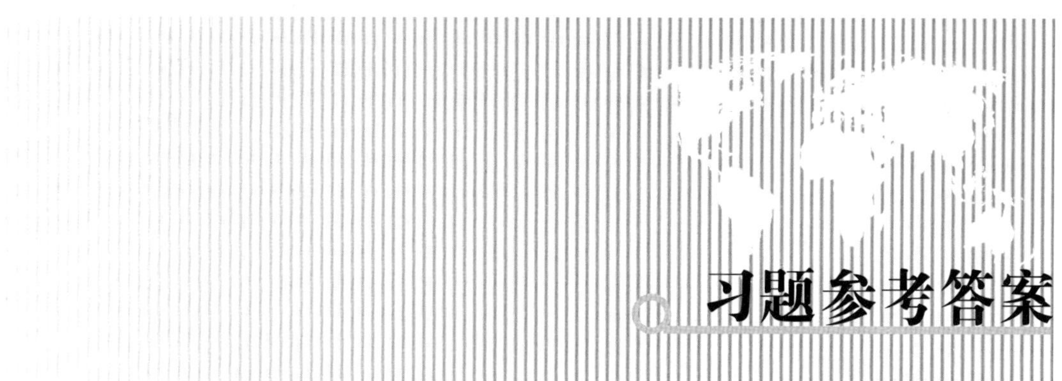

第 1 章习题参考答案

一、选择题

1～10　ABBCB　CDBBC　　11～20　CDDDA　AAADA

21～30　BAAAA　CAADC　　31～40　CBABB　ADBBD

41～50　BBDCB　CADBC　　51～60　DDABC　DDBDA

61～64　CADD

二、填空题

1. 巨型化　微型化　网络化　智能化　2. 主机　外设　3. 控制器

4. 只读存储器或 ROM　随机存储器或 RAM　5. 主机　6. 只读存储器或 ROM

7. 时钟频率　运算速度　内存容量　8. MHz　9. 计算机辅助设计

10. 一　二　11. 主板　12. 中央处理器　13. 记忆　保存

14. 快　高　小　高　相对较低　较慢　15. 汇编语言　16. 位

17. 除 2 取余法　18. 位　19. 机器　20. 2　21. 字节

22. 54　23. 基数　24. 二　25. 位　26. $(111010)_B$

27. $(1001011)_B$　28. $(11101101)_B$　29. $(459)_D$　30. $(E48A)_H$　31. $(5E)_H$

32. $(111001011)_B$　33. 主存储器　辅助存储器　34. 只读存储器

35. 输入/输出　36. 外　37. USB　38. 中央处理器 CPU

39. 控制器　40. 8　41. 1024　42. 1 024×256　43. 1 024×1 024

44. 1 024　45. 128　46. 101101　47. 10000000　48. 11011001

49. 8　50. $(46)_O$　51. $(110)_O$　52. $(11B)_H$　53. 14

54. $(56)_O$　55. $(2E)_H$　56. 1371　$(2F9)_H$

57. $(001111010111)_B$　58. 255　59. 激光打印机　激光打印机

60. 中央处理器 CPU　存储器　61. 只读　外　62. 列数　行数

63. 显卡　64. 机械式打印机　喷墨式打印机　激光式打印机

65. 读取 仍然保留 66. 随机存储器或读写存储器 67. 11100

68. 625 69. 处理器管理 存储器管理 设备管理 文件管理 作业管理

70. 控制 信息处理 71. 网络 72. 多媒体

73. 电子管 晶体管 集成电路 74. 20 75. 2^{32} 4

76. 400 77. 应用软件 78. 4

三、问答题

1. 冯·诺依曼首先提出电子计算机的理论是什么?

答:冯·诺依曼提出的存储程序的概念和计算机基本结构的思想。

2. 微型计算机的发展可分为几代?

答:微型计算机的发展可分为4代。

3. 计算机的主要特点有哪些?

答:运算速度快;记忆能力强;具有逻辑判断能力;自动化程度高;计算精度高;通用性强;使用方便。

4. 通用计算机可分为哪几类?写出每类计算机的名称。

答:通用计算机可分为:巨型机、大型主机、小型机、微型机以及工作站等几类。

5. 计算机的发展趋势是向哪4个方向发展?

答:计算机的发展趋势是向着:微型化、巨型化、网络化和智能化4个方向发展。

6. 计算机的主要应用领域有哪几个方面?

答:科学计算;信息处理;自动控制;计算机辅助系统;人工智能;网络通信;办公自动化。

7. 7位版本的ASCII码用二进制数如何编码?最多可以表示多少个不同的字符?

答:每个ASCII码用7个二进制位表示,共能表示128个不同字符。

8. 计算机硬件系统包括哪几部分?

答:包括运算器、控制器、存储器、输入设备和输出设备5部分。

或者答:主机和外设两部分组成。

9. 运算器可完成哪些功能?

答:完成算术和逻辑运算。

10. 简述RAM和ROM的特点?

答:RAM既可以向其中写入数据又可从中读取数据,存取速度快,但断电后所存内容丢失。ROM中是能读出原有的内容,而不能写入新内容。

11. 计算机软件系统包括哪几部分?

答:通常软件被分为两大类:系统软件和应用软件。

12. 简述CPU的功能及其组成?

答:由运算器和控制器两部分组成的一个部件CPU,它是微机的核心部分,担负着计算机的运算及控制功能。

13. 微机的系统总线包括哪几种总线?

答:微机的系统总线包括地址总线、数据总线、控制总线。

14. 计算机的光盘分为哪几类?

答:计算机的光盘有3大类:只读型光盘CD-ROM、一次写入型光盘WRDM和可擦写光盘。

15. 常用键盘有哪几种型号?

答：常用键盘有 101 键、104 键、108 键等型号。

16. 请说出英文术语 CPU 的含义。

答：CPU 的含义为中央处理器。

第 2 章习题参考答案

一、选择题

1 ~ 10　DDCCA CDCDA　　11 ~ 20　BDABA ADCDC

21 ~ 30　DBDAB ACAAD　　31 ~ 40　BDBAA AABCA

41 ~ 50　CCCAD CCDDD　　51 ~ 60　ABCBD DCDBB

61 ~ 70　ADBDC DCBCD　　71 ~ 80　CBCCA DACDA

81 ~ 90　DBDBC BCCDD　　91 ~ 100　BAAAC DDDBA

101 ~ 109　CAACD ABCA

二、填空题

1. 多　多
2. DVD-RAM 驱动器　文档　邮件接收者　桌面快捷方式
3. 【Shift】　【Ctrl】
4. 复制　粘贴
5. 磁盘清理　磁盘扫描　磁盘碎片
6. 居中　平铺　拉伸　适应　填充
7. 【Alt+Tab】　【Alt+Esc】
8. 【Alt+F4】　【Ctrl+Alt+Del】
9. “详细信息”　“内容”
10. 【Ctrl+X】　【Ctrl+C】　【Ctrl+V】
11. 整个屏幕　【Alt】
12. 【Ctrl+Space】　【Ctrl+Shift】
13. 音量控制
14. 硬盘　硬盘
15. 工具
16. 一　软件
17. 颜色　选中
18. 按钮　图形
19. 快捷
20. 窗口　任务栏
21. 启动或打开
22. 提示或说明　功能
23. 区域和语言
24. 三
25. 任何一边
26. 添加 / 删除程序
27. 控制
28. 开始
29. 【Ctrl】　【Alt】　Windows 任务管理器
30. 树状
31. *　?
32. 单
33. 鼠标
34. 空白　单
35. 文件夹
36. 删除
37. 类型
38. 最后　覆盖
39. ▷　◢
40. 即插即用　驱动程序
41. 文字
42. 文件　打印
43. 所有程序　记事本
44. 复制　粘贴
45. 剪切　粘贴
46. 还原
47. 右
48. NTFS
49. 启动

三、问答题

1. 简述在 Windows 7 中获得帮助的两种以上方法。

答：① 通过“开始”菜单的“帮助”命令获得帮助信息。

② 单击“这是什么”图标，在对话框中直接获取帮助。

③ 通过应用程序的“帮助”菜单获取帮助信息。

④ 通过按【F1】键。

2. 如何删除一个文件？

答：删除方法有多种：选定要删除的文件或文件夹，然后选择“文件”菜单或快捷菜单中的“删除”命令；也可直接将选定的文件或文件夹拖到“回收站”中；或通过按【Delete】键实现删除功能；也可单击资源管理器工具栏中的“删除”按钮。

3. 在“资源管理器”中如何复制文件？请至少举出两种不同的方法。

答：选定要复制的文件或文件夹，①选择“编辑”菜单中的“复制”命令，打开要复制到的驱动器或文件夹，选择“编辑”菜单中的“粘贴”命令。②单击资源管理器工具栏中的“复制到”按钮，选择目标位置即可实现复制。③使用快捷菜单中的“复制”和“粘贴”命令。④使用快捷键【Ctrl+C】和【Ctrl+V】。⑤使用拖动的方法实现此操作，方法为：按住【Ctrl】键不放，将选定的文件或文件夹拖动到目标盘或目标文件夹中。

4. 如何搜索D盘上以WR开始命名，扩展名为jpg的所有图片文件？

答：双击桌面上的“计算机”图标，打开“计算机”窗口、双击D盘，打开D盘，在“要搜索的文件或文件夹名为”文本框中输入“WR*.jpg”，单击“搜索”按钮。

5. 如何选择多个连续及不连续的文件？

答：选定多个连续的文件或文件夹：单击要选定的第一个文件或文件夹，按住【Shift】键，单击最后一个文件或文件夹。选定多个不连续的文件或文件夹：单击要选定的第一个文件或文件夹，按住【Ctrl】键，单击其余不连续而要选择的文件或文件夹。

6. 如何对文件夹设置共享？

答：在需设置共享的文件夹上右击，在弹出的快捷菜单中选择“共享”命令，在弹出的对话框中选择“共享该文件夹”复选框，单击“确定”按钮即可。

7. “开始”菜单中通常有哪些选项，至少说出五个选项。查找一个文件的命令是什么？

答：程序、文档、设置、搜索、帮助、运行、关机等。查找一个文件的命令是“搜索”。

8. 简单叙述一下关闭计算机的步骤。

答：①关闭所有正在运行的应用程序。②单击“开始”按钮，然后单击“关闭”按钮。

9. 在Windows 7中如何格式化U盘？

答：将U盘插入USB接口中。在资源管理器中右击需要格式化的U盘的盘符，从弹出的快捷菜单中选择“格式化”命令；或者在“计算机”中选择磁盘，从“文件”菜单或快捷菜单中选择“格式化”命令，之后进行快速或全面格式化。

10. “写字板”窗口通常由哪些元素组成？

答：由标题栏、菜单栏、工具栏、滚动条、状态栏等元素组成。

11. 窗口的标题栏右边有哪3个按钮？分别叙述它们的作用。

答：“最小化”“最大化”“关闭”3个按钮。单击“最小化”按钮，窗口消失，图标出现在“任务栏”上。单击“最大化”按钮，窗口扩大到整个屏幕，此时“最大化”按钮变成“恢复”按钮。单击“关闭”按钮，窗口在屏幕消失，并且图标也从任务栏上消失，等于终止该程序或窗口运行。

12. “最小化”和“关闭”按钮都可以将窗口从屏幕上消失，简单叙述它们的主要差别在哪里。

答：“最小化”并没有终止窗口或程序运行，可随时将其切换到前台来运行，而“关闭”实际上终止了该任务的执行。

13. 简单叙述切换窗口的基本方法。

答：最简单的方法是单击任务栏上的窗口图标，也可以在所需要窗口没有被完全挡住的情况下，单击所需要的窗口。按【Alt+Tab】或【Alt+Esc】组合键，可以切换到最近打开的程序或文档。

14. 桌面上窗口排列有哪 3 种方式？

答：窗口排列有层叠、堆叠、并排 3 种方式。

15. 对话框通常都会有 3 个按钮：确定、取消、应用，分别叙述它们的作用和不同点。

答："确定"用于保存用户在对话框内所做的修改，并关闭对话框；"取消"可取消用户在对话框内所做的修改，并关闭对话框；"应用"可保存用户在当前所做的所有修改，但不关闭对话框，用户可继续设定对话框的其他属性。

16. 如何在桌面上创建一个应用程序的快捷方式？

答：找到要创建快捷方式的应用程序在硬盘上的存储位置，将其图标拖动到桌面上即可创建一个快捷方式；右击应用程序图标，从弹出的快捷菜单中选择"发送到"→"桌面快捷方式"命令也可创建快捷方式。

17. 退出一个应用程序通常有哪些方法（至少列出两种）？

答：①在应用程序的"文件"菜单上选择"退出"命令。②单击应用程序窗口右上角的"关闭"按钮。③双击窗口标题栏最左边控制菜单图标。④按【Alt+F4】组合键。⑤如果某个应用程序不再响应用户的操作，可按【Ctrl+Alt+Del】组合键，弹出"Windows 安全"对话框，单击"任务管理器"按钮，在"Windows 任务管理器"的"应用程序"选项卡中列出了当前正在运行和没有响应的应用程序，选择一个应用程序，单击"结束任务"按钮可结束该应用程序。

18. 在资源管理器的"查看"菜单中，查看文件夹和文件的方式有哪几种？

答："超大图标""大图标""中图标""小图标""列表""详细信息""平铺"和"内容"。

19. 简单叙述一下剪贴板的作用。

答：剪贴板是 Windows 中一个非常重要的工具，它是一个在 Windows 程序和文件之间用于传递信息的临时存储区。它实际上是内存中的一块区域，可以存储文本、图像、声音等各种信息，并方便地复制或剪切到用户需要应用的地方。

20. 屏幕保护的作用是什么？

答：一定时间没有使用计算机时，屏幕上出现移动的图形或图案，从而减少屏幕的损耗。

21. 如何在 D 盘新建一个文件夹？

答：第一种方法：双击"计算机"图标，在"计算机"窗口中双击 D 盘，选择"文件"→"新建"→"文件夹"命令即可。

第二种方法：双击"计算机"图标，在"计算机"窗口中双击 D 盘，在窗口的空白处右击，在弹出的快捷菜单中选择"新建"→"文件夹"命令即可。

22. 如何不把一个被删除文件或文件夹放入回收站而直接删除？

答：拖动至回收站过程中按住【Shift】键，则文件或文件夹将从计算机中直接删除而不放入回收站。

23. 简述设置屏幕保护的步骤。

答：在桌面空白处右击，在弹出的快捷菜单中选择"个性化"命令，在打开的窗口中单击"屏幕保护程序"按钮，弹出"屏幕保护程序设置"对话框，从中选择一种程序，单击"确定"按钮即可。

24. 如何在 Windows 7 中显示隐藏属性的文件和文件夹？

答：在资源管理器中，选择“工具”→“文件夹选项”命令，在弹出的对话框中选择“查看”选项卡，选择“显示所有文件和文件夹”单选按钮，然后单击“确定”按钮后退出。

第 3 章习题参考答案

一、选择题

1～10 DACCB DBACC　11～20 DACDB CCABB
21～30 CCCCD CCBCC　31～40 AACBA BCDCD
41～50 BDCCD CCBDA　51～55 BABBD

二、填空题

1. 15　2. 审阅　3. 图片　4.【Enter】
5. 左缩进　悬挂缩进　6. 水平　7. 选择
8. 当前文档　9.【Alt】　10. 内存　11. 63
12. 撤销　13. 插入　14.【Ctrl】　15. 文件名
16. 替换　17. 撤销　18. 全部替换　19. 不能
20. 最大化　21. 不能　22. 左缩进　23. doc
24.【Ctrl+Home】　25.【Ctrl+End】　26.【Ctrl+A】
27. 项目符号　28. 分隔符　29. 页眉、页脚
30. 页面　31. 插入　32.【Shift】或上挡
33. 样式　34. 页面　35.【Print Screen】
36. 任意　37. π（公式）　38.【Ctrl+S】
39. 第 3 页及第 8 到 12 页　40. 页面
41.【F1】　42. W2.docx

第 4 章习题参考答案

一、选择题

1～10 BCBDA CBCCD　11～20 ADBCB ABDAB
21～30 DCDAA CCDBC　31～40 CBCBA DAAAC
41～48 CBDDC CAC

二、填空题

1. 快捷　2. =　3. 255　4. 上　左
5. Del 或 Delete 或退格键　6. Ctrl　Ctrl
7. 下　右　8. 双击　9. 右对齐　10. 255
11. 源　12. 排序和筛选　13. 工作表有效区的右下角
14. 选中 C3:D7 单元格区域　15. =SUM(B2:E4)
16. 柱形　17. 9，12，15，18　18. =C5+D6
19. 公式不变，计算结果变化　20. #NAME
21. 数据长度大于该列宽度　22. 4.2　4

23. 数学运算符、字符运算符、比较运算符　　24. 全部
25. 自动修改　　26. A1　　27. B1
28. 文字运算符　　29. 0.5　　30. B2
31. 5 月 14 日

第 5 章习题参考答案

一、选择题

1 ~ 10　ACBAA　BACDB　　11 ~ 20　CABDD　BDCBA
21 ~ 30　AAABC　CDDDB　　31 ~ 40　CADAB　ABDDB
41 ~ 43　BDB

二、填空题

1. Office　　2. 状态栏　　3. 日期区　页脚区
4. 新建　　5. 标题栏　　6. 幻灯片　　7. 注释或备注
8. 幻灯片放映　　9.【Ctrl】　　10. 幻灯片母版　标题母版　讲义母版　备注母版
11. 打印　　12. 格式刷　　13. 保存
14. 动画　动画　　15. 演讲者放映　观众自行浏览　在展台浏览
16. “在展台浏览”（全屏幕）　　17. 讲义　　18. 重复
19. 应用　全部应用　　20. 自定义放映　　21. 幻灯片
22. 备注页　　23. 大纲　幻灯片　备注
24. 幻灯片浏览　　25. 显示比例　　26. 左键　　27.【Del】
28. 横排文本框　垂直文本框　　29.【Shift】　　30. 开始　段落
31. 标题　　32. 动画　　33. 备注　　34. 文件
35. 讲义　　36. 整页幻灯片　讲义　　37. 动画
38. 演讲者放映（全屏幕）　　39. 左键　右键　“上一张”
40. 页面设置　　41.【Esc】

三、问答题

1. 控制演示文稿中所有标题幻灯片外观的是哪种母版？

答：控制演示文稿中所有标题幻灯片外观的是标题母版。

2. 说出制作新演示文稿的方法（至少 3 种）。

答：启动 PowerPoint 2010 后，选择“开始”选项卡中的“新建”命令，有空白演示文稿、样本模板、主题、根据现有内容新建等方式创建新的演示文稿。

3. 说出 PowerPoint 2010 中图片的几种来源。

答：PowerPoint 2010 中图片的来源主要有剪贴画、来自文件的图片、自选图形、组织结构图等。

4. PowerPoint 2010 提供了哪几种视图？

答：PowerPoint 2010 提供了普通视图、幻灯片浏览、幻灯片放映视图和阅读视图共 4 种。

5. 幻灯片的放映方式有哪些？

答：幻灯片的放映方式有“演讲者放映（全屏幕）”“观众自行浏览（窗口）”和“在展台浏

览（全屏幕）”共 3 种。

6. 在幻灯片窗格中如何删除幻灯片中的图片？

答：在幻灯片视图下删除幻灯片上图片的方法是：单击要删除的图片，按【Del】键即可。

7. 在幻灯片浏览视图下如何复制幻灯片？

答：在幻灯片浏览视图中复制幻灯片的第一种方法是：选择要复制的幻灯片，单击“复制”按钮，然后单击要粘贴的位置，再单击“粘贴”按钮。

第二种方法：选择要复制的幻灯片，按住【Ctrl】键的同时，拖动鼠标到目标位置松开鼠标再释放【Ctrl】键即可。

8. 在幻灯片浏览视图下如何移动幻灯片？

答：在幻灯片浏览视图中移动幻灯片的方法是：鼠标指向要移动的幻灯片，按住鼠标左键并拖动，这时可看到一条竖线随之移动，将该竖线移动到幻灯片的目标位置后释放鼠标即可。

9. 如何改变幻灯片的背景？

答：改变幻灯片背景的方法是：单击“设计”选项卡“背景”组中的“背景样式”按钮，在弹出的下拉列表框中单击“设置背景格式”按钮，弹出“设置背景格式”对话框，选择一种填充颜色后，单击“关闭”按钮改变当前幻灯片，单击“全部应用”按钮则改变所有幻灯片的背景颜色。

第 6 章习题参考答案

一、选择题

1～10　DABCC　AABCC　11～20　DCACC　DACCA

21～30　BABCD　ACCAB　31～40　BBBBA　CABBD

41～50　DCABD　CCAAC

二、填空题

1. 参照完整性　2. 主键　3. 字段　记录　4. 属性　元组

5. 主键　6. 多字段主键　自动编号主键　7. 主键关系

8. #　9. 参数　10. –4　11. 条件表达式的值

12. 操作　13. [学时数]/18>30 and [学时数]/18<40

14. 列标题　行标题

15. [成绩] Between 75 and 85 或 [成绩]>=75 and [成绩]<=85

16. 计算　17. Like “S*” and Like “*L”

18. 字段　19. 更新　20. 参数查询

21. 运行　22. 数据定义　数据操纵　数据查询　数据控制

23. 查询表中所有字段值　24. 查询的数据来自哪个表

25. 查询条件　26. 分组　27. 排序

28. COUNT()　SUM()　AVG()　29. 全部

30. 字段更新的目标值　31. 删除所有记录

三、问答题

1. Access 提供了数据表的哪些视图方式？对表中的字段进行修改应该在哪种视图中进行更改？

答：Access 数据表提供了 4 种视图方式，分别是数据表视图、数据透视表视图、数据透视图视图和设计视图。对表中的字段进行修改要在设计视图中进行。

2. 数据表之间的关系有几种，分别是什么？具有什么规则？

答：在关系数据库中，表和表之间的关系有 3 种：

（1）一对一关系：在这种关系类型中，对于表 A 的每条记录，表 B 中至多有一条记录和它相关，反之亦然。例如，对于学生信息表和学生健康表（由学号、姓名、性别、身高、出生日期等字段组成），学生表中的每一个学号与学生健康表中的一个学号相对应。

（2）一对多关系：这是最普通的关系。对于表 A 的每条记录，表 B 中有几条记录（也可以是 0）和它相关；反之，对于表 B 的每条记录，表 A 中至多有一条记录和它相关。例如，对于学生表的一个学号，在选课信息表中有多门课程的成绩与该学号相对应。

（3）多对多关系：在这类关系中，对于表 A 的每条记录，表 B 中有多条记录（可以为 0）和它相关，同样对于表 B 中的每条记录，表 A 中有多条记录（可以为 0）和它相关。例如，学生基本信息表和课程信息表，每个学生可以选修多门课程，每门课程可以有多个学生选修，就是这种情况。在 Access 中，对于多对多关系，必须建立第三个表，把多对多关系转化成两个一对多关系，才能组织信息。例如，对于学生基本信息表和课程信息表的多对多关系，增加一个选课表，转换成为两个一对多关系。

3. 使用查询的目的是什么？查询具有哪些功能？

答：使用查询的目的是让用户根据限定的条件对表或者查询进行检索，筛选出符合条件的记录，构成一个新的数据集合。这样方便用户对数据进行查看、更改和分析，而查询是针对数据源的操作命令，其运行结果是一个动态的数据集合，虽然从查询的运行视图上看到的数据集合形式与从数据表视图上看到的数据集合形式完全一样，但无论它们在形式上如何相似，其实质却是迥然不同的。查询可以从表中按照一定的规则取出特定的信息，在取出数据的同时可以对数据完成统计、分类和计算的功能，然后按照用户的要求对数据进行排序并加以表现。查询的结果不仅可以作为窗体、报表和数据访问页的数据来源，而且也可以作为新数据表或另外一个查询的数据来源。

4. 查询有几种？它们之间的区别是什么？

答：查询分为选择查询、参数查询、交叉表查询、操作查询、SQL 查询 5 种类型。

（1）选择查询。选择查询是最常见的查询类型，它从一个或多个表中检索数据，在一定的限制条件下，还可以通过选择查询来更改相关表中的记录。使用选择查询也可以对记录进行分组，并且可对记录进行总计、计数以及求平均值等其他类型的计算。

（2）交叉表查询。交叉表查询可以在一种紧凑的、类似于电子表格的格式中，显示来源于表中某个字段的合计值、计算值、平均值等。交叉表查询将这些数据分组，一组列在数据表的左侧，一组列在数据表的上部。

（3）参数查询。参数查询会在执行时弹出对话框，提示用户输入必要的信息（参数），然后按照这些信息进行查询。例如，可以设计一个参数查询，以对话框来提示用户输入两个日期，然后检索这两个日期之间的所有记录。

（4）操作查询。操作查询是在一个操作中更改许多记录的查询，操作查询又可分为四种类型：删除查询、更新查询、追加查询和生成表查询。

（5）SQL 查询。SQL 查询是使用 SQL 语句创建的查询。经常使用的 SQL 查询包括联合查询、传递查询、数据定义查询和子查询等。

5. 查询有哪些视图方式？各有何特点？

查询一般可分为 5 类视图方式：数据表视图、数据透视表视图、数据透视图视图、SQL 视图、设计视图。

（1）数据表视图：主要以表格的形式显示表、窗体、查询中的数据，它的显示效果类似于表对象的数据表视图，可以用来编辑字段、添加和删除数据、查找数据等，对于没有相关数据源的窗体，数据表视图没有任何意义。

（2）数据透视表视图：使用需要“Office 数据透视表”组件的支持，这种视图是一种交互式的表，可以动态地改变窗体的版面布局，重构数据的组织形式，易于进行交互式的数据分析。

（3）数据透视图视图：使用需要“Office Chart”组件的支持，其将表中的数据信息及其数据汇总信息以图形化的方式直观地显示出来，帮助用户创建动态的交互式图表。

（4）SQL 视图。这种视图方式是通过定义 SELECT 语句检索将在视图中显示的数据来创建的视图。

（5）设计视图。设计视图的作用是创建和修改窗体的窗口。在数据库应用系统的开发时期，设计视图是用户的工作台，用户可以自由调整窗体的版面布局，利用工具箱在窗体中加入控件、设计数据来源等。

第 7 章习题参考答案

一、选择题

1～10 CBCCB BCCDD　　11～20 DDBBC BCCAA

21～30 AAAAD BCDBB　　31～40 CACCC BADCD

41～42 BD

二、填空题

1. 通信 资源　　2. 局域 广域 城域

3. 电路交换 报文交换 分组交换　　4. 星形 环形 总线

5. 又称 OSI 标准　　6. HTML　　7. 电子邮件

8. TCP/IP 全球　　9. 中国　　10. 商业性的机构或公司

11. 教育机构　　12. 网页　　13. 多 差

14. 电子邮件　　15. E-mail 地址　　16. Outlook Express

17. Wang@public.tpt.fj.cn　　18. 集线器　　19. 有线网

20. 卫星 微波　　21. WWW　　22. 对等网

23. 空气 电磁波　　24. 地位相同　　25. 中国香港特别行政区

26. 调制解调器　　27. 非营利性的组织机构

28. 数据　　29. 通信 资源共享　　30. 政府部门

31. 网桥 路由器 网关　　32. 科研机构　　33. 远程网

34. 广域　　35. 32　　36. 网络机构

37. 广域　　38. 城域　　39. 中国台湾省

三、问答题

1. 简述计算机网络的定义。

答：是利用通信设备和通信介质，把分布在不同地理位置的多台计算机连接起来，再使用相应的网络软件，实现各计算机相互通信和资源共享的系统。

2. 计算机网络按网络作用范围分为哪几类？

答：分为局域网、广域网、城域网。

3. 根据通信介质的不同，将网络可划分为哪几类？

答：无线网和有线网。

4. 简述计算机网络的主要功能。

答：通信功能和资源共享。

5. 什么是网络协议？

答：所谓网络协议，就是网络中的通信双方预先制定的、相互了解和共同遵守的格式和约定。

6. 网络协议有何作用？

答：网络协议的作用：使得网络中的不同设备之间能实现数据通信。

7. 计算机通信采用的交换技术主要有哪些？

答：电路交换、报文交换和分组交换。

8. 针对 OSI 协议模型，从最底层开始，逐层说出 7 个层次的名称。

答：物理层、数据链路层、网络层、传输层、会话层、表示层、应用层。

9. 局域网通常有哪几种物理连接？

答：总线结构、环形结构、星形结构和树形结构。

10. 什么是 Internet?

答：称为因特网，指将全球范围内的计算机及计算机网络按照一定的协议相互连接在一起，使网中的每一台计算机或终端就像在一个网络中工作，从而实现资源共享。

11. TCP/IP 协议的中文含义是什么？

答：TCP/IP 协议的中文含义是“传输控制协议/网际协议”。

12. IPv4 地址是由几个字节组成的？举例说明。

答：IPv4 地址是由 4 个字节组成的，例如，192.120.20.1。

13. 引入域名技术的原因是什么？

答：引入域名技术的原因是：为人们减轻了记忆负担。

14. 具有 www.163.com 这一域名的网站是属于何种类型单位的？

答：是公司创建的。

15. 具有 www.pku.edu.cn 这一域名的网站是属于何种类型单位的？

答：是教育机构创建的。

16. 具有 www.huaxia.org.cn 这一域名的网站是属于何种类型单位的？

答：是非营利性机构创建的。

第 8 章习题参考答案

一、选择题

1~5 AACBC　6~10　BABAD　11~15 DABCC　16~20 CCCCC

二、简答题

1. 包括风险识别、风险估测、风险评价、风险控制和风险管理效果评价。

2. 项目沟通管理的过程包括沟通管理计划编制，信息分发，绩效报告，项目干系人管理。

3. 人力资源管理是识别和记录项目角色、职责、所需技能、报告关系，并编制人员配备管理计划的过程。

4. 项目是人们通过努力，运用各种方法，将人力、材料和财务等资源组织起来，根据商业模式的相关策划安排，为提供一项独特产品、服务或成果所做的一项独立一次性或长期无限期的工作任务，以期达到由数量和质量指标所限定的目标。

特点：临时性、独特性、逐步完善、资源约束、目的性

5. 机器学习本质上是研究和构建一类特殊算法，通过大量样本数据的训练能够对以后输入的内容作出正确的反馈。

6. 在几乎所有领域都比最聪明的人类大脑都聪明很多，包括科学创新 通识和社交技能

7. 1956 年美国达特茅斯学院组织召开了一次会议。该会议正式将该领域命名为“人工智能”，开始作为一个独立的学科。达特茅斯会议被认为是人工智能的开端。